Viajes interestelares.
Historia de las sondas Voyager

PEDRO LEÓN

Viajes interestelares

Historia de las sondas Voyager

GUADALMAZÁN

© Pedro León, 2023
© Talenbook, s.l., 2023

Primera edición: julio de 2023

Guadalmazán • Colección Divulgación científica
Director editorial: Antonio Cuesta
Edición al cuidado de Óscar Córdoba y Ana Cabello

www.editorialguadalmazan.com
pedidos@almuzaralibros.com - info@almuzaralibros.com

Talenbook, s.l.
C/ Cervantes, 26 • 28014 • Madrid

Imprime: Black Print
ISBN: 978-84-19414-08-3
Depósito Legal: M-18643-2023
Hecho e impreso en España - *Made and printed in Spain*

*Este libro está dedicado a la
memoria mi padre,
por haberme ayudado siempre a
descubrir el maravilloso mundo
de la astronomía y el espacio.*

Índice

Introducción

Desde que comenzó la carrera espacial en 1957, se han enviado al espacio más de trescientas sondas. De entre todas ellas, las Voyager constituyen el mayor mito en la historia de la exploración espacial. Tal vez podríamos decir que son EL MITO. Desde sus lanzamientos en 1977 hemos disfrutado de otras sondas históricas, más grandes, con tecnología más avanzada y en destinos increíbles. Pero las misiones de las sondas Voyager 1 y 2 son inigualables, ya que han transformado por completo la imagen que teníamos de nuestro sistema solar y han servido de inspiración a varias generaciones de astrotrastornados.

Son diversos los motivos por los que estas asombrosas máquinas nos han deslumbrado más que otras. Para empezar, las Voyager fueron las naves más avanzadas de su época, con mucha diferencia. Hoy en día son prehistoria tecnológica, pero en su momento fueron el salto definitivo hacia una nueva generación de sondas espaciales. Su gran capacidad para superar toda clase de problemas y su enorme longevidad, hicieron de ellas algo muy especial.

El segundo motivo y tal vez el más importante, fue que nos enseñaron por primera vez como era realmente el sistema solar en el que vivimos. Las Voyager convirtieron unos pequeños y simples puntos de luz en lugares reales, en decenas de mundos reconocibles. Gracias a su misión pudimos conocer su asombrosa diversidad, ya que cada nuevo mundo visitado era completamente distinto a todos los demás. Solo puedes hacer una vez las cosas por primera vez. Y las Voyager fueron las primeras sondas que realizaron un reconocimiento exhaustivo del sistema solar exterior. Con esto, ya tenían su lugar asegurado en la historia.

Y claro, si a toda esta ecuación le sumamos la presencia de Carl Sagan, el mito completo está servido. Ambas sondas llevan adosado el llamado 'Disco de Oro', diseñado por Sagan y que tiene como objetivo mostrar de forma muy básica cómo somos y qué hacemos, a una hipotética civilización extraterrestre. Además, Sagan no solo fue el responsable de preparar el Disco de Oro para estas sondas. También impulsó el mosaico de fotografías del 'Pale Blue Dot', formaba parte del equipo de imagen y fue el 'portavoz no oficial' de la misión, ya que todas las cadenas de televisión lo llamaban para hacerle entrevistas durante los sobrevuelos. Y por si fuera poco, las Voyager fueron protagonistas destacadas en su libro y serie de televisión 'Cosmos', que inspiraron a millones de personas en todo el mundo.

Alta tecnología + exploración espacial de decenas de nuevos mundos + supervivencia y larga duración + mensajes a civilizaciones extraterrestres + Carl Sagan + Pale Blue Dot + Cosmos = la receta perfecta para crear un mito espacial.

¿Y qué vas a encontrar en este libro? En las páginas del primer libro en español dedicado a las Voyager, descubrirás todos los detalles de la sorprendente historia de estas sondas. Comenzaremos el recorrido viendo los avances que fueron necesarios para que una misión de este tipo pasara del ámbito de la ciencia ficción, a la realidad. Las sondas Voyager son el resultado de muchos esfuerzos en el JPL, pero también la suma de los avances previos en muchos campos de la ciencia y la ingeniería. Sus viajes comenzaron gracias a unos innovadores trabajos matemáticos que nos llevaron a 'descubrir' las asistencias gravitatorias. Pero el simple hecho de conocer las asistencias gravitatorias no hizo realidad las Voyager, al igual que el 'descubrimiento' de la electricidad no creó el ordenador. Se volvieron reales gracias a un fuerte deseo científico y de exploración, de decenas de personas que creyeron en la idea de hacer un Grand Tour en el sistema solar.

Seguiremos conociendo las propuestas, los problemas, las cancelaciones y los rediseños que sufrieron antes de ser reales. Pasaron el terrible filtro de la aprobación política y económica. Se desarrollaron como un trabajo de ingeniería totalmente práctico y creativo. Y se pusieron en marcha usando nuevas tecnologías en el campo de la cohetería, la energía, las comunicaciones y los ordenadores. Y si finalmente tuvieron éxito en su misión, fue gracias al inmenso trabajo e ingenio de un equipo perfectamente coordinado de más de mil personas que participaron en su construcción y casi cuatrocientos hombres y mujeres que trabajaron durante sus misiones.

También veremos con detalle cómo están hechas, sus componentes, su funcionamiento interno, los instrumentos que llevan, cómo se comunican y cómo se les exprime cada bit de memoria. Reviviremos sus lanzamientos y sus agitados primeros meses de vida. Más tarde sobrevolaremos cada planeta y cada luna, hasta que salgamos del sistema solar y lleguemos al espacio interestelar… hasta el día de hoy. Por supuesto, veremos sus descubrimientos más importantes, pero siempre centrándonos en las sondas y en su funcionamiento. Aquí las protagonistas son ellas y conoceremos todo lo que hicieron estas dos formidables naves. En cada capítulo encontrarás innumerables datos, curiosidades y los secretos de la mayor aventura de exploración de la historia de la humanidad. He tratado de exponerlo todo sin demasiadas complicaciones técnicas, pero profundizando lo suficiente como para conocer bien todas sus operaciones. Al final conocerás mucho mejor los entresijos de estas sondas que los del mando a distancia de tu televisor. Que por cierto, es miles de veces más complejo y con más memoria que las dos Voyager juntas. Cuando termines el último capítulo, ya no volverás a ver con los mismos ojos a estas dos incansables sondas.

Por supuesto, este libro no sería posible sin la confianza depositada en mí por Antonio Cuesta y Óscar Córdoba, de la Editorial Almuzara. También quiero agradecer los consejos y la información aportada por mis amigos Jacint Roger y Juanjo Gómez. Y como siempre, infinitas gracias a mi mujer y amiga Mari y a mi hijo Pedro, por su enorme paciencia y comprensión. Sin ellos este libro, que es una de las mayores ilusiones de mi vida, no sería una realidad. Gracias a todos.

Los orígenes de la exploración planetaria

LAS CARRERAS ESPACIALES ENTRE LOS ESTADOS UNIDOS Y LA UNIÓN SOVIÉTICA (1957-64)

Hasta el momento, más de 300 sondas se han enviado al espacio, pertenecientes a una docena de agencias espaciales y países. Entre sus objetivos se han encontrado todos los cuerpos celestes más importantes del sistema solar. Las hay que hacen sobrevuelos, otras entran en órbita, algunas de ellas aterrizan y unas pocas se mueven por sus superficies. Entre todas nos han mostrado cómo son los planetas y muchas de las lunas y otros cuerpos menores de nuestro sistema solar. Queda mucho por hacer y por descubrir, pero la visión general ya la tenemos. Ahora. Lo cierto es que hasta hace relativamente pocos años, apenas sabíamos nada de los mundos que nos rodean. En los años sesenta seguíamos teniendo teorías científicas que nos hablaban de vida en Marte, pantanos en Venus y montañas de Júpiter. En los años ochenta todavía no teníamos ni idea de cómo eran las lunas y planetas más alejados de nuestro Sol. Y hoy seguramente no tendremos ni idea de muchas cosas que serán muy conocidas en unas décadas. Así que, antes de adentrarnos en las historias de estas dos míticas sondas viajeras, es necesario conocer brevemente la rápida evolución de la exploración planetaria y cómo llegamos hasta las Voyager.

De sobra es conocido el Sputnik 1, el primer satélite artificial de la historia, que fue lanzado al espacio por la Unión Soviética el 4 de octubre de 1957. Y un poco rezagados, los Estados Unidos colocaban en órbita el 1 de febrero de 1958 al pequeño Explorer 1, su primer satélite artificial. Con estos dos cacharros se iniciaba la famosa carrera espacial, con una asombrosa sucesión de fracasos, más fracasos y algunos éxitos por parte de ambos países. El duelo estaba servido y las dos naciones intentaban poner cada vez más satélites en órbita, más grandes, más complejos y más lejanos. Y, por supuesto, a los primeros seres humanos en el espacio, aunque esa es otra historia.

Lo que sí debemos tener presente es que estamos en una época en la que todo está por hacer. De hecho, prácticamente con cada éxito en un lanzamiento y con cada nueva misión espacial se logra un hito nuevo, algo nunca antes conseguido. Con este frenesí por ser los primeros en algo, los archienemigos montan varias «carreras espaciales» al mismo tiempo: la carrera por colocar algo en órbita, por colocar algo más grande en órbita y, por supuesto, por colocar un humano en órbita. Pero también por llegar primero a la Luna con algo que funcione, por llegar a Venus con un cacharro achacoso, por llegar a Marte para sacarle un puñado de fotos y, cómo no, por llevar humanos a la Luna. Como hay tantas carreras espaciales, aquí nos centraremos en la carrera por llegar a otros planetas con sondas.

Los primeros intentos por enviar una nave espacial más allá de nuestro planeta tuvieron como objetivo la Luna. Es lógico, ya que es el cuerpo celeste más cercano y es accesible con solo unos pocos días de viaje desde la Tierra. Ya en 1958 y con apenas un puñado de satélites en el espacio, tanto Estados Unidos como la Unión Soviética quisieron apuntarse el tanto de ser los primeros en llegar a nuestro satélite. Lo más sencillo era sobrevolar la Luna. O impactarla. O lo que saliera antes, ya que todo lo que se hiciera sería un éxito. Ese año, los Estados Unidos y su Fuerza Aérea intentan lanzar sus cuatro primeras sondas hacia la Luna, llamadas Pioneer 0, 1, 2 y 3. La redundancia era muy importante, porque no se fiaban ni un pelo de los cohetes y de las naves que construían. Y con razón, porque todas esas misiones acabaron en fracaso. Los cohetes todavía no eran nada fiables y ellos mismos se encargan de recordarlo en más de la mitad de los lanzamientos, que acaban en explosión. Otros tres lanzamientos idénticos de la Unión Soviética, portando las primeras sondas Luna, también acabaron destruidos en el despegue. Todavía no hemos arrancado en la exploración planetaria y ya perdemos 7-0. Más que carrera, por entonces estamos en la fase de calentamiento de dos competidores con demasiadas lesiones.

A principios de 1959 la suerte cambió un poco. En enero, los soviéticos lanzaron la sonda Luna 1 con el objetivo de hacer diana en la superficie lunar. Sin embargo, un fallo en el sistema de guiado impide que la nave llegue hasta nuestro satélite, sobrevolándolo a 6400 km de distancia. Pero incluso este fallo provocó un éxito doble, ya que se convirtió en el primer objeto construido por el ser humano que logró la velocidad de escape de la Tierra y además sobrevoló la Luna. Como decíamos, todo estaba por hacer y, si el fallo no desintegraba tu nave, aún podías lograr un éxito. Ya en marzo, los militares norteamericanos hacen lo mismo con la Pioneer 4, que sobrevoló (es un decir) la Luna a 59.500 km de altura y estuvo enviando información durante 82 horas. Permaneció en funcionamiento hasta llegar a una distancia de 655.000 km de nuestro planeta, todo un enorme récord para la época. Incluso estas primeras y renqueantes misiones sirvieron de entrenamiento, ya que se aprendió a realizar el seguimiento de una sonda mientras se alejaba de la Tierra. Esto permitía medir su distancia y velocidad, así como practicar las comunicaciones y las maniobras en el espacio profundo. Los primeros y lentos progresos eran evidentes.

En septiembre de ese mismo año, los soviéticos mejoran su puntería y estrellan la sonda Luna 2 contra la superficie lunar. Por supuesto, se convierte en el primer objeto humano en tocar otro mundo, en la región del cráter Autolycus, al este del Mare Serenitatis. Días después, la sonda Luna 3 sobrevoló nuestro satélite a 7900 km de distancia y unas horas más tarde nos envió las primeras fotografías de la cara oculta de la Luna. La rudimentaria cámara obtuvo un total de 29 imágenes que fueron reveladas, fijadas y secadas automáticamente en la propia sonda. Horas después, los negativos fotográficos fueron escaneados con un haz de luz y enviados como señales de radio a la Tierra, siendo recibidas al día siguiente tras varios intentos fallidos. Finalmente, unas 17 imágenes tenían cierta calidad y nos permitieron distinguir por primera vez los cráteres y estructuras de la cara oculta de la Luna. Era un fantástico avance, pero apenas habíamos empezado a alejarnos de nuestro planeta.

Los años 1960 y 1961 son un desastre, ya que fracasan todas las misiones de las dos potencias en sus intentos de sobrevolar la Luna, Marte y Venus. Pero la perseverancia y pequeños avances en la tecnología de las sondas permitieron que en 1962 la Mariner 2 de la NASA se convirtiera en la primera nave espacial en llegar a otro planeta. Esta primera misión asignada al Jet Propulsion Laboratory (JPL), despegó desde cabo Cañaveral el 27 de agosto de 1962 y sobrevoló Venus a 34.000 km de distancia el 14 de diciembre, cinco meses después del lanzamiento. El hito fue doble, ya que además una nave nunca había funcionado durante tanto tiempo en rumbo hacia otro planeta. La última transmisión fue recibida en la Tierra el 3 de enero de 1963, tras 129 días de misión. Por primera vez, habíamos pasado de hablar en «días» o «semanas» sobre la duración de una sonda, a hablar de «meses». Había sido un gran progreso, pero las sondas seguían durando muy poco tiempo para poder realizar aventuras más largas. Este es un dato que tener en cuenta, ya que más adelante nos permitirá comprender el gran escepticismo existente ante las primeras propuestas para estudiar el sistema solar exterior.

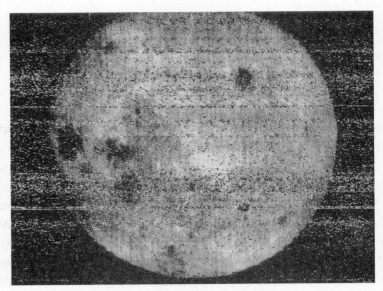

Una imagen para la historia. Primera fotografía en la que apreciamos cómo era la cara oculta de la Luna, tomada por la sonda Luna 3 el 7 de octubre de 1959, dos años después del lanzamiento del Sputnik 1. Imagen: OKB-1

Los años 1962 y 1963 también nos dejaron varios intentos fallidos de la Unión Soviética en sus esfuerzos por sobrevolar e impactar en Venus y en Marte. Y, por su parte, la NASA también tuvo varios fracasos en su objetivo de impactar en la Luna con las primeras sondas Ranger. En esos años, tan solo destaca el éxito parcial de la sonda Mars 1, que en noviembre fue lanzada hacia Marte, pero que enseguida tuvo multitud de problemas en sus sistemas de control de orientación. El contacto pudo ser mantenido hasta el 21 de marzo de 1963, cuando la nave ya estaba a 103 millones de kilómetros de nuestro planeta. Se supone que finalmente «sobrevoló» Marte a unos 200.000 km el 19 de junio, pero sin ningún tipo de contacto o confirmación.

the theory of the motion of the moon." (NAS Release, 3/29/66)
April 25-28: American Physical Society met in Washington, D.C. Geophysicist S. K. Runcorn, Univ. of Newcastle-upon-Tyne, U.K., suggested that Jupiter's great red spot may be "the top of a 200-mi.-high column of 'stagnant air' carried along" by a meteorite crater in the planet's hydrogen surface. This view would contradict a widely held notion that the spot is associated with a high mountain. "We don't believe in mountain ranges on Jupiter, at Newcastle," Runcorn said, explaining that Jupiter's crust would not support a mountain. He noted that the large surface feature connected with the stagnant air column might be a depression caused by impact of an asteroid or "a moonlet." Runcorn said explanation of red spot as column of gases supported theory of Jupiter's fluid metallic hydrogen core. (APS Release, 4/20/66; Simons, *Wash. Post,* 4/27/66, A10; Hines, Wash. *Eve. Star,* 4/26/66, A3)
Dr. Harold Brown, Secretary of the Air Force, examined management

Fragmento de una noticia aparecida en abril de 1966, en la cual se puede ver que todavía había científicos que pensaban en una posible superficie sólida de Júpiter, con una débil corteza. Imagen: AIAA

Dejaremos de lado a partir de ahora las misiones lunares (¡son demasiadas!) y nos centraremos en las misiones a otros planetas. El año 1964 sigue la costumbre y nos trae varios fracasos más de la URSS en sus intentos por sobrevolar Marte o de impactar en Venus. Camaradas, el espacio exterior es muy duro. Sin embargo, ese mismo año tenemos algunos buenos avances en astronomía planetaria. Vale, puede que ahora nos pueda sorprender una cosa así, pero es que entonces realmente sabíamos muy poco del sistema solar. Ese año se descubrió, gracias a las observaciones con un telescopio desde la estratosfera, que el planeta Júpiter tenía aproximadamente la misma densidad del Sol y que sus principales componentes eran el hidrógeno y el helio. Esto indicaba que el planeta tal vez no tenía una superficie sólida con montañas como la Tierra, como se pensaba hasta entonces. Incluso era una idea extendida que la Gran Mancha Roja podría ser el resultado de una columna de gases atmosféricos procedentes del cráter del impacto de un gran meteorito.

Primera «imagen» llegada de Marte y enviada por la Mariner 4. Tienes su historia completa en mi libro *Eso no estaba en mi libro de la exploración espacial*. Imagen: JPL/NASA

Por su parte, el JPL preparó las sondas Mariner 3 y Mariner 4, para ser lanzadas en noviembre con rumbo al planeta rojo. Desafortunadamente, la Mariner 3 nunca llegó a funcionar por un problema en la separación de la cofia protectora. Pero su hermana, la Mariner 4, se convirtió en un gran hito histórico para la NASA, al ser la primera sonda que sobrevoló el planeta rojo y nos envió fotografías cercanas de su superficie. Tras su lanzamiento el 28 de noviembre de 1964 con un cohete Atlas Agena D, la sonda tardó siete meses en realizar la travesía. Las 23 fotografías de pobre calidad obtenidas el 14 de julio de 1965 también pasarán a la historia. En ellas se observaba un mundo desértico y lleno de cráteres, para decepción de muchos que todavía esperaban encontrar un pequeño paraíso habitado y con canales. Así es, en 1965 los habitantes de la Tierra creíamos que Marte tenía marcianos y agua. Esto nos da una medida del completo desconocimiento que teníamos de todo el sistema solar en esos años, con todo por descubrir. Pues bien, tras sobrevolar el planeta, la sonda se vino arriba y continuó funcionando hasta el 1 de octubre de 1965, cuando se encontraba ya a una distancia de 309 millones de kilómetros. En ese momento cesaron las comunicaciones, tras más de 300 días de misión. A finales de 1967 y durante unos meses, la NASA volvió a contactar con la nave y se siguieron recibiendo datos de los instrumentos que permitieron conocer algo mejor esa región del sistema solar. Con esta sonda la NASA adquiere mucha confianza, ya que sus Mariner eran por fin algo más longevas. En 1967, ya no era descabellado pensar que se podían diseñar misiones que llegaran al año de duración.

Como estamos viendo, esta es una época contrarreloj y caótica. Los cohetes fallan en la mitad de los lanzamientos, las sondas dejan de funcionar durante el trayecto a su destino y se siguen lanzando nuevas misiones sin descanso. Todo con el objetivo de llegar antes que el contrario. Son años en los cuales no solo se perfecciona la nueva tecnología de los cohetes, sino que también se aprende todo lo referente a la navegación espacial, las comunicaciones, la energía, las maniobras o el control térmico. Todo era nuevo, así que es fácil imaginar la enorme dificultad que tenía enviar un pequeño y rudimentario robot a millones de kilómetros de distancia. Tecnología sin probar, analógica, rudimentaria y diseñando protocolos y métodos sobre la marcha. De hecho y con la perspectiva del tiempo, podemos ver que se hicieron grandes progresos en muy pocos años. Es muy sorprendente que, solo dos años después del Sputnik 1, ya lográramos enviar una sonda operativa a la Luna. A Venus llegamos a los cinco años de comenzar la carrera espacial y a Marte a los siete años. En ese corto periodo pasamos del primer «bip-bip» alrededor de nuestro planeta, a tomar fotografías de la superficie de Marte. Somos asombrosos cuando nos da la gana.

Great Galactic Ghoul

En los años sesenta se hizo popular el Great Galactic Ghoul («Gran Necrófago Galáctico»), un monstruo ¿ficticio? que sobrevive alimentándose de las sondas que iban rumbo a Marte, lo cual explicaba que fallaran tantas en sus misiones. Imagen: G. W. Burton/Charles Kohlhase/JPL/NASA

EL EFICIENTE SEÑOR HOHMANN NOS PERMITE VIAJAR A LOS PLANETAS MÁS CERCANOS

Para saber cómo viajan las sondas espaciales entre los planetas, debemos hablar de Walter Hohmann. En 1925, este arquitecto alemán escribió un artículo titulado «Die Erreichbarkeit der Himmelskörper», algo así como «La accesibilidad de los cuerpos celestes». En ese artículo daba a conocer la que posteriormente se aceptó como la forma más eficiente de viajar por el espacio: las conocidas como «órbitas de transferencia de Hohmann». Estas órbitas utilizan la mínima energía posible para un trayecto, lo que las convierte en la forma más eficiente de hacer los viajes espaciales. Y esto nos interesa mucho, porque, si queremos mandar grandes sondas hasta otro planeta, significa que podemos usar los cohetes existentes. Y sin necesidad de hacer sondas muy pequeñas o de construir cohetes gigantescos.

La forma habitual de describir una órbita de Hohmann es diciendo que «la nave realiza un desplazamiento de una órbita hacia la otra siguiendo direcciones tangenciales en ambas». Bueno, en realidad es más sencillo de lo que parece, *don't panic*. Básicamente nos dice que, para ir de una órbita menor a otra mayor, lo mejor es alejarse poco a poco de la órbita menor para ir llegando poco a poco a la mayor. Nada de cambios bruscos de órbitas o movimientos que requieran mucha energía, como en las películas. Veamos un ejemplo sencillo para aclararlo. Supongamos que tenemos un satélite en una órbita baja alrededor de la Tierra a unos 200 km de altura (en la órbita *1* de la imagen). Si al llegar al punto 1 encendemos los motores del satélite en dirección contraria a nuestro movimiento (hacia atrás), lograremos un fuerte impulso y más velocidad (V1). Esto nos sacará poco a poco de la órbita actual y nos llevará hacia una órbita mayor, que aparece punteada saliendo del 1 hacia arriba. De esta forma lograremos la máxima altura en el punto 2, que se encuentra justo en el lado opuesto de la órbita desde el que realizamos el encendido del motor. Esa órbita de mínima energía (punteada en la imagen) que nos permite llegar de la órbita 1 a la órbita 2 es lo que se conoce como «órbita de transferencia de Hohmann». Hacer esta maniobra siempre nos permite cambiar de órbita usando la menor cantidad de energía posible y, por tanto, es la forma más económica de moverse por el espacio.

Con esto no habríamos acabado, ya que, si en el punto 2 no hacemos nada, volveremos a bajar en nuestra órbita por la línea discontinua y llegaremos de nuevo al punto 1, quedándonos en una órbita elíptica entre los puntos 1 y 2. Pero, si lo que queremos es obtener una órbita de mayor altura y quedarnos allí (en la órbita *2*), lo que debemos hacer entonces es volver a encender nuestros motores al llegar al punto 2. De esta forma aumentamos nuestra velocidad y mantendremos circular la órbita, en lugar de volver a descender. Es decir, pasar de una órbita a otra mayor implica encender dos veces los motores en lados opuestos de la órbita y en dirección tangencial a las mismas. Una vez que estamos en la órbita deseada ya no es necesario realizar más encendidos de los motores y nos mantendremos allí indefinidamente. Al menos hasta que algo nos haga bajar de velocidad, como suele ser el rozamiento con la atmósfera para los satélites que orbitan a baja altura.

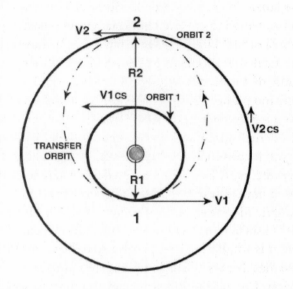

Ejemplo de cambio de órbita usando una transferencia de Hohmann y con una posterior circularización de la órbita para mantenernos a una altura superior. Imagen: NASA

Para los viajes entre planetas haremos uso de las órbitas de Hohmann, ya que queremos viajar de una órbita menor hacia una órbita mayor, por ejemplo, desde la Tierra hasta Marte. En este caso, el equivalente al primer encendido de los motores sería el lanzamiento de la sonda desde nuestro planeta usando un potente cohete. Con ello la sonda adquiere mucha velocidad que la saca de la órbita terrestre hacia una órbita mayor (respecto al Sol). Una vez realizado el lanzamiento está hecha la parte más difícil, ya que la sonda adquiere toda la velocidad que necesita para su viaje. De hecho, las sondas que se desplazan entre los planetas no encienden sus motores para viajar, sino que se mueven gracias a la velocidad y energía adquiridas con el lanzamiento. Al viajar por el vacío la sonda no encuentra rozamiento y por tanto su velocidad no disminuye a lo largo del tiempo, viéndose tan solo afectada por la gravedad del Sol y la de los planetas a los cuales se acerque. Si una sonda lleva combustible es tan solo para poder frenar al llegar a su destino y no pasarse de largo o para realizar maniobras de ajuste a lo largo de su misión.

Otra gran dificultad para este tipo de vuelos es que hay que conocer con gran exactitud la posición de los planetas en torno a su órbita. Cuando se lanza una sonda desde la Tierra hay que hacerlo en el instante preciso, teniendo en cuenta la rotación de nuestro planeta y su posición en la órbita. Debemos tener presente que hay que enviar a la sonda a un lugar en la órbita del planeta de destino donde ahora mismo no hay nada, de forma que llegue justo cuando el planeta se encuentre a ese mismo punto. Esos periodos son llamados «ventanas de lanzamiento». La gran ventaja de las órbitas Hohmann es que podemos usar cohetes «realistas» y ya existentes para poder viajar entre los planetas. El gran inconveniente es que al usar la mínima energía, el viaje es desesperantemente largo. Una órbita de transferencia de Hohmann llevará a una nave desde una órbita baja terrestre (LEO) a una órbita geoestacionaria (donde están los satélites de TV) en unas cinco horas. Desde LEO hasta la Luna llegamos en cinco días. Y, como hemos visto en las primeras sondas hacia el planeta rojo, llegar a Marte nos lleva más de 200 días. Ir más allá era encontrarnos ante un gran muro difícil de superar. Un viaje a Júpiter nos llevaría más de un año y medio, para llegar a Urano casi 20 años y a Neptuno más de 30. Y las sondas simplemente no duraban tanto en esa época.

CONCLUSIÓN: ES IMPOSIBLE VIAJAR MÁS ALLÁ DE MARTE

Conociendo las órbitas de Hohmann, entre las décadas de los años treinta y los años sesenta todo el mundo estaba convencido de que era completamente imposible viajar al sistema solar exterior. Las eficientes órbitas de Hohmann eran geniales pero tardaban demasiado, así que todos los planetas más allá del cinturón de asteroides eran inaccesibles. Para llegar a esos mundos en un tiempo razonable no se podrían usar las lentas órbitas de Hohmann, sino que sería necesario usar unos cohetes con mucha más energía y que hicieran los vuelos más cortos. Sin embargo, los cálculos mostraban que serían necesarios cohetes absurdamente grandes, con millones de toneladas de peso y que colapsarían sobre sí mismos. Incluso si se construyera un cohete quince veces más potente que el Saturno V, el viaje directo de una pequeña sonda hasta Neptuno nos llevaría 30 años.

El propio fundador del JPL, Theodore von Karman, y el escritor Arthur C. Clarke pensaban que la Luna, Venus y Marte serían los límites de la exploración planetaria con sondas y astronautas. Ir más allá era simplemente inalcanzable para la tecnología y la física. Y como prueba teníamos que a comienzos de los años sesenta las primeras misiones no duraban más de unas semanas o meses. Las sondas Luna, Ranger y Surveyor llegaban muchas veces con apuros a nuestra cercana Luna. Y las primeras sondas Mariner llegaban con problemas a Venus y a Marte, que estaban a distancias entre los 40 y los 220 millones de kilómetros. Por tanto, pensar en viajes a planetas que están a varios miles de millones de kilómetros era absurdo, era terreno de la ciencia ficción. Y, como veremos un poco más adelante, el salto de lo que se consideraba absurdo a lo real lo dimos en menos de una docena de años. El avance de la tecnología y la ciencia nos dejaron dos sondas en la rampa de lanzamiento, listas para viajar a los confines del sistema solar. De nuevo, cuando nos da la gana somos asombrosos.

EL COMPLEJO PROBLEMA DE LOS TRES CUERPOS

Desde el siglo XVIII hasta la actualidad, el conocido como «problema de los tres cuerpos» ha traído de cabeza a los astrónomos, físicos y matemáticos que tratan de descifrarlo. Con su resolución, se pretende conocer en cada momento la velocidad y posición de tres cuerpos de tamaño similar que se encontraran atraídos entre sí por la gravedad. Todos los intentos por resolverlos han fracasado, ya que la solución tiende a ser caótica por sí misma, de tal manera que unas leves modificaciones de los valores iniciales dan como resultado valores completamente distintos.

Para la astronomía asumimos que estamos ante un «problema restringido de los tres cuerpos» (también llamado «de Euler»), en los que el tamaño de uno de los cuerpos es despreciable frente a los otros dos. En este caso es posible obtener unas soluciones muy aproximadas y nos permiten estudiar, por ejemplo, un cometa que sobrevuela Júpiter y que sienta la influencia del Sol. En estos casos, básicamente tenemos dos cuerpos mayores que afectan el movimiento de uno menor, por lo que en realidad había que resolver un problema menos complicado que el problema de los tres cuerpos «puro». Todo eso nos ha permitido durante estos siglos calcular con una aceptable precisión las órbitas y las desviaciones producidas por las perturbaciones de la gravedad entre esos cuerpos, algo que en Júpiter es muy evidente. Para la astronáutica, el cálculo de órbitas de Hohmann parecía sencillo, ya que solo se tenían en cuenta la sonda y el planeta de destino. Sin embargo, la realidad es mucho más compleja y, si querías mandar una sonda a Marte o a la Luna, durante el viaje la sonda también estaría fuertemente afectada por la gravedad del Sol. Al existir al menos dos grandes cuerpos en movimiento que afectan al movimiento de una sonda, los cálculos eran más complejos. Y lo peor: nunca daban el mismo resultado al repetir la operación. Esto era algo que los científicos ya sabían mucho antes de que comenzara la carrera espacial, cuando sus cálculos intentaban perfilar las órbitas de los cometas alrededor del Sol. Y esta imprecisión era completamente inadmisible en una misión espacial, ya que se lanzarían las sondas sin saber el rumbo exacto que iban a llevar.

Los cálculos realizados por astrónomos franceses, italianos y suizos para cometas y asteroides implicaban el uso de ecuaciones diferenciales, que obtenían unos resultados a base de aproximaciones sucesivas. Es decir, que con un primer resultado se volvían a realizar todos los cálculos y con el resultado obtenido se volvían a realizar los cálculos de nuevo y así sucesivamente. Científicos como Lagrange y Poincaré introdujeron importantes mejoras en estas operaciones. Pero no fue hasta 1912 cuando el trabajo con asteroides del científico finlandés Karl Frithiof Sundman resolvió el problema aplicado a tres cuerpos en la versión restringida. El propio Sundman reconocía unos años después que para resolver el problema restringido aplicado a n cuerpos, es decir, el mundo real, sería necesario «el uso de máquinas diseñadas para resolver problemas matemáticos con ecuaciones diferenciales de segundo orden». Como muy pronto veremos, esto es algo que ocurrió 50 años más tarde gracias al trabajo del matemático Michael Minovitch.

Para la recién nacida NASA, conocer con precisión cómo funcionaba la mecánica espacial era básico. Al fin y al cabo, con los cometas y asteroides no te juegas nada, a no ser que se dirijan a nosotros. Pero, si querías enviar sondas a otros planetas, era muy importante la precisión. Así conseguías que las naves los sobrevolaran a la distancia deseada, en lugar de pasarlos de largo o que acabaran estampadas contra ellos. Pero, con unos resultados que eran completamente impredecibles y con soluciones distintas en cada cálculo, era difícil fiarse. Así que se hacía necesario obtener unos resultados que fueran exactos y que, por muchas veces que se repitieran las operaciones, el resultado siempre fuera el mismo. Pero esto no ocurría nunca. Con cada nueva simulación, los resultados eran siempre diferentes y, por tanto, nada fiables.

Para hacer análisis detallados de cada misión, el JPL creó a comienzos de los años sesenta el llamado Grupo de Trayectorias, dirigido por Victor Clarke. Este equipo estudiaría las trayectorias y las perturbaciones que pudiera sufrir una sonda, para suministrar datos lo más precisos posible a los planificadores de las primeras misiones Mariner a Venus y Marte. La mayoría de los cálculos se hacían a mano, pero en aquella época el JPL ya tenía para ayudar en estas tareas un ordenador IBM de última generación. Con estas máquinas podían realizar la «simulación» de la potencia necesaria en los motores y de la trayectoria de las misiones en mucho menos tiempo. Pero estos rudimentarios programas informáticos tenían el inconveniente ya mencionado de no dar dos veces la misma respuesta al mismo problema. A pesar de todos los esfuerzos, no eran capaces de encontrar dónde estaba el error o el fallo en el enfoque. Y aquí es donde entra en juego nuestro héroe desconocido, Michael A. Minovitch.

Ampliando los horizontes del sistema solar

LOS BECARIOS QUE REVOLUCIONARON LA EXPLORACIÓN ESPACIAL

Como hemos visto en el capítulo anterior, era imposible viajar a los lugares más lejanos del sistema solar. La única solución imaginable en la época era usar más energía, con más y mejores motores. Para ello sería necesario el desarrollo de unos teóricos motores nucleares mucho más potentes. Una vez fueran realidad, nos permitirían realizar viajes mucho más rápidos y no necesitaríamos usar las aburridas órbitas de Hohmann. ¿Eran realistas estos motores? ¿Estarían disponibles alguna vez? ¿Existiría alguna otra forma de viajar más rápidamente sin necesidad de usar estos motores? Lo que viene a continuación te sorprenderá. En este capítulo vamos a conocer la historia de dos personas desconocidas para la gran mayoría, pero que sin embargo fueron claves para hacer reales las sondas Voyager. Veremos los trabajos de Michael Minovitch y Gary Flandro. Estos dos científicos-becarios del JPL nos permitieron conocer una forma completamente nueva de realizar viajes espaciales, superando obstáculos que se consideraban insalvables. Básicamente, hicieron posible lo que se creía imposible hasta entonces y nos abrieron la puerta del sistema solar exterior. Además es una historia humana, en la que entran a formar parte el ingenio, la perseverancia y la superación.

Pero, por supuesto, también los egos, las malas prácticas, el desprecio al trabajo de un científico solo porque no es conocido, las disputas por los hallazgos y las medias verdades.

Como siempre en la historia de la ciencia, los descubrimientos científicos se basan en parte o en su totalidad en otros estudios anteriores. Un hallazgo siempre suele tener sus cimientos en los resultados de investigaciones previas. Está claro que nadie lo inventa todo, sino que da un paso más gracias a las personas que hicieron antes un increíble trabajo. Y, de la misma manera, el nuevo descubrimiento será la base de posteriores avances. Y esa labor «de base» para las órbitas interplanetarias había sido muy bien iniciada por científicos como Newton. Su labor fue seguida más tarde por Walter Hohmann, Alexander Shargéi, Guido von Pirquet y Fridrikh Tsander en los años veinte y treinta, Gaetano Arturo Crocco en los años cincuenta y Krafft Ehricke a comienzos de los años sesenta. En base a esos estudios, se desarrolla el posterior y espectacular trabajo de soluciones y técnicas que desarrolló Minovitch. Y, a partir de ahí, se desarrolla el trabajo más práctico y detallado de Gary Flandro, lo que permitió revolucionar la exploración del sistema solar exterior. Entre ambos, se plantaron las bases para que nuevas sondas explorasen los planetas más lejanos, como nunca antes se había soñado. Sin ellos dos, las Voyager que conocemos no habrían existido y hubiéramos tardado alguna década más en conocer los planetas más lejanos. Es muy triste que haya muy pocas referencias a ellos en los libros y documentos sobre estas sondas. Y la poca información existente casi siempre cuenta solo una parte de la historia. Para conocer las Voyager hay que conocer sus descubrimientos, ya que crearon la base necesaria para que se hicieran realidad.

MICHAEL MINOVITCH, EL GRAN IGNORADO

Como ya sabemos, a comienzos de los años sesenta estamos en una época con misiones planetarias muy rudimentarias y limitadas a visitar los mundos terrestres cercanos, como la Luna, Marte y Venus. Y, como mucho, se podía pensar en viajar hasta Mercurio. El resto era un territorio imposible de alcanzar, para mentes insensatas. Sin embargo, todo cambió con la llegada al JPL de dos científicos jóvenes y brillantes que estaban finalizando sus carreras.

Estamos en el verano de 1961 y, como cada año por esas fechas, los mejores estudiantes de la Universidad de California acudían al Jet Propulsion Laboratory (JPL) de Pasadena para trabajar como *interns* o becarios durante los meses estivales. El JPL es un organismo que gestiona el Caltech (California Institute of Technology), pero que entonces ya se encontraba integrado y formaba parte de la NASA. Su principal labor era la realización de investigaciones científicas y proyectos espaciales y planetarios. Sin lugar a duda, era un lugar ilusionante, donde se prometía un futuro fantástico para la aviación y la exploración espacial. Era una época para soñar, ya que todo estaba por inventar, por hacer y por descubrir en el espacio. Hasta ese verano solo se habían podido enviar unas pocas sondas muy primitivas hacia la Luna. Y los soviéticos ni siquiera lograban que funcionase nada que se dirigiera a Venus o hacia Marte. El JPL era uno de los pocos lugares del mundo donde se construía el futuro en el espacio y allí ya se trabajaba en las primeras sondas Mariner que irían a Venus y a Marte. ¿Quién no querría formar parte de eso?

Michael Minovitch. Imagen: JPL/NASA

Uno de los estudiantes fascinados por el ambiente del JPL fue Michael A. Minovitch, un joven de 25 años dispuesto a aprender y obtener experiencia profesional en una institución pionera a nivel mundial. Así que a comienzos de ese mismo año entregó una solicitud para trabajar durante el verano. Minovitch fue admitido con un escueto telegrama en abril y en el mismo se le indicaba que tendría que incorporarse para trabajar el 9 de junio.

El día que entró por la puerta era un estudiante recién graduado en Matemáticas, apasionado de la física teórica y las matemáticas abstractas, que además hacía sus pinitos con el análisis numérico y las computadoras. Con semejante currículum, fue incorporado de inmediato en el recién creado Grupo de Trayectorias de Victor C. Clarke. Necesitaban toda la ayuda posible para resolver problemas orbitales que eran un verdadero quebradero de cabeza en esa época. Las órbitas eran inexactas y los básicos programas usados para los cálculos en las computadoras eran imprecisos e inestables. Por tanto, toda ayuda era poca y una mente nueva y brillante podía ver las cosas desde otro punto de vista.

El primer día ya contaba con una tarea asignada: tendría que revisar los programas computacionales usados para realizar los cálculos. Su función sería la implementación de mejoras en la eficiencia y aumentar la precisión en los resultados de trayectorias ya conocidas de la Tierra a Venus. Y, una vez revisados, haría los cálculos a mano para comprobar que los resultados eran los esperados. Hay que recordar que en esa época todos los cálculos se hacían con lápiz y papel. Muy pocas organizaciones podían disponer de los caros y complejos computadores y a comienzos de los sesenta eran un lujo, incluso para las entidades con más recursos. Así que, al asignarle una monótona y aburrida tarea de realización de cálculos manuales, a Minovitch se le vino el mundo abajo. Él se consideraba más «teórico» y no le gustaban los cálculos prácticos o con datos concretos. Y, como Clarke estaba metido de lleno en calcular viajes de ida y vuelta a Venus, le encomendó la peor tarea al nuevo becario. O lo tomaba o lo dejaba.

LA COMPUTADORA IBM 7090 ENTRA EN ESCENA

Por suerte, el JPL acababa de adquirir ese año cinco superordenadores de la novedosa serie IBM 7090. En esos momentos era la computadora más rápida, moderna y avanzada del mundo, con un coste de tres millones de dólares de la época (unos 24 millones actuales). Estas legendarias máquinas eran la envidia entre las grandes empresas y organismos, así como el sueño de cualquier matemático o físico. Y, dada la necesidad creciente de cálculos complejos para las misiones espaciales, el boyante JPL se hizo con tres unidades del modelo

7094 para su edificio 230. Allí era donde se encontraba la Instalación de Operaciones de Vuelo Espacial (Space Flight Operations Facility, SFOF). Desde el SFOF se controlaban todas las misiones espaciales, así como la red de antenas del espacio profundo DSN. Como curiosidad, es tal su importancia que este edificio fue declarado monumento histórico nacional en 1985.

Los otros dos modelos 7094 y 7044 fueron a parar a los edificios 156 y 125. Y en este último era donde estaba el Grupo de Trayectorias, que lo necesitaba para avanzar en los complejos cálculos de sus proyectos. Y decimos bien «edificios», porque una instalación de estos computadores ocupaba prácticamente una planta al completo, teniendo en cuenta el ordenador y toda la maquinaria de apoyo necesaria.

El IBM 7094 de la NASA utilizado para las misiones tripuladas Gemini,
que permitía el cálculo de trayectorias, el procesamiento de telemetría
en tiempo real y la grabación de los datos recibidos. Imagen: NASA

Entre sus «poderosas» cualidades se encontraban sus 50.000 transistores, que podían realizar hasta 229.000 sumas o restas por segundo, o bien hasta 35.000 multiplicaciones o divisiones por segundo. Hay que tener en cuenta que entonces los ordenadores no tenían todavía microprocesadores, ya que estaban por inventar. Así que hacer comparaciones con ordenadores actuales es complicado. Simplificando mucho, un procesador normal de cualquiera de nuestros dispositivos electrónicos puede llegar a tener miles de millones de transistores en su microprocesador y pueden hacer miles de millones de operaciones por segundo. De hecho, cualquier juguete infantil de hoy en día tiene mucha más capacidad de cálculo que un IBM 7090.

Y, por supuesto, su funcionamiento no era sencillo. Por aquel entonces tampoco existían pantallas gráficas, ratones, discos duros, *pendrives*, ni CD, ni disqueteras de ningún tipo. Para que funcionara el superordenador, todas las fórmulas y operaciones tenían que traducirlas primero a un lenguaje de ordenador conocido como FORTRAN. Y eso ya era una suerte, porque en ocasiones todo se tenía que traducir al llamado «ensamblador» o «código máquina», que entendían directamente los ordenadores, pero que era una auténtica pesadilla para trabajar con él. Más tarde, todo el programa había que pasarlo a las llamadas «tarjetas perforadas». Si tienes más años que el hilo negro, sabrás que esas tarjetas consistían en una especie de cartones con agujeros y era la forma de alimentar con información a la máquina. Había que preparar cientos de ellas que posteriormente se introducían en un compartimento para que las fuera leyendo y preparara todas las operaciones. Y, por supuesto, tampoco había discos duros donde guardar los resultados. Una vez finalizadas las largas horas o días de operaciones, los resultados se imprimían en tiras de papel o bien se guardaban en grandes cintas magnéticas de datos.

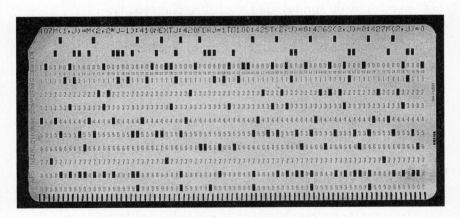

Las tarjetas perforadas de 80 columnas y doce filas traducían la programación a un código que pudiera entender el ordenador. Se necesitaban en ocasiones miles de ellas para introducir todo el código y que el computador pudiera trabajar. Imagen: JPL/NASA

MINOVITCH FUE A POR COBRE Y ENCONTRÓ ORO

Tras unas semanas de aburrido trabajo, Minovitch observó como el JPL usaba para sus cálculos de trayectorias un tipo de fórmulas que contenían los seis elementos orbitales tradicionales, que describen la posición de un objeto en el espacio. De hecho, era tal y como se hacían los cálculos a mano, pero pasado todo al ordenador. Estos elementos orbitales eran todos los parámetros que se necesitaba conocer de un objeto para poder trazar su órbita y, por tanto, el JPL los usaba. Aquí Minovitch introdujo una innovación muy importante y que nadie había pensado hasta entonces. Como buen matemático, usar seis valores era una complicación innecesaria. Para él tenía mucho más sentido usar vectores para conocer la posición tridimensional en el espacio de un objeto. Por lo tanto, tan solo eran necesarios tres valores en los cálculos, lo que simplificaba el proceso, reducía las operaciones necesarias en el ordenador y aumentaba la precisión.

Así que, dejando un poco al lado sus obligaciones, centró buena parte de sus esfuerzos en escribir los programas necesarios para resolver el problema restringido de los tres cuerpos. Todos los intentos de la comunidad científica por hallar una solución a este problema aplicado a los viajes espaciales acababan en fracaso. Con cada intento de calcular una trayectoria, siempre se obtenían resultados diferentes usando los mismos datos de partida. Y eso, aplicado a las trayectorias de sondas viajando entre planetas, era inaceptable. Ahora, con la innovación de Minovitch que usaría solo tres datos, los cálculos serían más sencillos. Y, por tanto, la rutina repetitiva de cálculos necesaria para llegar a un resultado concreto sería más simple. Era el trabajo perfecto para ese IBM que esperaba hambriento en la otra planta del edificio.

Sin embargo, Minovitch era un estudiante recién llegado. La costosa máquina estaba reservada solo para los cálculos de los miembros más veteranos del JPL, así como para sus proyectos más prioritarios e importantes. Y, desde luego, no era un juguete para un novato con ideas raras. Se reunió en varias ocasiones con su supervisor para intentar hacerse hueco en la apretada agenda del superordenador, pero no tuvo ningún éxito. Lejos de rendirse, recurrió al viejo recurso del lápiz y papel. ¡Quién necesita un ordenador si tienes los suficientes lápices y folios! Así que en sus ratos libres se pasó semanas haciendo todos los cálculos a mano y refinando sus resultados una y otra vez. Y no paró hasta obtener una solución concreta, con un error muy pequeño ¡y mucho mejor que cualquiera de los intentos del JPL hasta la fecha! En unas semanas había reducido matemáticamente el problema restringido de los tres cuerpos a varios problemas menores de dos cuerpos, que se resolvían más fácilmente con su planteamiento de vectores. Con esos problemas más sencillos, pudo plantear diversas trayectorias que iba refinando poco a poco en cálculos sucesivos y que le permitían obtener un resultado cada vez más preciso y con poco margen de error. De hecho, estos resultados eran tan buenos que serían aplicables en los cálculos de los lanzamientos y trayectorias de las sondas hasta otros planetas. ¡Había resuelto el problema!

Y, por si fuera poco, hizo un segundo descubrimiento con sus estudios. Tras revisarlos en varias ocasiones para descartar errores, los datos demostraban de forma inesperada que durante un sobrevuelo planetario había intercambio de energía entre el planeta y la sonda. Un sobrevuelo provocaba la pérdida de energía del planeta y una ganancia de energía en la nave. Esto tenía una aplicación práctica impresionante y sorprendente que Minovitch supo ver: la sonda adquiría mucha velocidad extra debido al sobrevuelo, quitándosela al planeta. El efecto final era como si la sonda hubiera usado un motor gigantesco al sobrevolar el planeta. ¡Eso era espectacular!

Las perturbaciones producidas por los sobrevuelos planetarios eran ya conocidas desde hacía más de dos siglos, pero eran consideradas poco más que un estorbo para las misiones espaciales. Cualquier cálculo de la trayectoria de una nave que pasara cerca de un planeta se complicaba enormemente debido a los tirones gravitacionales. Y eso para los técnicos de trayectorias era desesperante, ya que sus resultados eran imprecisos. Además, el sentido común nos dice que, si una sonda sobrevuela un planeta, al acercarse ganará mucha velocidad, pero al alejarse perderá toda esa velocidad adquirida. Así que un sobrevuelo no provocaría ningún cambio en la velocidad. Lógico, ¿no? Pues no, eso era totalmente incorrecto según los resultados de Minovitch. ¿Cómo era eso posible? La respuesta estaba en el punto de vista que adoptemos. Hasta entonces solo se tenía en cuenta la gravedad del planeta, que primero daba velocidad y luego la quitaba. Pero, en los cálculos, nadie tenía en cuenta el hecho de que el planeta se desplazaba alrededor del Sol y eso le proporcionaba un gran momento cinético, la energía del propio movimiento del planeta. Cuando una sonda lo sobrevuela, adquiere parte de ese momento cinético (el intercambio de energía mostrado en sus cálculos) y la sonda puede obtener una considerable cantidad de energía extra para su viaje. De esa forma, la sonda podría acelerar o incluso frenar a voluntad. Con esto se conseguía algo impensable hasta el momento: que las órbitas de Hohmann no fueran las de menor energía posible. Ahora había una nueva forma de «burlar» esta restricción, lo que permitiría abrir una nueva puerta a la exploración espacial de mundos más lejanos. La búsqueda de una simplificación y mejora en los cálculos de las trayectorias finalizó con el redescubrimiento de las asistencias gravitatorias por parte de Minovitch. Y digo «redescubrimiento» porque en realidad el mérito histórico debería ir para Guido von Pirquet, que ya había llegado a la misma conclusión unas décadas antes. Minovitch «simplemente» lo sacó del olvido y le dio un nuevo enfoque y una solución práctica para la carrera espacial. Que no es poco.

PREDICANDO EN EL DESIERTO

Así que un mes después de entrar en el JPL, Minovitch entregó su primer informe técnico. El documento de 21 páginas fue titulado *An Alternative Method for the Determination of Elliptic and Hyperbolic Trajectories*, algo así como «Un método alternativo para la determinación de trayectorias elípticas e hiperbólicas», y fue clasificado con el código JPL 312-118. En él detallaba sus hallazgos para la realización de los cálculos de trayectorias de forma mucho más sencilla, utilizando vectores y usando solo tres valores. Sin embargo, su estudio más importante llegaría el 23 de agosto, cuando entregó su segundo informe técnico en el JPL. Este documento, que tenía un total de 47 páginas, llevaba el título *A Method For Determining Interplanetary Free-Fall Reconnaissance Trajectories*, o «Un método para determinar trayectorias de reconocimiento interplanetario en caída libre», archivado con el código JPL 312-130.

TO: Section 312 Engineers, J. F. Scott, W. Scholey

FROM: M. A. Minovich

SUBJECT: A Method For Determining Interplanetary Free-Fall Reconnaissance
        Trajectories

   This paper deals with determining round-trip trajectories for reconnaissance
vehicles in free-fall motion when certain fundamental assumptions are assumed to
hold. After solving the trajectory problem to one planet and back the more general
problem of determining a free-fall reconnaissance trajectory to N planets before
returning to the launch planet will be solved. No assumptions will be made as to
the geometry of the solar system; indeed, it will not matter how eccentric the

Primera página del estudio de Minovitch donde describe el
descubrimiento de las asistencias gravitatorias en los planetas,
gracias a las cuales se abría el muro impenetrable de la
exploración del sistema solar exterior. Imagen: JPL/NASA

En este informe, Minovitch explicaba sus avances en el cálculo de
trayectorias interplanetarias. Se describe cómo una sonda que sobrevuela un planeta puede adquirir totalmente gratis una gran velocidad, simplemente usando el momento cinético (angular) de los
planetas. Y remarca que esto permitiría lanzamientos con menos
energía y acortando extraordinariamente la duración de los viajes.
Por supuesto, con trayectorias más eficientes que las perfectas trayectorias de Hohmann. Indudablemente esto era algo muy rompe-
dor para la época y dejaba inauguradas las autopistas hacia los planetas exteriores. Si hacemos sobrevolar una sonda muy cerca de un
planeta, la nave adquirirá parte de su energía y la impulsará a mayor
velocidad hacia su siguiente destino. Y es más, dependiendo de la
distancia del sobrevuelo, la dirección y la velocidad irán cambiando
a gusto de los diseñadores de la misión. Como él mismo añade en su
documento: «En la página 39 muestro como una nave podría explorar el sistema solar al completo aplicando la solución al problema
restringido de los tres cuerpos para cada encuentro. Tras el lanzamiento de una nave y sin necesidad de propulsión extra, puedes
volar de la Tierra hacia Venus, a Marte y de vuelta a la Tierra. Pero
esto no se para aquí, puedes ir a Saturno y al ser tan grande puedes

ir a Plutón, luego a Júpiter y de vuelta a la Tierra. ¡Sin propulsión con cohetes!». A este método Minovitch lo llamó «propulsión por gravedad» o «asistencia gravitatoria». Como curiosidad, desde el año 2003, Minovitch mantiene su página web www.gravityassist.com, donde se almacena gran cantidad de documentos, los detalles de sus descubrimientos y su versión de toda esta historia.

Por supuesto, nada más terminar su informe lo entregó en la Sección 312 del JPL (de ahí el número 312 en el código de sus documentos) encargada del análisis de sistemas. En pocas semanas, Minovitch había resuelto los dos mayores problemas de la exploración espacial. Primero encontró un método de cálculo más sencillo para trazar las trayectorias orbitales sin errores. Y, días después, una forma de viajar a planetas lejanos que se consideraban imposibles. ¿Y qué ocurrió tras la publicación de estos documentos? ¿Le llovieron los premios? ¿El JPL lo ascendió? Pues no. No ocurrió nada, simplemente no se lo tomaron en serio y catalogaron su estudio como poco realista e incluso extravagante. Incluir una trayectoria Tierra-Venus-Marte-Tierra-Saturno-Plutón-Júpiter-Tierra era demasiado para el cuerpo. Y en el JPL estaban muy ocupados con sus problemas del día a día como para revisar los cálculos de un becario rarito. De hecho, todavía no habían lanzado ninguna sonda planetaria y les costaba trabajo llegar a la Luna. Como para pensar en el exterior del sistema solar. ¡Estos jóvenes están locos!

Además, nadie creía que las órbitas de Hohmann fueran mejorables, ya que eran sencillas y perfectas. No había forma de viajar con menos energía. Y ¿en qué cabeza podía entrar que, tras sobrevolar un planeta, la sonda tendría más velocidad? Nadie daba crédito a que algo así fuera posible y la trayectoria de ejemplo propuesta en su segundo informe les parecía una idea descabellada. Para los científicos de la época no era fácil aceptar que las molestas influencias gravitatorias de los planetas ahora sirvieran para ahorrar combustible y viajar gratis por el sistema solar. Y, es más, ¿todo eso no violaba las leyes de la física? ¿Cómo podía tener una sonda más velocidad a la salida que a la entrada del sobrevuelo? Esto parecía no cumplir con la conservación de la energía. Y, si encima esto lo dice un becario en prácticas, la credibilidad era cero. Seguramente todos pensaron que sus estudios tendrían fallos en los cálculos o datos de partida incorrectos, pero nadie se molestó en comprobarlos en profundidad. Los científicos son humanos, o eso dicen. Pero este es un clarísimo ejemplo en el que se ignoraron unos fantásticos descubrimientos simplemente porque lo dice alguien que no era conocido. Estaban demasiado atareados con sus propios errores y prejuicios.

EL CAMBIO DE ENFOQUE EN LAS ASISTENCIAS GRAVITATORIAS

Analicemos un poco más el hallazgo de Minovitch. La física y el sentido común nos dicen que si te acercas a un planeta vas adquiriendo poco a poco más velocidad debido a la influencia de su gravedad. Luego lo sobrevuelas en el punto de mayor acercamiento. Y más tarde te vas alejando y perdiendo esa velocidad ganada, debido a que ahora la gravedad del planeta tira de ti hacia atrás. Podemos imaginar esto como estar en lo alto de una montaña rusa y de pronto empiezas a caer y cada vez tienes más velocidad. Cuando llegas abajo la velocidad es máxima. Y conforme vas subiendo de nuevo la rampa vas perdiendo esa velocidad que habías adquirido antes, hasta que llegas a perder toda la velocidad ganada.

¿Dónde está la diferencia entonces en el enfoque de Minovitch? ¿Cuál es el truco? Aquí el punto que hay que tener en cuenta es que solo hemos visto la ganancia y pérdida de velocidad respecto al planeta. Pero, en realidad, deberíamos estar hablando de velocidades de la sonda con respecto al Sol, el tercer cuerpo en la ecuación. Si observamos un planeta desde arriba y vemos cómo se le acerca una sonda, la velocidad con la que entra es igual a la velocidad con la que sale ¡con respecto al planeta! El «truco» está en que Minovitch tuvo en cuenta que el planeta no está quieto, ya que tiene una órbita alrededor del Sol en la que lleva una cierta velocidad. La sonda al sobrevolar el planeta, además de caer hacia él y adquirir velocidad, lo acompaña en su recorrido alrededor del Sol. Ese impulso por el movimiento del planeta hará que aumente más su energía, recibiendo un empujón extra de la velocidad que lleva el planeta alrededor del Sol. Y nadie había caído en eso hasta entonces. Una sonda que sobrevuele Júpiter puede ganar hasta 11 km/s de velocidad extra tras el encuentro. Y, para lograr eso con motores químicos, necesitaría llevar un tanque de combustible con unas 1450 toneladas de peso. ¡Eso sí es una gran influencia!

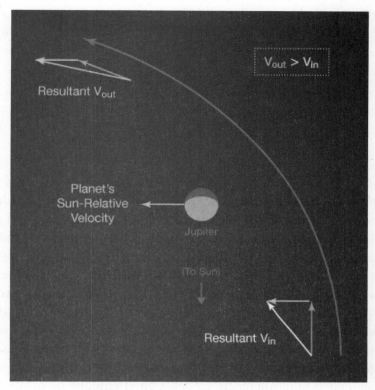

Tras el sobrevuelo de un planeta en la misma dirección de su recorrido orbital, una sonda ganará velocidad y cambiará su trayectoria. Imagen: NASA

Y, por cierto, las leyes de conservación de la energía se siguen cumpliendo en este caso. Si una sonda adquiere más velocidad, es el planeta el que la pierde en su recorrido alrededor del Sol. Podemos decir que una sonda que pase cerca de un planeta y adquiera más velocidad provocará que el planeta vaya más lento, al robarle parte del momento angular. Pero, dada la gran diferencia de tamaños, la pérdida de velocidad del planeta es insignificante. En el próximo billón de años, el planeta se habrá desplazado unos 30 cm menos en su viaje alrededor del Sol. Y ahora vas tú y lo mides.

Y NO, GAETANO CROCCO NO INVENTÓ LAS ASISTENCIAS GRAVITATORIAS

Gaetano Arturo Crocco es toda una eminencia en la aeronáutica italiana. Nacido en Nápoles en 1877, fue ingeniero, militar y científico pionero. Uno de sus logros más destacados fue el diseño teórico de la primera misión interplanetaria. Esta misión permitiría a una tripulación viajar desde la Tierra hasta Marte y volver a nuestro planeta pasando por Venus, en el que fue llamado el Crocco Grand Tour. Y, además, fue la primera vez que se usó el término «Grand Tour» para un gran viaje entre planetas. Este estudio fue publicado en septiembre de 1956 bajo el nombre de *One-Year Exploration-Trip Earth-Mars-Venus-Earth* y se presentó en el Séptimo Congreso de la Federación Astronáutica Internacional celebrado en Roma. Durante muchos años se le ha atribuido a Crocco el primer diseño de una misión espacial utilizando asistencias gravitatorias, pero eso en realidad no es correcto, como vamos a ver.

En circunstancias normales y usando las órbitas de Hohmann, un viaje desde la Tierra a Marte llevaría unos 260 días. Tras ello habría que permanecer más de 400 días en Marte hasta lograr la alineación correcta de ambos planetas. Y posteriormente volver con otro viaje de 260 días. Todo ello usando el mínimo combustible posible, pero con una duración para todo el viaje de más de 900 días, casi dos años y medio. Para acortar el vuelo, Crocco propone lanzar una misión a Marte y durante el viaje encender los motores para acelerar y reducir la duración del viaje a tan solo 113 días. Una vez en Marte se sobrevolará el planeta y usando su gravedad se desviará la trayectoria hacia el interior del sistema solar, volviendo de nuevo a la Tierra. Pero todo esto sin ganar velocidad con el sobrevuelo, ya que el planeta rojo se usaría solo para cambiar la trayectoria. Con este plan el viaje duraría solo un año, pero, como la distancia de sobrevuelo al planeta rojo sería de más de un millón de kilómetros, poca ciencia podría hacerse. Si el desvío llevara la misión hasta Venus, tendríamos el viaje a Marte de 113 días, el crucero de Marte a Venus de 154 días y la vuelta a la Tierra en 98 días más. En total también tendríamos un año de vuelo, pero pasando mucho más cerca de Marte para estudiarlo y con el bonus de estudiar Venus. Los cálculos indicaban que la primera oportunidad de lanzamiento para una misión así sería en 1971.

Dejando a un lado los gigantescos depósitos de combustible que deberían llevar las naves tripuladas para hacer una misión de ese tipo con aceleraciones en el recorrido, la idea es correcta. Pero de ninguna manera se las puede llamar «asistencias gravitatorias». El error de concepto es que una misión de ese tipo no tomaría ventaja de estas asistencias gravitatorias, sino que aceleraría gracias al uso de motores antes de llegar al planeta. Los planetas solo se usarían para cambiar la trayectoria y se tendrían en cuenta sus perturbaciones, pero sin ninguna ganancia de velocidad. Una asistencia gravitatoria implica no usar combustible, sino acelerar gracias a la gravedad del planeta. Eso sí, el término «Grand Tour» ya quedó acuñado para las misiones de largo recorrido y de múltiples planetas.

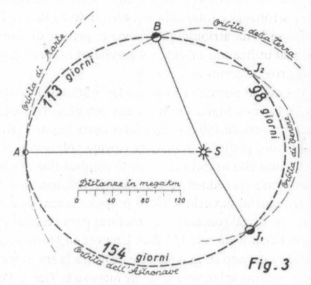

Esquema del Grand Tour de Crocco, con viaje tripulado a Marte y Venus antes de volver a la Tierra. Imagen: NASA/G. A. Crocco

DEL DESPRECIO AL RECONOCIMIENTO

Como habíamos comentado, en el JPL la reacción en general al trabajo de Minovitch fue de incredulidad, cuando no de desprecio. Los comentarios habituales consistían en decir que algo así era imposible y que violaba las leyes de conservación de la energía. En esta ocasión, los científicos no fueron capaces de ver más allá de sus ideas preconcebidas y de lo que ellos mismos entendían como «lógico». Por tanto, para Minovitch era el momento de tirar la toalla o de dar la turra. Y tocó dar la turra, mucha turra. Así que, de forma incansable, Minovitch se reunió en numerosas ocasiones con su supervisor para explicarle todos los detalles, usando pizarras, gráficos y tablas. Pero nada. Tras varias sesiones de pizarra y turra, su mentor Victor Clarke no estaba convencido y, por supuesto, denegó la petición de Minovitch para hacer uso del IBM 7090 para corroborar sus datos. ¡No se lo dejaba ni en sueños! El computador era un recurso demasiado valioso como para utilizarlo en un estudio en el que nadie creía, de alguien que no conocía nadie. En la última reunión, Clarke le dijo a Minovitch que se olvidara del ordenador, que se dejara de teorías y que siguiera trabajando lo poco que quedaba del verano. Que se centrara en depurar el código del JPL con las trayectorias a Venus, que fallaba una y otra vez. Ni vieron sus propuestas para mejorar los cálculos, ni entendieron el concepto tan revolucionario que había encontrado Minovitch para viajar por el sistema solar.

Así que, una vez finalizado el contrato, Minovitch deja el JPL en septiembre de 1961 para volver a su Universidad de California. Allí, por supuesto, sigue dando la turra y expone sus trabajos. Para su sorpresa, logra convencer a Frederick Hollander, el jefe del ordenador IBM 7090 de la UCLA. Un día le pidió unas horas de uso para el cálculo de órbitas hacia otros cuerpos como Júpiter y de forma inesperada le concedió catorce horas de funcionamiento. Tal vez no eran todas las horas que necesitaba, pero al menos podría ir comprobando sus primeros cálculos. Otro problema surge entonces, porque se da cuenta de que no tenía ni idea del lenguaje de programación FORTRAN, así que decide apuntarse a un curso acelerado para aprenderlo. Al acabar, emprende la descomunal tarea de pasar todas sus fórmulas y todas las posiciones orbitales de los planetas entre 1960 y 1980 al nuevo lenguaje de ordenador. Las posiciones planetarias las obtiene del clásico libro de efemérides *Her Majesty's Nautical Almanac* y las convierte en un descomunal cerro de 4000 tarjetas perforadas que alimentarán a la bestia de IBM. Así que, con la montaña de tarjetas, puso rumbo a la sala del ordenador. Efectivamente, las catorce horas asignadas resultaron ser muy pocas. Minovitch no se andaba con rodeos y había preparado en sus cálculos nada menos que 200 posibles sobrevuelos a planetas, por lo que no dio tiempo a realizarlos todos. Aun así, se convirtió en la primera persona que estudió de forma práctica las llamadas «trayectorias de no-retorno», aquellas en las que la nave no realiza una órbita cerrada. Hollander quedó impresionado con los resultados, por lo que le permitió usar la máquina cada vez que hubiera algún hueco libre, al finalizar los trabajos de investigación de otros equipos. Iba a ser un proceso más laborioso, con muchas interrupciones y con muchas noches en vela. Pero con paciencia Minovitch podría realizar todas las simulaciones y cálculos que tenía pensados.

Para abril de 1962, el incansable Minovitch había adquirido mucha experiencia y mejorado su código FORTRAN. Sin embargo, los resultados eran muy discrepantes con otras aproximaciones al problema, obteniendo siempre como resultado unas energías menores de las previstas. Algo estaba fallando. ¿Estaría al final completamente equivocado en sus ideas? ¿Sería algún fallo sin descubrir en el código? Para Minovitch equivocarse no era una opción. Así que, asumiendo que los cálculos eran correctos, pensó que los equivocados eran los planetas. Bueno, ellos directamente no, sino que las posiciones de los planetas del almanaque náutico no eran todo lo precisas que él necesitaba. Pero ¿qué institución conocía Minovitch que pudiera tener mejores efemérides? Efectivamente, el JPL. Así que llamó a su exjefe Clarke y le comentó la situación. Para su sorpresa, le enviaron los datos bajo el brazo de uno de los mejores expertos en análisis de órbitas, Gene Bollman. Este ingeniero compararía los datos tomando como prueba una de las muchas trayectorias propuestas por Minovitch. Al comprobar que efectivamente las posiciones no eran lo bastante buenas, Bollman introdujo los nuevos valores traídos desde el JPL. A partir de ese momento, los datos volvían a ser los esperados y además ¡arrojaban siempre los mismos resultados! Con los cálculos en la mano, Bollman alucinó al comprobar que Minovitch no solo había resuelto el problema restringido de los tres cuerpos, sino el de los n cuerpos con total precisión. ¡Pero si ya os lo había dicho mil veces! ¡Y hasta os lo había dejado por escrito! Por si fuera poco, pudo comprobar de primera mano que la sonda adquiría una velocidad extra al sobrevolar un planeta, lo que le permitía reducir considerablemente su viaje. ¡Milagro! Ahora por fin ya tenía a un reputado ingeniero del JPL convencido de la validez de sus cálculos. Esto era la prueba definitiva de que la idea de Minovitch funcionaba a la perfección y muchos se tuvieron que tragar sus palabras en el JPL. Aun así, su idea seguía sin tener el apoyo necesario, ya que nadie veía cómo se podría llevar a cabo en la práctica. Estaban ya convencidos de que Minovitch tenía razón, pero nadie pensaba que fuera realista hacer misiones de ese tipo con la tecnología existente a mediados del año 1962. De hecho, tenían parte de razón. Como hemos visto, todas las sondas lanzadas en los dos años anteriores por los EE. UU. y la Unión Soviética habían fracasado y no había manera de hacerlas funcionar en un viaje a Venus o Marte. No estaban como para pensar en Júpiter o en Neptuno. En esos momentos, el JPL estaba preparando sus dos primeras sondas, llamadas Mariner 1 y Mariner 2, que debían poner rumbo a Venus, así que esa era su única preocupación. Pero, bueno, el mensaje ya había calado en el JPL. Viajar más allá ya era posible en la teoría, aunque la práctica llevaría más tiempo.

DE VUELTA AL JPL

A finales de 1962, todos los cálculos de las órbitas de Minovitch estaban ya realizados y revisados por completo. Así que era el momento de escribir un nuevo informe técnico que fue publicado en marzo de 1963. En este caso tenía el código JPL 312-280 y el contundente título *The Determination, Analysis and Potentialities of Advanced Free-Fall Interplanetary Trajectories*, o «La determinación, análisis y potencialidades de trayectorias interplanetarias avanzadas de caída libre». Era la primera vez que en un informe se estudiaban órbitas hacia otros planetas que hacían uso de las asistencias gravitatorias. Como curiosidad, entre las múltiples trayectorias que eran examinadas con detalle se encontraba la que posteriormente usaría la misión de la sonda Mariner 10. Esta sonda fue lanzada en noviembre de 1973 y se convirtió en la primera de la historia que utilizó la asistencia gravitatoria de un planeta (Venus) para llegar a su destino (Mercurio).

Sin embargo, la mayoría de sus estudios se centraron en Júpiter, ya que su efecto sería mayor al ser el cuerpo más masivo, reduciendo considerablemente la duración de los vuelos. Sus conclusiones indicaban que usando períodos de lanzamiento entre 1962 y 1966, así como entre 1976 y 1980, se podrían realizar los sobrevuelos de varios de los planetas exteriores. ¿Lo notas? Aquí ya huele un poco a Voyager. En los primeros meses de 1963, Minovitch volvió puntualmente al JPL para dar varias charlas a ingenieros de trayectorias. En esta ocasión, se centró en las opciones disponibles para realizar viajes hacia los planetas exteriores del sistema solar. Y les explicó que, usando sus grandes masas, una nave podría viajar a cualquier planeta del sistema solar en mucho menos tiempo. Pero nada, chocaba con un muro. En esta ocasión tampoco atrajo la atención de los técnicos e ingenieros. Ellos creían más en los sistemas de propulsión que estaban intentando desarrollar en sus laboratorios, como los prometedores motores iónicos y nucleares. Pensaban que con la gran potencia de estos nuevos motores se llegaría mucho más rápido a cualquier planeta, sin necesidad de esas extrañas asistencias gravitatorias. ¿Para qué querían hacer carambolas, si en poco tiempo tendrían poderosos motores para desplazarse por el sistema solar? Pues nada, todavía los estamos esperando sentados. La naturaleza les ofrecía esos motores gratis y no supieron apreciarlos.

Earth-Venus-Mercury 1973

The last launch period for the decade occures during the winter of 1973. The advanced trajectories of this period do not require very close approaches although the launch energies were found to be fairly high. Consequently an extra fine net was calculated and the resulting minimum launch energy trajectories appear in Table 10. These trajectories have Type I earth-venus and venus-mercury transfers yielding very short total flight times. Consequently these trajectories closely resemble those of the 1970 period. It is interesting to note however that for the 1970 period one finds low launch energies but high mercury approach energies while for the 1973 trajectories these characteristics are reversed. The distances of closest approach are neither maximum nor minimum.

The planetary configuration for this launch period appears in figure 23. The earth's distance at the venus and mercury encounters is approximately .32 and 1.2 A.U.'s respectively.

The trajectory corresponding to the November 4 launch date near venus appears in figur 24.

Parte del documento 312-280 de Minovitch, donde se relata la que sería la futura trayectoria de la Mariner 10. Imagen: JPL/NASA

En la teoría y en los cálculos de Minovitch, las posibles asistencias gravitatorias eran casi infinitas en sus posibilidades. Si querías, podías dirigirte a un planeta y acercarte mucho para modificar tu trayectoria y velocidad para así poder encarar otro planeta. Una vez allí, podrías hacer otra maniobra que te lleve a cualquier otro planeta exterior o interior y seguir dando vueltas por el sistema solar a tu antojo. El problema: que esto no tenía ningún sentido práctico para los ingenieros, dada la cantidad de tiempo necesario para ello.

Aunque los tiempos se reducían, muchas de las trayectorias estudiadas duraban varias décadas y, por tanto, no eran realistas para la época. Las naves se quedarían sin energía o dejarían de funcionar por fallos mecánicos o por la degradación de la nave. El JPL aún no tenía la confianza necesaria como para pensar en hacer una misión de ese tipo. Estaban centrados en Marte y Venus. El resto era ciencia ficción.

Pero, como a cabezota no le ganaba nadie, siguió usando las oportunidades que le surgían en el IBM 7090 de UCLA sin rendirse, hasta llegar a un total de 200 horas en el año 1963. A las que había que sumar otras 300 horas que le concedió ese mismo año el JPL. Durante el verano de 1964 volvió de nuevo al JPL y logró otras 300 horas más del superordenador, acumulando en total casi 900 horas de trabajo para finales de ese año. En realidad, ya había logrado muchas más horas que la mayoría de los proyectos de la época. Ni que decir tiene que en ese momento tenía ya cientos de posibles trayectorias perfectamente definidas y dibujadas. Sin embargo, dos años antes Minovitch ya tenía perfilada una trayectoria especial, aunque por desgracia él no le prestara demasiada atención. La trayectoria implicaba el lanzamiento de una sonda desde la Tierra a comienzos del mes de septiembre de 1977. Su viaje la llevaría a sobrevolar Júpiter, posteriormente Saturno, Urano y por último Neptuno doce años después. Habéis sentido una conmoción en la fuerza, ¿verdad? Efectivamente, esta fue la trayectoria que siguió finalmente la sonda Voyager 2 y de la que hablaremos más adelante. Con un total de más de 200 trayectorias analizadas, esta era una más de las posibles y nunca la destacó en sus charlas como un objetivo práctico. Tal vez este fue su mayor fallo, ya que se centró tanto en la parte teórica y en recorridos extraños que nunca mostró en sus informes o conferencias alguna aplicación práctica que llamara realmente la atención. Aunque fuera solo como idea para una futura sonda en otra década.

Al finalizar el verano de 1964, Minovitch volvía a dejar el JPL para retornar de nuevo a UCLA. Pero en esta ocasión tenía una tarea prioritaria: terminar un informe final donde se explicaran y resumieran todos sus descubrimientos para enviárselos a Elliott Cutting, el nuevo director del equipo de trayectorias del JPL. Este nuevo informe técnico vio la luz en febrero de 1965 y se llamó *Utilizing Large Planetary Perturbations for the Design of Deep-Space, Solar-Probe and Out-Of-Ecliptic Trajectories* (código TM 312-514). Este nuevo documento sí que atrajo la atención de Cutting y despertó por primera vez en el JPL la idea de realizar un viaje más allá de lo posible. Tanto que encargaron a varias empresas la realización de estudios independientes sobre posibles misiones más allá del cinturón de asteroides y Júpiter. Por fin abrieron los ojos.

Cutting quedó impresionado con los resultados y en el verano de 1965 invitó a Minovitch a trabajar en el recién creado Grupo de Espacio Exterior (Outer Space Panel). Este nuevo equipo estaría dirigido por el famoso James van Allen, el mismo que descubrió los cinturones de radiación que envuelven a la Tierra. Pero, en ese momento, Minovitch estaba centrado en obtener su doctorado en Berkeley y sorprendentemente rechazó la oferta. Con certeza pensaba que su trabajo y sus teorías ya estaban completadas. O tal vez estaba cansado de pelear por demostrarlas. Después de esto nunca más volvió al JPL.

Como ironía de la historia, en ese verano de 1965 la Mariner 4 sobrevoló Marte, siendo la primera sonda en la historia en conseguirlo. Analizando posteriormente los datos de telemetría, se observó que la Mariner 4 obtuvo con el sobrevuelo de Marte una ganancia de velocidad de 0,91 km/s. Por tanto, técnicamente fue la primera sonda en hacer uso de la asistencia gravitatoria para ganar velocidad como había predicho Minovitch. Aunque, claro, en este caso sin que sirviera para nada ni fuera algo hecho a propósito. Pero Minovitch tenía razón. Turra 1-JPL 0.

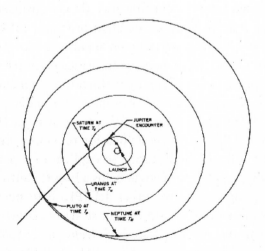

Fig. 23. Planetary configuration for Earth-Jupiter-escape, 1977 (Sept. 8 trajectory)

Trayectoria propuesta por Minovitch en su último informe en el JPL, con la trayectoria que usaría en el futuro la Voyager 1. Imagen: JPL/NASA

LA EXPLORACIÓN PLANETARIA
ADQUIERE MADUREZ (1965-69)

En 1965 la Unión Soviética prepara tres nuevas sondas para investigar Venus a finales de año, con la intención de sobrevolar y de impactar contra el planeta. La sonda Venera 2 sobrevoló Venus el 27 de febrero de 1966 a 24.000 km de distancia. Por su parte, la Venera 3 soltó una cápsula de 300 kg en paracaídas sobre el planeta. En el descenso fue adquiriendo información sobre las temperaturas, presiones y la composición de la atmósfera venusiana, pero un fallo impidió que los datos adquiridos llegasen a la Tierra. La cápsula aterrizó en Venus el 1 de marzo de 1966 a las 06:56 GMT, convirtiéndose en el primer objeto humano que se posaba en otro planeta. La tercera sonda con destino Venus explotó poco después del lanzamiento. Por su parte, en diciembre el Ames Research Center de la NASA lanzó la sonda Pioneer 6, cuyo objetivo era entrar en órbita alrededor del Sol y estudiar el medio interplanetario con sus siete instrumentos. Con una vida estimada en seis meses, finalmente la sonda siguió transmitiendo información durante más de 30 años y posteriormente se mantuvieron comunicaciones de forma eventual. El último contacto tuvo lugar durante dos horas el 8 de diciembre del año 2000, para conmemorar el 35.º aniversario de la misión. En ese momento, se convirtió con diferencia en la sonda que más tiempo había estado en funcionamiento hasta la fecha. Ya en agosto de 1966, la NASA lanza la Pioneer 7 con una misión similar a la anterior y con el objetivo de obtener datos de manera conjunta. Entre ambas realizarían comparaciones del campo magnético solar, de los rayos cósmicos y del viento solar. Fue otra misión muy longeva, ya que en marzo de 1995 se volvió a realizar una última sesión de comunicaciones con la nave, que ya se encontraba muy deteriorada tras 29 años en el espacio.

Con tan solo dos días de diferencia, el 12 y el 14 de junio de 1967 fueron lanzadas las sondas Venera 4 de la URSS y Mariner 5 de la NASA. La primera tenía el objetivo de llegar a Venus y la segunda debía sobrevolarlo. Venera 4 llegó al planeta vecino el 18 de octubre para soltar el aterrizador, una cápsula que mediante un paracaídas llegaría a la superficie, al igual que Venera 3. La sonda transmitió información durante los 93 minutos que duró el descenso hasta que llegó a los 27 km de altura, momento en el cual quedó destruida por el exceso de presión. Fue la primera sonda que envió datos desde la atmósfera de otro planeta. Al día siguiente la sonda Mariner 5 de la NASA sobrevolaba el planeta a 75.000 km de distancia, enviando datos con sus instrumentos científicos, y siguió en funcionamiento hasta el 4 de diciembre. Un año más tarde se obtuvo una breve sesión de comunicaciones con la sonda, pero sin telemetría, por lo que la NASA decidió dejar de comunicarse con la nave. Y el 13 de diciembre de 1967 la NASA lanzaba la Pioneer 8, la tercera sonda de la serie que estudiaría el ambiente interplanetario y el Sol. En agosto de 1996, se estableció una sesión de comunicaciones y todavía funcionaba uno de los instrumentos de la nave. El 8 de noviembre de 1968, la NASA lanza la Pioneer 9, la cuarta sonda para el estudio del Sol y el medio ambiente interplanetario, la cual estuvo funcionando hasta mayo de 1983.

A comienzos de 1969, la URSS manda las sondas gemelas Venera 5 y 6 hacia Venus con cinco días de diferencia. Estas sondas eran similares a las anteriores, pero las cápsulas de descenso habían sido reforzadas para soportar mayores presiones. La Venera 5 descendió en el planeta el 16 de mayo y transmitió datos durante 53 minutos hasta llegar a una altura de 24 km, momento en el cual se interrumpieron las comunicaciones. Al día siguiente llegaba la Venera 6, la cual también transmitió datos durante 51 minutos hasta perderse el contacto a unos 14 km de altura. En febrero y marzo de ese año, la NASA manda las sondas gemelas Mariner 6 y 7 hacia Marte, con el objetivo de sobrevolarlo y obtener nuevas fotografías y datos del planeta. La Mariner 6 llegó al planeta rojo el 31 de julio, sobrevolándolo a una altura de 3400 km. En el acercamiento obtuvo 24 fotografías, así como datos sobre la composición, presión y temperatura de la atmósfera. La Mariner 7 sobrevoló Marte el 5 de agosto y obtuvo un total de 126 fotografías del planeta desde diversas distancias, así como una imagen de Fobos. Ese mismo año, todos los intentos de la URSS por llegar a Marte fracasan, ya que las dos primeras sondas lanzadas en marzo y abril para orbitar el planeta explotaron en el lanzamiento. En este periodo entre 1965 y 1969 vemos como la Unión Soviética obtiene grandes éxitos en Venus mientras Estados Unidos los obtiene en Marte. La carrera espacial de los planetas sigue en marcha y cada vez las sondas son más duraderas y capaces. Tienes disponible un listado de sondas con su duración en el apéndice 1.

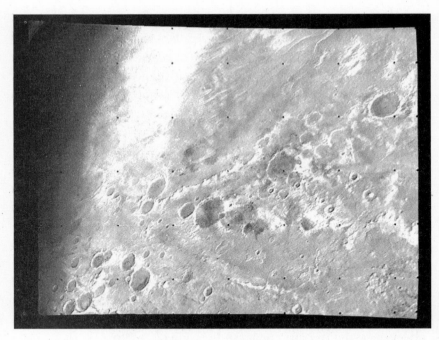

Fotografía de Marte obtenida por la sonda Mariner 7. Imagen: JPL/NASA

LLEGA EL RELEVO DE LA MANO
DE GARY FLANDRO

Durante la primavera de 1965, Elliott Cutting seguía reclutando a estudiantes destacados para que trabajaran en su Grupo de Trayectorias. Entre otros, invitó a participar en su equipo a un joven llamado Gary Flandro, estudiante de postgrado en Aeronáutica de Caltech y con amplios conocimientos de ingeniería mecánica aplicada a naves espaciales. Sus estudios principales se habían centrado en las inestabilidades que se producían durante las combustiones de los motores de cohetes. Pero, como también dominaba la mecánica celestial, su primer trabajo en el JPL fue buscar las mejores oportunidades para lanzar futuras misiones de exploración del sistema solar exterior, aprovechando el tirón gravitacional de Júpiter. Esto era básicamente la continuación de la tarea que había iniciado Minovitch. Pero, claro, un trabajo así tenía poco sentido para un ingeniero como Flandro, ya que entonces las naves apenas podían sobrevivir en un viaje hasta

Marte. Por tanto, plantearse algo más allá del planeta rojo era difícil de entender para él. Tal y como les pasaba a todos los ingenieros del JPL. Además, tampoco le gustaban los estudios tan teóricos, ya que prefería trabajar con cosas que tuvieran una aplicación más práctica.

Como no le quedaba otro remedio, Flandro comenzó a revisar toda la documentación existente en el JPL sobre estos temas para comenzar con su trabajo. Así que a la fuerza tuvo que leer todos los informes de Minovitch y conocía bien sus estudios. Pronto su interés por el aburrido trabajo que le asignaron dio un vuelco total. Rápidamente fue consciente de que los viajes realmente se acortaban mucho con los sobrevuelos planetarios y vio que eso tenía ya una gran aplicación práctica. Si ese año estaban trabajando en el JPL con sondas que duraban un par de años, tampoco era una locura que sobrevivieran cuatro o cinco para llegar al menos hasta Saturno. Y más si realizaban primero un sobrevuelo a Júpiter, que al ser el planeta más grande podría acelerar mucho más a cualquier sonda que se le acercara. Bueno, eso ya lo había dejado comprobado Minovitch, aunque Flandro ninguneara sus estudios para quedarse con todo el mérito.

Gary Flandro. Imagen: JPL/NASA

FLANDRO ENCUENTRA LA CARAMBOLA
PLANETARIA DEFINITIVA

Tras casi un mes de trabajo, que según sus palabras «comenzó desde cero», pudo analizar las posiciones de todos los planetas exteriores del sistema solar. Al concluir a finales de junio, el estudio de Flandro obtuvo un resultado asombroso. Se había dado cuenta de que, a finales de los años setenta, la coincidencia haría que todos los planetas exteriores estuvieran en el mismo lado del sistema solar. Esto implicaba algo sorprendente, ya que a mediados de la siguiente década ocurriría una alineación irrepetible en mucho tiempo, algo que solo pasa una vez cada 176 años. Como él mismo dijo en una entrevista, tuvo «a rare moment of great exhilaration», lo que viene siendo un subidón. Dada la posición «cercana» entre sí de los planetas del sistema solar exterior, con un único lanzamiento desde la Tierra se podría hacer un increíble viaje. Tras el lanzamiento, en menos de dos años de vuelo se llegaría a Júpiter y usando su gravedad una sonda podría visitar posteriormente y de manera consecutiva el resto de los planetas. El viaje seguiría por Saturno, Urano y finalmente Neptuno, todos ellos impulsando la sonda hacia el siguiente planeta. Lo que viene a ser toda una carambola de billar interplanetario. Un Grand Tour con mayúsculas. Según Flandro, «me encontraba trabajando en mi oficina de la tercera planta del edificio 180 del JPL, cuando me entró un sentimiento de temor al darme cuenta de que esa misión tendría el tiempo justo, con tan solo diez años para ser diseñada y construida». Efectivamente, apenas quedaba tiempo para desarrollar un plan serio y llevarlo a cabo.

A Flandro no le faltaba razón, ya que la ocasión era muy concreta e irrepetible. Durante un breve periodo de unos pocos meses entre 1977 y 1978, existía una oportunidad única para realizar una misión que recorriera todos los planetas del sistema solar exterior. Si no se aprovechaba este periodo de lanzamiento, la próxima oportunidad no estaría disponible hasta el año 2153. Y eso ya no lo veríamos nosotros, tal vez Jordi Hurtado con un poco de suerte. Aunque, claro, por aquel entonces el sistema solar estaría ya tan estudiado que no tendría más interés que la propia curiosidad de la efeméride o como *tour* turístico de bajo coste. La ocasión anterior en la que ocurrió una conjunción de estas características fue en el año 1804, cuando un tal Thomas Jefferson era el tercer presidente de los Estados Unidos. Como dijo bromeando Tom Paine, un antiguo administrador de la NASA, «Jefferson tuvo la oportunidad de hacer un Grand Tour y la desperdició». Ese presidente seguramente tenía algunas buenas excusas para no hacerlo, pero ahora la NASA ¿dejaría escapar la ocasión?

Bueno, pero ¿y por qué es tan poco frecuente esta disposición planetaria? Ya sabemos que Júpiter tarda unos doce años en dar una vuelta al Sol y que Saturno tarda unos 29 años. Por tanto, es relativamente frecuente que cada década vuelvan a situarse en la misma zona del sistema solar. Las oportunidades para hacer sobrevuelos del uno al otro son relativamente frecuentes. Sin embargo, Urano tarda unos 84 años en hacer una órbita completa y Neptuno la friolera de 165 años. Con estas cifras, estos dos lentos planetas son los que determinan que un evento así solo ocurra una vez casi cada dos siglos. De esta forma, el evento se repite cuando los tres planetas más interiores vuelven a alcanzar a Neptuno en su siguiente órbita.

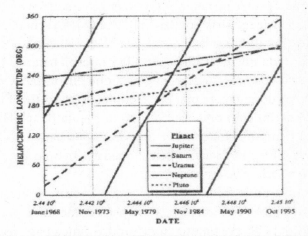

Fig. 1   Heliocentric positions of the outer planets vs time.

Con este curioso gráfico, que muestra la posición en longitud de cada planeta en el sistema solar a lo largo de varias décadas, Flandro se dio cuenta de que algo maravilloso estaba a punto de ocurrir. Imagen: JPL/NASA

Para la comunidad científica, esta sería una ocasión única en varias generaciones que no podía dejarse escapar. Y ahí está el gran mérito de Flandro. En sus informes y presentaciones insistió en destacar la parte práctica de una misión de este tipo por encima de todo lo demás. Utilizando la gravedad de Júpiter, el tiempo de vuelo hasta Saturno se vería reducido en tres años. Pero es que hasta Urano se reducirían otros diez años más y serían necesarios hasta 22 años menos para llegar a Neptuno. Como resultado, un vuelo completo entre los cuatro planetas sería realizable en unos doce años. Estos viajes, aun siendo muy largos, solo durarían una tercera parte de lo que antes se consideraba posible. De lo «imposible» pasamos a lo «poco probable». Vale, pero por fin ya no se veía como algo de ficción científica, sino algo realizable en un futuro cercano.

En el mundo astronómico ya se conocía desde hacía tiempo esa formidable coincidencia planetaria. Y desde unos años antes también se conocían las asistencias gravitatorias de Minovitch. Flandro le dio el empujón que faltaba al conectar los datos necesarios para realizar una aventura de este tipo. Desafortunadamente, nos encontramos en un momento en el cual la tecnología para llevar a cabo estas misiones aún no estaba madura. Por una extraordinaria suerte, Minovitch y Flandro llegaron en el momento preciso. Si la carambola se hubiera producido unos años antes, no se podría haber realizado porque la tecnología espacial estaba en pañales. Y, si el descubrimiento de las asistencias gravitatorias y del *grand tour* hubieran llegado unos años más tarde, la tecnología habría sido más madura, pero ya no se dispondría del tiempo necesario para construir una misión de ese tipo. Quedaban doce años y todavía había opciones para desarrollar nuevas tecnologías y diseñar una misión que aprovechara la carambola planetaria.

NI EL PROPIO JPL CONSIGUE DESPERTAR EL INTERÉS DE LA COMUNIDAD CIENTÍFICA

Para sorpresa de nadie, al Grupo de Trayectorias esta coincidencia planetaria les pareció poco interesante. Así que Flandro lo compartió directamente con Cutting, que se mostró muy interesado en el estudio. Inmediatamente le asignó dos ayudantes para profundizar en el trabajo, centrándose en esas trayectorias tan excepcionales. La idea era concretar datos y determinar la altura de los sobrevuelos que permitieran llevar a cabo ese tipo de misiones. Como para cada posible altura de sobrevuelo de un planeta se conseguía una trayectoria diferente de salida de este, existían miles de combinaciones disponibles. Además, cada una tenía sus ventajas y desventajas respecto al acercamiento a los distintos satélites, a la cercanía al planeta y a los anillos de Saturno. Pero el objetivo estaba claro: había que lograr la trayectoria que sobrevolara la mayor cantidad de planetas posible, algo que aumentaría las opciones para que una misión así viera la luz verde por parte de la NASA. Con la ayuda de Don Snyder y Helen Ling, analizaron decenas de diferentes fechas de lanzamientos. Y, para cada una de ellas, calcularon cuáles serían las mejores aproximaciones a cada planeta. Por supuesto, fue un arduo trabajo donde se descartaron cientos de esas posibles trayectorias. Sin ordenadores disponibles para estas tareas rutinarias, todo había que hacerlo a mano. Para mediados del mes de julio de 1965 ya tenían el trabajo finalizado, con algunas trayectorias muy prometedoras en las cuales se centraron los resultados. Las conclusiones fueron presentadas por todo lo alto en la reunión anual de la American Astronomical Society, en un documento titulado *Unmanned Exploration of the Solar System* que no tuvo mucho éxito. ¿Quién se lo podía imaginar? Posteriormente fue publicado en la prestigiosa revista *Astronautica Acta* de abril de 1966, en un artículo titulado «Fast Reconnaissance Missions to the Outer Solar System, Utilizing Energy Derived from the Gravitational Field of Jupiter» [A. A. 12 (1966): 329].

Table 2. *Multiple-Planet Trajectories to the Outer Solar System*

Mission	Launch Years				
Earth—Jupiter—Saturn—Escape		1976,	1977,	1978[1]	
Earth—Jupiter—Uranus—Escape	1977,	1978,	1979[1],	1980,	1981
Earth—Jupiter—Neptune—Escape	1977,	1978,	1979[1],	1980,	1981
Earth—Jupiter—Pluto—Escape	1975,	1976,	1977,	1978,	1979
Earth—Jupiter—Saturn—Uranus—Neptune		1976,	1977[1],	1978	

[1] Optimum launch year.

Tablas con las fechas de lanzamiento de distintas misiones en función de distintos objetivos. La última de ellas incluye el sobrevuelo de los cuatro planetas exteriores. Imagen: JPL/NASA

Y, de nuevo, la reacción de la comunidad científica ante el artículo publicado en *Astronautica Acta* también fue negativa, incluso de burla. Proponer misiones al sistema solar exterior con una duración de doce o quince años era ridículo para la mayoría y tampoco se lo tomaron en serio. ¡Venga ya! Vale, tenían razón en el indiscutible hecho de que no se podían hacer misiones tan largas en ese momento. Pero el estudio abría la puerta a bajar la duración de ese tipo de misiones de 35 años a tan solo doce. En algún momento se podrían hacer, ¿no? Ya tenían algunas sondas que habían durado más de un año, como la Mariner 4. Pero nada, a pesar de unos datos tan concretos y contando con el apoyo de toda la sección de trayectorias del JPL, nadie más veía con interés una misión de ese tipo. Sus tres únicos y firmes defensores eran Flandro, Cutting y Homer «Joe» Stewart, director de la Oficina de Estudios Avanzados (Advanced Studies Office) del JPL. ¿Pero cómo es posible? ¿Es que el resto no tenía ojos? A mediados de 1966 ya solo quedaban once años para desarrollar la tecnología y construir las sondas. ¡Dadme mayúsculas más grandes!

LA HÁBIL JUGADA DE HOMER J. STEWART

Como hemos visto, el interés por enviar alguna misión aprovechando los descubrimientos de Minovitch y Flandro era completamente nulo entre la comunidad de ingenieros y la científica. Y, por supuesto, el público en general no tenía ni idea de estas propuestas. Aunque todo eso cambió radicalmente gracias a la inteligente jugada que realizó Homer Stewart, el director de la Advanced Studies Office. A finales de 1966 decidió crear una propuesta formal del JPL para el estudio de una misión que recorriera todos los planetas exteriores y que fue bautizada por Stewart como el Grand Tour. Como sabemos, este término ya había sido usado anteriormente por el matemático italiano Gaetano Crocco para realizar misiones tripuladas hacia Marte y Venus. Pero, en esta ocasión, el Grand Tour era realmente grande.

Cansado de la falta de interés en el sistema solar exterior, en diciembre de 1966 publicó un artículo en la revista *Astronautics and Aeronautics* llamado «New Possibilities for Solar System Exploration». En un informe sin muchas fórmulas matemáticas, destacó la creciente posibilidad de realizar misiones relativamente rápidas hacia el exterior del sistema solar. Para ello usaba como argumento los avances realizados en la propulsión eléctrica, pero colando toda la teoría de las asistencias gravitatorias. Y sin olvidar el detalle de que existiría una oportunidad única para realizarlo a finales de los setenta. Su artículo no era nada nuevo y simplemente se dedicó a remarcar todos los estudios anteriores que ya se habían realizado en el JPL. En esta ocasión, al ser publicado por alguien respetado y conocido en el mundo científico, su mensaje llegó con fuerza a la comunidad espacial. Incluso levantó interés en el Congreso y en la prensa de todo el país. Logró algo impensable: que se hablara del Grand Tour y que eso despertara la imaginación en los Estados Unidos. Desde ese momento quedó como el gran creador, impulsor y predicador del concepto «Grand Tour». Aunque se le acusó de robar indirectamente el reconocimiento a Flandro y Minovitch, ambos siempre fueron nombrados en sus artículos y en posteriores entrevistas. La clave para su éxito fue la redacción del artículo en texto llano y entendible para el público y la prensa. Por ejemplo, se usaban frases como «billar interplanetario», en lugar de la más sofisticada «maniobra de asistencia gravitatoria». Además, el texto era ilusionante, mostrando los grandes descubrimientos científicos que podrían llevarse a cabo con estas misiones. Todo esto no era nada frecuente en la época, ya que los científicos no acostumbraban a escribir artículos de carácter divulgativo. Gracias a su innovador enfoque, despertó el interés por este tipo de misiones para siempre entre el público. Definitivamente las misiones Grand Tour ya estaban sobre la mesa y era habitual ver reportajes en los medios de comunicación sobre ellas y debates en el Congreso. Porque, claro, al fin y al cabo, esto era una nueva forma de ganar otra carrera espacial a los soviéticos. Nadie dudaba de que los EE. UU. se apuntarían un gran tanto si visitaban todos los planetas antes que ellos. Estamos a finales de 1966 y, a pesar de todo eso, aún pasarían dos años más hasta que se moviera algo en el JPL para preparar una misión en serio. Diez años para volar y todavía no se había construido ni un tornillo de nuestras sondas.

Y, antes de acabar esta parte, un poco de salseo. Viendo todo lo sucedido y los informes y estudios del JPL en los siguientes años, no es raro que Minovitch siempre se quejara del poco reconocimiento que su trabajo ha recibido por parte de la NASA. Si a eso le sumamos que Flandro ninguneó en más de una ocasión a Minovitch, es normal que se sintiera ofendido. Incluso décadas después creó una web para exponer su versión y poner en valor su trabajo. Quizás el problema fue que Minovitch pilló a un JPL algo inmaduro respecto a las posibilidades que se abrían para el futuro. Además, su enfoque totalmente matemático no era muy accesible a los ingenieros. De hecho, siempre vieron con mejores ojos a Flandro, que aportaba un trabajo con un sentido más práctico. Minovitch encontró una forma de llegar a los planetas exteriores y Flandro encontró un momento y una razón para hacerlo. Y ambos tuvieron poco reconocimiento por parte del JPL, la NASA y la comunidad científica a pesar de sus enormes aportaciones. Aunque también es verdad que, en un *fact sheet* publicado antes del lanzamiento de las Voyager, se reconoce por fin el trabajo de Minovitch. Y, en 1989, la NASA lo invitó para que estuviera presente durante el sobrevuelo de Neptuno. Allí conoció a dos ingenieros de la misión y a un historiador de la IAF (International Astronautical Federation). Los tres le dijeron que estaban muy interesados en conocer los detalles técnicos e históricos de sus estudios y que podrían publicar unos informes con toda su historia para la próxima reunión de la IAF. Finalmente, esos documentos fueron publicados en 1990, 1991 y otro posteriormente en 1999. Sin embargo, no fue hasta 1998 cuando la NASA reconoció su trabajo, al otorgarle la Medalla al Logro Excepcional (Exceptional Achievement Medal).

Homer Stewart en una rueda de prensa, informando de las posibles misiones tipo *grand tour* en enero de 1967. Imagen: JPL/NASA

LOS PRIMEROS ESTUDIOS SERIOS PARA EXPLORAR EL SISTEMA SOLAR EXTERIOR (1964-68)

En 1964, la NASA había creado el llamado Outer Space Panel, dirigido por el reconocido científico James van Allen. Poco después, este grupo solicitaba informes a la comunidad científica y empresarial para conocer ideas y propuestas para el estudio de misiones al cinturón de asteroides y Júpiter. El gran éxito de la sonda Mariner 4 y los descubrimientos de Minovitch y Flandro dieron alas a la imaginación. Por primera vez, muchos científicos pensaban en misiones más allá del planeta rojo. En estos primeros estudios, las propuestas se quedan en el gigante gaseoso, con viajes de un año y medio de duración. Ir más allá todavía se veía muy arriesgado. Posiblemente, ningún responsable político apoyaría invertir dinero en un programa cuyos resultados, de llegar, solo verían sus sucesores. Y, claro, tampoco nadie quería quedar como el culpable del fracaso de una sonda que tenía un viaje de cinco años, pero que duró solo dos. Así que, ahora, Júpiter era la frontera.

Para acortar todavía más la duración de los vuelos, las naves tendrían que llevar motores iónicos que funcionaran a lo largo de todo el viaje. Durante el recorrido proporcionarían un empuje pequeño pero constante durante muchos meses y conseguirían una aceleración que día a día aumentaba la velocidad. El principal problema de ese plan sin fisuras era que ese tipo de motores todavía no existían. La NASA tendría que invertir décadas en investigaciones y en el desarrollo de tecnologías que permitieran hacerlos realidad. De hecho, la primera sonda en llevarlos fue la Deep Space 1 en 1998. Por tanto, y a pesar de que era una propuesta que se repitió mucho durante los proyectos de los años sesenta, estos motores y los de tipo nuclear eran una simple fantasía para la época. Veamos algunas de las propuestas a iniciativa de la industria aeroespacial y otras a petición del JPL desarrolladas entre 1964 y 1968.

El primer estudio serio para el envío de una sonda hacia Júpiter (sin pretensiones posteriores) se llamó *Asteroid Belt and Jupiter Flyby Study*. Este informe fue presentado en septiembre de 1964 por la compañía Lockheed Martin como encargo del JPL. El objetivo era comprobar si existía la suficiente tecnología como para embarcarse en una misión de esas características. Y todo ello teniendo en cuenta el largo vuelo necesario, las temperaturas y las comunicaciones, entre otros retos. En aquella época no se conocía cuál era la densidad de objetos en el cinturón de asteroides, incluso existían teorías que indicaban que ninguna nave podría atravesarlo, ya que acabaría impactando con partículas de diversos tamaños. Sin embargo, otros estudios indicaban que apenas había polvo y materiales sueltos que pusieran en peligro una misión. Así que lo mejor sería averiguarlo con una sonda básica que lo atravesara y, en caso de que sobreviviera, se podrían enviar otras misiones más complejas a Ceres, Vesta y Júpiter.

En abril de 1965 la compañía TRW Inc. (Thompson-Ramo-Wooldridge) presenta un pionero estudio al JPL. Su propuesta es una sonda que podría ser utilizada para realizar un sobrevuelo de Júpiter, Saturno o Plutón. La nave tendría una antena de 4,5 m de diámetro, para poder enviar los datos a la Tierra desde tan largas distancias. Su alimentación eléctrica tendría un origen nuclear, con generadores Snap-19 de 10 W (vatios), lo que le permitiría funcionar sin depender del Sol. Sería lanzada por un cohete Atlas-Centaur o bien por un cohete Saturn IB con una etapa superior Centaur, asistido con cohetes sólidos. Los lanzamientos podrían realizarse en 1970 con destino a Júpiter y en 1972 con destino a Saturno y Plutón. Estamos ante la primera propuesta de lo que posteriormente acabaría convirtiéndose en el proyecto aprobado en febrero de 1969 y conocido como Pioneer 10 y 11.

Otro de los primeros estudios llega en julio de 1965, durante la segunda reunión del AIAA (American Institute of Aeronautics and Astronautics). En ese congreso, el ingeniero Eugene Lally, de la empresa Space-General Corporation, presentó un estudio llamado *Conceptual Spacecraft Designs for the Exploration of Jupiter*. En él se muestra un nuevo programa formado por seis misiones que volarían hacia el planeta Júpiter. La primera sonda realizaría un sobrevuelo en 1969 y la sexta misión contaría con un orbitador del planeta hacia 1985. Las sondas tendrían un peso de 330 kg para las primeras misiones y unos 6000 kg para el orbitador final. En los primeros lanzamientos más ligeros se usarían cohetes Atlas-Centaur, que serían mejorados con una tercera etapa superior. Pero para el pesado orbitador habría que recurrir al enorme y caro Saturno V. Todas las sondas llevarían un conjunto de instrumentos formados por cámaras, sensores magnéticos y espectrómetros en el infrarrojo y en microondas.

Sonda orbitadora de Júpiter (tipo Ia) propuesta por la empresa Space-General Corp. Release a mediados de 1965. Imagen: JPL/NASA

A comienzos de 1966, el Goddard Space Flight Center también comenzó a pensar en las posibles misiones que se podían realizar enviando una sonda hacia los planetas exteriores. Uno de los primeros estudios teóricos fue para un proyecto llamado Galactic Jupiter Probes, que constaría de un par de sondas que despegarían entre 1972 y 1973 y que, tras sobrevolar Júpiter, pondrían rumbo directo al medio interestelar. Aunque esta misión no haría un uso ventajoso del sobrevuelo de Júpiter para ir a otro planeta, sí que planteaba una misión con una duración mucho mayor de las imaginadas hasta la fecha. Además, usaría el sobrevuelo para adquirir velocidad y llegar lo antes posible a la heliopausa. Las primeras misiones serían pequeñas sondas de unos 250 kg y podrían lanzarse cada trece meses, coincidiendo con la óptima geometría entre la Tierra y Júpiter. En el informe final de febrero de 1967, incluso se da la opción de enviar alguna sonda en 1977 o 1978 hacia Saturno, Urano y Neptuno, haciendo el Grand Tour gracias al sobrevuelo de Júpiter. Entre las principales dificultades que afrontaban estas misiones estaban la fiabilidad de los componentes, la protección contra impactos, la radiación provocada por los RTG, el almacenamiento de datos, la temperatura en la nave y las comunicaciones.

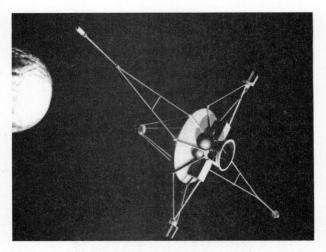

Diseño de una Jupiter Galactic Probe. Imagen: JPL/NASA

A mediados de ese mismo año, se presentaron tres nuevos estudios para investigar el sistema solar exterior. El primero, llamado *Study of Jupiter Flyby Mission*, fue realizado por General Dynamics. En este informe se muestran las distintas posibilidades en el diseño de sondas que sobrevolarían Júpiter entre 1973 y 1980. Teníamos desde naves con estabilización por giro hasta sondas estabilizadas en los tres ejes. Y todas ellas usando desde los cohetes más pequeños hasta el poderoso Saturno V. El segundo estudio, llamado *Advanced Planetary Probe Study*, fue elaborado por TRW y junto al anterior fueron por encargo del JPL. En este informe vemos una gran variedad de posibles misiones, como unas nuevas sondas para viajar hasta Saturno y Neptuno, así como orbitadores y cápsulas de entrada. Y el tercer informe fue solicitado por la sede central de la NASA al Astro Sciences Center. En este informe se estudian las posibilidades de enviar misiones a Saturno, Urano, Neptuno y Plutón, usando cohetes Saturno V e IB entre 1976 y 1981, tanto con orbitadores como con sobrevuelos.

Como vemos, en menos de un par de años la industria ya veía factible realizar misiones que visitaran todos los planetas del sistema solar. Y, mejor aún, la NASA ya le había perdido el miedo a pensar en los viajes hacia los planetas gigantes. Con cada año que pasaba había más interés en desarrollar este tipo de misiones, ya que la tecnología parecía desarrollarse al ritmo adecuado. Ninguna de estas misiones llegó jamás a aprobarse, pero sirvieron para aportar ideas y saber el estado de la tecnología en muchos de los ámbitos necesarios.

Las sondas TOPS. La mejor misión en el peor momento

Como hemos visto, en 1967 la NASA ya estaba convencida de la necesidad de realizar un viaje al exterior del sistema solar y así aprovechar la increíble oportunidad que solo se presentaba una vez cada 176 años. Los trabajos de Minovitch, Flandro y Stewart lograron eliminar el escepticismo reinante y la agencia ya no veía una misión de ese tipo como una excentricidad. Además, para mediados de 1968 el JPL ya había adquirido mucha experiencia con las misiones Mariner, tanto en su diseño como en la navegación y las comunicaciones por el sistema solar interior. La Mariner 5 lanzada hacia Venus en junio del año anterior ya había sobrevolado el planeta y continuó enviando datos del espacio interplanetario más de un año después. Tanto las comunicaciones como los sobrevuelos y las correcciones de trayectoria eran ya algo controlado en el JPL, que se encontraba ya embarcado en la construcción de las Mariner 6 y 7, que viajarían hacia Marte. Pero, claro, da igual lo bien que lo hagas, si de pronto te encuentras que todo está contra ti y tus planes. El JPL planteó el Grand Tour, en el peor momento de la historia de la NASA.

CUANDO EL GRAND TOUR ERA LA ÚLTIMA PRIORIDAD

Aprobar una nueva misión espacial es siempre algo complicado. Y mucho más cuando tienes que poner de acuerdo a muchas personas con intereses encontrados, cuando no tienes el dinero y cuando lo que propones no interesa a los políticos. Y todo eso fue lo que se encontró el JPL en su empeño por poner en marcha un proyecto único en la historia. Llegados a este punto, un organismo fundamental que debemos conocer es el Space Science Board (SSB) perteneciente a la National Academy of Sciences de los Estados Unidos. El SSB está formado por un panel de científicos de reconocido prestigio que sirve como organismo asesor de la NASA. Con una serie de publicaciones anuales, dicta cuáles son las prioridades de investigación de la comunidad científica y qué tipo de misiones se deben llevar a cabo en el futuro para cumplir con esos objetivos de investigación. Estos científicos no pertenecen a la NASA y sus recomendaciones tampoco son de obligado cumplimiento, pero sí que sirven de guía en la toma de decisiones y para preparar nuevas sondas espaciales y misiones científicas. Y, en muchas ocasiones, las prioridades de investigación de los grupos científicos no tenían por qué coincidir con las de la NASA. En un entorno que comenzaba a mostrar unos presupuestos menguantes, es muy importante tener en cuenta que cada misión planetaria de la NASA debe ser aprobada desde cuatro ámbitos de poder diferentes y que todos deben coincidir y dar su visto bueno:

- Primero estaría la comunidad científica representada en el SSB. Este órgano debe indicar los objetivos más prioritarios para la ciencia, qué cuerpos celestes se quieren estudiar, cuáles son los objetivos de cada misión y qué deben cumplir para conseguir un retorno científico alto.

- Después la dirección de la NASA y alguno de sus centros (casi siempre el JPL), deben aportar una propuesta de misión realista y que sea realizable dentro de las limitaciones técnicas y presupuestarias.

- Ahora el proyecto debe pasar por la OMB (Office of Management and Budget), la oficina presupuestaria del Gobierno de los EE. UU., que dice si hay o no presupuesto. Y, en caso de disponer de pasta, cuál sería la máxima cantidad disponible.

- Y por último todo debe pasar por el Congreso de los Estados Unidos. Para ello tiene que escuchar las opiniones de la comunidad científica que propone lo que se quiere hacer.

Posteriormente la NASA muestra información indicando cómo se va a hacer. Y finalmente la OMB, que dice con cuánto dinero se puede hacer. Por último se vota para ver si el proyecto sigue adelante, se modifica o se cancela.

Hoy día esto sigue siendo más o menos así a la hora de aprobar una misión, pero hay que tener en cuenta un quinto grupo de opinión no menos importante: el público. Gracias a internet y los medios de comunicación, en la actualidad la presión popular también sirve a la hora de cancelar o mantener una misión, aunque no tanto como sería deseable.

Desde siempre, la OMB ha sido un organismo muy temido y durante la era de Nixon tenía una misión fundamental: reducir y recortar continuamente el presupuesto de la NASA. El motivo fundamental era que a finales de los sesenta ya no había ningún interés por competir con la URSS y, por tanto, no se iban a gastar más dinero en la carrera espacial. Además, como los programas que estaban en marcha habían sido una creación de sus antecesores demócratas Kennedy y Johnson, tenían todas las papeletas para ser cancelados. Decisiones como estas demuestran lo corta de miras que fue esa administración, que no entendía que los proyectos científicos son a largo plazo. Y a todo ello había que sumar la falta de interés en crear verdaderos proyectos científicos propios. Por tanto, la OMB lo que quería era una lista de prioridades de la NASA ordenadas de mayor a menor. Y solo se llevarían a cabo aquellas que se ajustaran al presupuesto disponible. Entre las prioridades políticas y científicas de la NASA se encontraban en esos momentos el lanzamiento de las últimas misiones Apollo programadas y cancelar el resto lo antes posible. Para compensar en parte a los congresistas de los estados que perderían ingresos con la cancelación del Programa Apollo, se pondrían en marcha varios proyectos nuevos. Entre ellos estaban la Estación Espacial Skylab y el comienzo del desarrollo de un nuevo proyecto estrella llamado Transbordador Espacial. También se llevaría adelante el desarrollo de los motores nucleares NERVA y, en caso de que quedara algo, se lanzarían las misiones del Grand Tour. Enviar unas sondas a planetas sin explorar era importante, pero poco.

En el Congreso, varios de los miembros más influyentes en los comités de ciencia eran senadores republicanos de Nuevo México, que querían desarrollar NERVA a toda costa. Lo normal, ya que las instalaciones de Los Alamos National Laboratory estaban en su estado y, por tanto, se oponían fuertemente a desarrollar el Grand Tour. Sus argumentos eran algo así como «para qué queréis realizar un *tour* único que os ahorrará tiempo, si cuando tengáis nuestros motores nucleares podréis ir donde queráis rápidamente y sin carambolas». Bueno, más de 40 años después seguimos sentados esperando sus motores. Otros congresistas también tenían poderosos intereses, ya que el Transbordador Espacial crearía muchos puestos de trabajo en sus respectivos estados. Así que el Grand Tour era poco popular entre los *lobbies*. Además, el hecho de que la NASA propusiera que para ahorrar costes lo llevara a cabo el JPL en lugar de contratistas de varios estados hizo que muchos congresistas no tuvieran ningún interés especial en apoyarlo. Pura política.

Y, como si la falta de interés político no fuera suficiente, también teníamos los vaivenes de la comunidad científica. Si los científicos son unánimes en un proyecto, lo más seguro es que salga adelante. Pero, si hay dudas entre ellos, a los políticos no les temblará el pulso en pasar la tijera sin piedad. Y ahí entra el SSB, al que la NASA le pidió por primera vez en 1962 el desarrollo de un estudio detallado que le sirviera para preparar planes a largo plazo en ciencias espaciales. Durante las décadas de los sesenta y los setenta, se convirtió en tradición solicitar al SSB sus estudios en los meses de verano para evaluar los planes de la NASA en investigación espacial y trazar su futuro. Históricamente, la comunidad científica, formada por grupos de investigación de las más poderosas universidades y organismos científicos, ha tenido siempre sus propias prioridades. Algunas veces similares y en otras ocasiones muy distintas a las de la NASA. Y, por supuesto, muchísimas veces con prioridades radicalmente diferentes a las del Congreso, ya que el SSB siempre se ha opuesto a la realización de programas tripulados como los del Apollo, el Skylab y el Transbordador Espacial. De hecho, las consideraban poco efectivas en el retorno de ciencia y con un coste diez veces mayor a los programas puramente científicos sin tripulación. Por esa razón, la NASA siempre ha preguntado a la comunidad científica su consejo para planificar la exploración con sondas espaciales, con observatorios astronómicos y para el estudio de la Tierra, pero nunca para el vuelo tripulado, que ha tenido siempre un componente mucho más militar y político. Y, en lo referente a las misiones de sondas y satélites, los científicos siempre han preferido proyectos cortos, con misiones muy concretas y con naves ya probadas y fiables, en lugar de apostarlo todo por proyectos grandes, complejos y caros. Esta postura es en parte lógica, ya que, si una gran misión salía mal (algo frecuente en los años sesenta y setenta), se perderían con ella buena parte de los recursos disponibles y todos los años de investigación invertidos en el proyecto. Además, si las misiones eran largas podían ser canceladas por cambios de objetivos políticos o de administración.

Así que para el Grand Tour teníamos un ambiente de indefinición de la comunidad científica, presiones de grupos opuestos a la exploración del sistema solar exterior y recortes presupuestarios. Con ese ambientazo, la NASA preguntaría hasta en cuatro ocasiones al SSB entre 1968 y 1971 por su interés en la realización de las misiones del Grand Tour. En julio de 1968 se publica el primero de los informes del SSB titulado *Planetary Exploration 1968-1975*, en el que da su apoyo a una misión tipo Grand Tour. Literalmente dicen que se trata de una investigación «única en un siglo, que ocurrirá entre 1977-1978 cuando los planetas estarán posicionados de forma que sus campos gravitatorios pueden ser explotados para un *grand tour* de los grandes planetas Júpiter, Saturno, Urano y Neptuno, sin la necesidad de motores extraordinariamente poderosos». Con esto se «permitiría el primer reconocimiento completo de los grandes miembros del sistema solar». Sin embargo, ya se oyen las primeras voces en la NASA avisando de que el presupuesto para realizar unas misiones de ese tipo era demasiado grande y que habría que buscar alternativas más económicas.

EL PROYECTO TOPS SE PONE EN MARCHA

Con la madurez necesaria en el programa espacial y el apoyo del SSB, el entonces director del JPL, William Pickering, estaba dispuesto por fin a poner en marcha el soñado proyecto para un Grand Tour. Finalmente, el JPL se armaba de valor y solicitó a la NASA formalmente su aprobación, apostando por primera vez por una misión al sistema solar exterior. Para el mes de diciembre de 1968 había concluido la fase de definición del proyecto, en el cual se plantea lo que se quiere hacer y cómo se va a conseguir, pero sin entrar en detalles. Para llevar a cabo el estudio completo se estimó que serían necesarios tres años y una inversión de 17 millones de dólares. El problema era que la NASA había dejado pasar el tiempo y ahora quedaban menos de nueve años para la ventana de lanzamiento. Y solo quedarían seis para construirlas una vez que finalizara el estudio. Muy justos, pero aún se podía llegar.

Ilustración de una sonda TOPS, con cuatro generadores RTG arriba, una gran antena y debajo el brazo con los instrumentos de ciencia. Imagen: JPL/NASA

Ya en los primeros meses de 1969, el JPL solicitó dinero para comenzar el estudio detallado y en profundidad para este proyecto de tecnología avanzada. La solicitud fue aprobada rápidamente y por fin se puso en marcha el estudio de unas misiones a las que se llamó TOPS (Thermoelectric Outer Planets Spacecraft). El objetivo era conocer en detalle el coste, la tecnología y el tiempo de desarrollo que necesitaría una misión de estas características, en la que, a diferencia de las anteriores, todo era nuevo. Además, había que detallar todos los requerimientos técnicos que serían necesarios para poder realizar esas misiones. Antes de ponerte a construir una sonda, tienes que saber qué necesidades de energía vas a tener, cómo desarrollarás las comunicaciones, la fiabilidad de los componentes instalados y qué recursos serán necesarios. Una vez que estén definidos, hay que comprobar si las tecnologías disponibles son suficientes o si es necesario desarrollar otras nuevas. El 2 de junio de 1969 la NASA publicó su primera nota de prensa en la cual se hablaba de esta misión, llamándola «la misión espacial más lejana jamás concebida por el ser humano». Bueno, tampoco era cierto, porque unos meses antes se habían aprobado las Pioneer 10 y 11, pero en la nota de prensa quedaba bien. Al menos estas sondas sobrevolarían todos los planetas, no como las otras pardillas.

En el JPL, la Advanced Technical Studies Office se encargó de desarrollar este primer estudio de las sondas TOPS, con personal de distintos departamentos que se coordinaron para elaborarlos. La persona encargada de dirigirlo fue Bill Shipley, quien tuvo claro que debía basar la misión en los avances tecnológicos conseguidos con las sondas Mariner. Sin embargo, al tener su destino en el exterior del sistema solar debían cambiar muchas cosas y tendrían que desarrollar algunas nuevas tecnologías. Ahora serían necesarios nuevos elementos, como los generadores de radioisótopos y los ordenadores de la nave, que deberían ser prácticamente autónomos. Por tanto, casi todo era nuevo para el equipo del JPL, ya que había que diseñar una nave preparada para un entorno jamás explorado, lo que era un gran desafío.

Un problema fundamental que surgió en el planteamiento inicial de la misión fue el desconocimiento total sobre el cinturón de asteroides. ¿Podría una sonda atravesarlo? ¿Qué densidad de polvo y rocas se encontraría? Hasta la fecha ninguna misión había llegado tan lejos, por lo que las primeras sondas irían a un entorno desconocido que podría dañarlas o destruirlas. Otro gran quebradero de cabeza era el planeta Júpiter y el enorme entorno de radiación que lo rodeaba. Una sonda que se acercara al planeta podría quedar con su electrónica completamente «frita», así que sería necesario proteger las partes más sensibles. Diseñar una sonda sin conocer cómo era el entorno que se iba a encontrar complicó un poco más las cosas.

PERO AL SSB YA NO LE GUSTA EL PROYECTO TOPS

En junio de 1969, el SSB publicó un segundo informe titulado *The Outer Solar System. A Program for Exploration (1972-1980)* que es más específico y que complementa al anterior. En este informe el SSB sigue apoyando el Grand Tour, pero en esta ocasión no le daba la mayor prioridad. Por primera vez, se afirma que ya puede ser desarrollada la tecnología necesaria para llevar cargas científicas cerca de los planetas gaseosos, así como la tecnología requerida para largas comunicaciones y tiempos de misión. Pero la prioridad científica principal no sería una misión TOPS, sino el sobrevuelo de Júpiter portando una sonda de descenso atmosférico, con un lanzamiento en 1974 o 1975. La sonda de descenso examinaría la atmósfera hasta presiones de 100 bares y más tarde la sonda principal haría el sobrevuelo del planeta para salir de la eclíptica y volver a las inmediaciones del Sol a altas latitudes. Como segunda prioridad estaría un orbitador de Júpiter en 1976, con una órbita de alta inclinación y muy excéntrica que estudiara en todo detalle al planeta y su entorno, portando una segunda sonda de descenso si era posible. Esto es la prueba de que se le hace poco caso a la comunidad científica, ya que hasta 1989 no se lanzó Galileo, el primer orbitador de Júpiter. Y hasta 1990 no se realizó el recorrido de Júpiter al Sol con la sonda Ulysses de la NASA y la ESA. Y no es hasta llegar a la tercera prioridad cuando nos encontramos con una misión del Grand Tour, con dos lanzamientos en 1977 de unas sondas que sobrevolarían Júpiter, Saturno y Plutón. Para la misión, portarían una amplia variedad de instrumentación científica y soltarían pequeñas sondas de descenso a las atmósferas de estos planetas. La cuarta prioridad es otra misión doble Grand Tour del tipo Júpiter-Urano-Neptuno, con dos lanzamientos previstos para 1979 y portando los mismos instrumentos que en la misión anterior. Como última prioridad tendríamos finalmente una misión Júpiter-Urano que sería lanzada a principios de los ochenta y que llevaría una sonda de descenso a la atmósfera de Urano. Recordemos que realizar todas estas misiones no sería posible, ya que van ordenadas por prioridades. Si hay dinero se hace la primera. Y la segunda solo se haría si hubiera suficiente, por lo tanto, el resto eran prácticamente imposibles. El SSB pasaba en esos momentos del Grand Tour.

MALOS TIEMPOS PARA LA NASA

A finales de los años sesenta, los Estados Unidos vivían tiempos convulsos y por desgracia eso afectaba a la NASA y a la exploración espacial. El presupuesto de la agencia espacial había llegado a un máximo de 5200 millones de dólares en 1965 y 1966 para financiar el proyecto Apollo. Desde ese año no dejó de caer, quedando en unos 3900 millones en 1969 y en 3300 millones en 1972. Los motivos para estos brutales recortes eran básicamente dos: una carísima guerra de Vietnam que no paraba de crecer en costes y la falta de interés en seguir compitiendo con la Unión Soviética. Tras la llegada del hombre a la Luna con la misión Apollo 11 en el verano de 1969, los políticos perdieron todo el interés en la carrera espacial contra los soviéticos. Si ya habían ganado la carrera espacial a la Luna, ¿para qué seguir invirtiendo en el costoso proyecto lunar?

Esto obligó a cambiar el rumbo de la NASA, con la total cancelación del programa lunar. Para la siguiente década, la agencia se planteó nuevos objetivos muy ambiciosos, como el envío de una misión tripulada a Marte y la construcción de un transbordador espacial. Y, sin acabar de entender que las vacas gordas ya habían finalizado, iniciarían el desarrollo de una estación espacial y visitarían los planetas exteriores con sondas no tripuladas. Esas eran las ideas de la NASA. La realidad con la que nos encontramos es que todos esos proyectos eran muy caros y los presupuestos estaban muy limitados, menguando año a año. Así que había que elegir las prioridades. Por desgracia, las sondas TOPS se plantearon en el momento de la historia en el que la NASA tuvo sus presupuestos en declive.

Por tanto, defender en ese contexto la construcción de unas sondas que iban a explorar el sistema solar exterior durante muchos años con unas nuevas y caras tecnologías era una tarea muy complicada. Y, además, su larga duración haría que los políticos no pudieran apuntarse el tanto una vez pasada la legislatura. Por si fuera poco, también había que ganarle la batalla a los grupos de presión que estaban interesados en el desarrollo de otros proyectos, como los motores nucleares o el transbordador espacial. Con este panorama, se produce un nuevo recorte y a finales de 1969 la NASA no recibió los presupuestos necesarios para el proyecto TOPS para el año 1971 ni para poder finalizar el estudio al año siguiente. Sin poder contar con el dinero esperado, hubo que eliminar numerosos test de calidad de los sistemas y cancelar la construcción de un modelo para las pruebas. Meses más tarde y tras numerosas disputas, llegaron algunos fondos adicionales y el proyecto se pudo ampliar hasta el año 1972, pero con un presupuesto total de solo 21 millones de dólares, mucho menos de lo solicitado inicialmente. Por suerte, el estudio podría acabarse, pero a costa de eliminar pruebas y perder otro año más, cuando ya solo quedarían cuatro años y medio para construir las sondas.

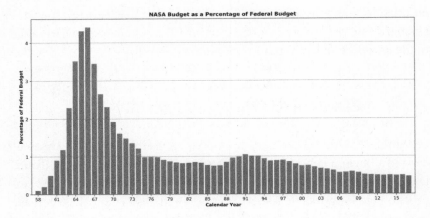

Presupuesto de la NASA en las últimas décadas, como porcentaje del presupuesto federal. Imagen: Wikimedia Commons/0x0077BE

2. We should move ahead with bold exploration of the planets and the universe. In the next few years, scientific satellites of many types will be launched into Earth orbit to bring us new information about the universe, the solar system, and even our own planet. During the next decade, we will also launch unmanned spacecraft to all the planets of our solar system, including an unmanned vehicle which will be sent to land on Mars and to investigate its surface. In the late 1970s, the "Grand Tour" missions will study the mysterious outer planets of the solar system -- Jupiter, Saturn, Uranus, Neptune, and Pluto. The positions of the planets at that time will give us a unique opportunity to launch missions which can visit several of them on a single flight of over three billion miles. Preparations for this program will begin in 1972.

Extracto de la carta de Nixon del 7 de marzo de 1970. El Grand Tour parecía asegurado. Imagen: USA.gov

Con la finalización del estudio de las TOPS asegurado, el 7 de marzo de 1970, el presidente Richard Nixon marca los objetivos del programa espacial de la NASA en una carta a la nación. Tras hablar de los grandes programas tripulados, para sorpresa de todos expone la decisión de explorar los planetas exteriores. Tras haber intentado en varias ocasiones liquidar el proyecto, la Casa Blanca ahora se sube al carro con estas palabras de Nixon: «A finales de los setenta, las misiones del Grand Tour estudiarán los misteriosos planetas exteriores del sistema solar, Júpiter, Saturno, Urano, Neptuno y Plutón. La posición de los planetas en ese momento nos dará una oportunidad única para lanzar misiones que puedan visitar varios de ellos en un solo vuelo de más de 3000 millones de millas. Los preparativos para este programa comenzarán en 1972». A día de hoy, todavía nadie sabe qué se fumó para redactar ese párrafo.

CÓMO SERÍAN LAS MISIONES TOPS

Las sondas TOPS serían unas naves completamente nuevas, diseñadas para llevar a cabo todas las misiones previstas en el Grand Tour. Dadas las especiales características de estas naves, tendrían que ser mucho más longevas de lo que eran las sondas de la época. Además, habría que llevar toda la energía eléctrica almacenada, dado que no sería posible el uso de paneles solares a distancias tan lejanas. También portarían grandes antenas para permitir un buen ritmo en la transmisión de datos y deberían estar preparadas para las peores condiciones posibles de temperaturas y radiaciones. Y todas las naves y sus subsistemas debían funcionar sin fallos, o al menos con la posibilidad de recuperarse de ellos de manera autónoma en su mayor parte. La idea era diseñar una única sonda, que luego sería adaptable a cada tipo de misión con cambios mínimos. Versátil, pero cara.

Su peso total debía rondar los 700 kg, sin incluir combustible. La energía sería suministrada por unos generadores nucleares de radioisótopos RTG (Radioisotope Thermoelectric Generator), capaces de producir hasta 500 W de potencia. Estos generadores estarían formados por 24 bolas de plutonio-238, divididas en grupos de ocho y dentro de tres esferas de iridio. La idea era que la energía térmica provocada por el decaimiento del plutonio sería convertida en la electricidad que usaría la nave. Todo el conjunto del RTG sería cilíndrico y con una longitud de poco más de dos metros. Con una caída de potencia del 2 % al año, podría suministrar electricidad durante unos 50 años, mucho más de lo necesario para la misión prevista de doce años de las TOPS.

Por su parte, el peso de la carga de instrumentos científicos podía llegar a los 102 kg y su consumo rondaría los 130 W. Entre los instrumentos estarían dos cámaras, mucho mejores que los fotopolarímetros de las Pioneer. Además tendría espectrómetros ultravioleta e infrarrojos, sensores de plasma y de campos magnéticos, entre otros. Muchos irían montados en una plataforma móvil para poder orientarlos hacia sus objetivos. Las comunicaciones desde la Tierra a la nave debían realizarse en banda S y la sonda podía enviar sus señales en las bandas S y X. El objetivo era conseguir unas velocidades de transmisión de datos de al menos 115.200 bits/s a 5 UA (unidades astronómicas; 1 UA equivale a la distancia entre la Tierra y el Sol) y de 4000 bits/s a 30 UA. Para ello, necesitaría llevar una enorme antena parabólica de 4,30 m de diámetro. Al ser tan grande, debía ser lanzada al espacio plegada y se abriría nada más separarse del cohete.

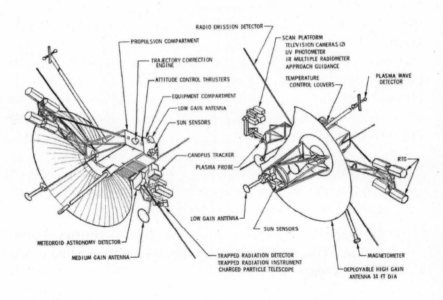

Esquema de las sondas TOPS, con el brazo de ciencia, magnetómetros, antenas, detectores y generadores RTG. Imagen: JPL/NASA

La nave estaría estabilizada en los tres ejes utilizando sistemas de control de orientación, como giroscopios y toberas. Para el control de la sonda y sus instrumentos se utilizarían varios ordenadores STAR (Self-Test And Repair), capaces de tomar decisiones y gestionar la nave de manera autónoma. La capacidad de almacenamiento de datos en cinta magnética llegaría a los 2 Gbits (unos 0,25 GB o 256 MB), con 8 Mbits (1 MB) de almacenamiento *buffer*. Toda esta capacidad es muy superior a cualquier diseño realizado hasta la fecha y permite realizar menos sesiones de comunicación con la Tierra y evitar su saturación. Y, por supuesto, el ordenador debía ser capaz de trabajar sin fallos durante los doce años de la misión. Para ello se instalarían cinco ordenadores idénticos en la nave, de los cuales tres actuarían como principales y habría otros dos más de reserva. Los tres ordenadores principales tomarían las decisiones en base a preguntarse entre ellos «cuándo» y «cómo» llevar a cabo una acción. Para que una acción fuera aprobada, deberían coincidir todos con la misma decisión. Si uno no daba el mismo resultado, los otros dos buscarían el origen de la diferencia para ver quién tenía razón. Si se descubría que había un fallo, el ordenador discordante se descartaba y se activaría uno de reserva. Este sistema STAR era muy prometedor y se estaba iniciando su desarrollo cuando se aprobó el programa TOPS.

Una de las primeras cosas que se analizaron fueron todas las posibles trayectorias que se podrían llevar a cabo. En esta fase no se planteaba todavía cuántas sondas volarían, sino qué destinos iban a tener. Debido a la alineación planetaria de finales de los setenta, las opciones eran numerosas:

- Realizar una trayectoria Júpiter-Saturno-Plutón (JSP). *Spoiler*: esta trayectoria, cambiando Plutón por Titán, fue la que finalmente hizo la Voyager 1.

- Realizar la trayectoria completa Júpiter-Saturno-Urano-Neptuno (JSUN). *Spoiler*: esta trayectoria es la que finalmente hizo la Voyager 2.

- Realizar la trayectoria Júpiter-Urano-Neptuno (JUN).

Las trayectorias JSUN y JUN solo ocurren una vez cada 176 años y las trayectorias JSP se repiten cada 60 años. Cada una de ellas tiene sus ventajas e inconvenientes, tanto en el riesgo por el sobrevuelo de los anillos de Saturno como por las duraciones de los vuelos y por el acercamiento a sus lunas. Literalmente, había miles de opciones y se tenían que analizar todas las posibilidades, también en función de los cohetes disponibles. Además se podrían sumar muchas más opciones si se realizaban los lanzamientos hasta mediados de los ochenta, pero ya utilizando cohetes más pesados. Y en los años noventa se podría sobrevolar Júpiter, pero para llegar a un solo planeta después. El futuro se presentaba interesante y con muchas misiones que explorarían todos los planetas exteriores en varias ocasiones. Ya en los planes del estudio de 1970 se decidió que para comenzar se construirían un mínimo de cuatro sondas, haciendo un análisis en profundidad de sus lanzamientos y dándole el nombre de Outer Planets Grand Tour (OPGT):

- Una primera sonda sería lanzada en 1976, para seguir la trayectoria JSP con una llegada a Plutón prevista en 1985.

- Otra sonda se lanzaría en 1977, siguiendo la misma trayectoria JSP y de esta manera asegurar la redundancia.

- Y más tarde se enviarían otras dos sondas más en 1979, que realizarían la trayectoria JUN, para visitar Urano y Neptuno.

Como vemos, la trayectoria completa JSUN del programa TOPS original fue descartada por dos razones: sería necesario un gran acercamiento a los anillos para sobrevolar Saturno y además tendría una excesiva duración. Con todas estas características, la vida mínima de la sonda debía llegar a los diez años, algo imprescindible para poder alcanzar sus destinos más lejanos. Todo un reto para la tecnología y la ingeniería de 1970.

El desarrollo de cuatro sondas con estas características tenía inicialmente un coste estimado de 440 millones de dólares en 1970. Además, podían ser modificadas y adaptadas para llevar consigo sondas atmosféricas de descenso o incluso grandes depósitos de combustible para convertirse en orbitadores planetarios. Con los primeros informes del proyecto TOPS en 1969 y la carta de Nixon, la NASA se vino arriba. A la agencia la idea de llevar sondas de descenso le pareció genial y ordenó que todas las misiones las llevaran. Esto por supuesto hizo que el presupuesto aumentara considerablemente a lo largo de 1970 y 1971. Otras ideas iniciales incluían el uso del poderoso y caro cohete Saturno V para lanzar estas sondas de dos en dos y para poder alcanzar rápidamente Júpiter. Incluso se desplegó una campaña publicitaria del Planetary Grand Tour en la que hasta Werner von Braun apoyaba la propuesta de usar su cohete para estudiar el sistema solar. ¡Viva la fiesta!

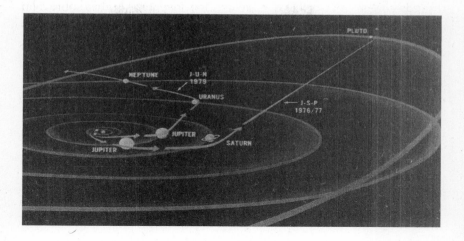

Trayectorias de las sondas TOPS, con una JSP en 1976 y otra en 1977, así como dos JUN en 1979. Imagen: JPL/NASA

AUGE Y CAÍDA DEL PROYECTO TOPS

En marzo de 1971, la NASA seguía planteando un proyecto ambicioso, con un total de cuatro lanzamientos para el ahora rebautizado como Outer Planets Grand Tour. Primero despegarían dos misiones TOPS, una en 1976 y otra en 1977, que estudiarían Júpiter, Saturno y Plutón (JSP). Más tarde se lanzarían otras dos misiones en 1979 que estudiarían Júpiter, Urano y Neptuno (JUN). Incluyendo las sondas de descenso, todo el proyecto llegaba ya a un coste total de 900 millones de dólares. Y a eso había que añadir 106 millones más para los cuatro lanzamientos, lo que hacía superar la simbólica y tremenda cifra de los 1000 millones de dólares. Una buena parte del presupuesto se lo llevaba el desarrollo y diseño del complejo ordenador STAR y las cápsulas de descenso. Para poder comparar con los presupuestos actuales hay que tener en cuenta que un dólar de la época equivale a más de siete dólares de hoy en día. Por tanto, sería similar a plantear una misión que en la actualidad sobrepasara los 7000 millones de dólares, algo completamente impensable, y menos en épocas de recortes.

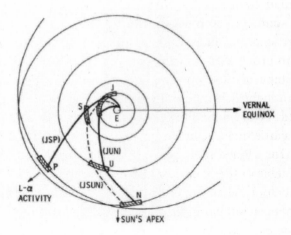

Trayectorias propuestas para las misiones TOPS. Imagen: JPL/NASA

La NASA quiso añadir tantas cosas que el presupuesto se le fue de las manos. Durante los años que duró el estudio se hicieron numerosas modificaciones y cambios en el programa. Se cambió la cantidad de misiones, se añadieron las cápsulas de descenso y se modificaron sus trayectorias. El optimista presupuesto de 440 millones de dólares para construir esas cuatro misiones quedó ridículo en poco tiempo. A comienzos de 1971 ya llegaba a los 750 millones de dólares (unos 5000 millones actuales) y sobrepasó los 1000 millones (7000 millones de dólares actuales) antes de que llegara el verano.

Y, para empeorar la cosa, el SSB sigue ignorando el programa TOPS en su tercer informe llamado *Priorities for Space Research 1971-1980* y publicado en marzo de 1971. En ese momento sus mayores prioridades eran el lanzamiento de sondas de bajo coste hacia Venus y mejorar las sondas Pioneer para convertirlas en orbitadores con sondas de descenso a Júpiter, llamadas Extended Pioneer Orbiter. Otra prioridad era la construcción de un gran telescopio espacial, lo que a la larga sería el Hubble. Pero las sondas TOPS solo debían construirse si el presupuesto de la NASA crecía hasta los niveles previos a los recortes, algo que no iba a pasar. Se reconoce su importancia y la oportunidad única para hacer el Grand Tour, pero solo deberían hacerse si los otros proyectos conseguían financiación.

¿Y por qué los científicos del SSB no quieren las TOPS? Porque el Grand Tour era el típico programa espacial que no le gustaba a la comunidad científica. La NASA no había construido hasta entonces una sonda tan compleja, con una misión tan larga y que además empleara energía nuclear. Pero, además, tampoco se había usado nunca un ordenador que se repara solo como el STAR y cuyo desarrollo estaba siendo muy lento y costoso. Son proyectos arriesgados y ningún científico quiere invertir toda su carrera en un proyecto que puede acabar mal. Por tanto, en este informe el SSB concluye de forma tajante que iniciar un proyecto como el Grand Tour sería un «serio error». Por si fuera poco, los científicos que estaban en contra de las sondas TOPS se dividían en dos grandes grupos de influencia. Por un lado, estaban los científicos planetarios que querían asegurarse financiación para misiones más pequeñas y menos costosas, al estilo Pioneer, para sobrevolar Venus y otros planetas. Y, por el otro lado, teníamos un segundo grupo de presión de astrofísicos que prefería la construcción de un gran telescopio espacial, con el influyente científico y asesor Herbert Friedman a la cabeza. Con unos científicos tan divididos, los políticos lo tenían fácil para no apoyar ninguno de estos proyectos.

Y AHORA LA NASA ESTÁ OBLIGADA A ECHAR EL FRENO

Viendo la situación, la Oficina del Presupuesto (OMB) pide a la NASA una reducción de los costes, con una alternativa más simple para las TOPS. George Low, segundo administrador de la NASA, expresa en una carta que «hay que preparar un análisis completo de costes con unas naves y misiones alternativas en los límites de las misiones Grand Tour. Deberían ser unas naves menores, más simples y fiables que alcancen los planetas exteriores con lanzamientos en esta década y tomen imágenes de cada planeta en una resolución al menos un orden de magnitud mayor que desde la Tierra». En esos momentos, se plantea ya desde la comunidad científica y una buena parte de la NASA una misión más simple que explorase solamente Júpiter y Saturno. Su duración total estaría entre los tres y los cinco años, con un coste total de 350 millones de dólares, algo que no gusta en el más ambicioso JPL.

Este modelo de pruebas de radiaciones fue de lo poco que se
construyó físicamente para el proyecto TOPS. Vemos su gran
antena y cuatro modelos de RTG. Imagen: JPL/NASA

Siguiendo las indicaciones de la oficina de presupuestos, la NASA
comenzó a meter la tijera en el proyecto TOPS a mediados de 1971.
El 1 de junio de 1971 la NASA presenta su nueva propuesta más económica a la OMB. En el nuevo diseño hay una reducción del coste de
hasta 190 millones de dólares, dejando el presupuesto total en unos
810 millones. Para lograrlo, habían quitado las sondas de descenso

y se había reducido el número de sondas. Ahora quedarían solo dos misiones de sobrevuelo a Júpiter y Saturno en 1977 y dos orbitadores a Júpiter en 1979. Una de las misiones canceladas fue la programada para 1975 que serviría de ensayo, sobrevolando Júpiter y saliendo del plano de la eclíptica. Además, se retrasarían algunos años las sondas JSP (Júpiter-Saturno-Plutón) y se instalarían menos instrumentos científicos en cada nave. Un sacrificio que era necesario realizar para salvar el proyecto.

Como el tercer informe del SSB no había gustado en la NASA, el administrador Jim Fletcher les presentó los nuevos planes de presupuestos reducidos y destacó su gran importancia científica para meter algo de presión a este grupo. En el otoño de 1971 sale el cuarto informe (*Outer Planets Exploration 1972-1985*), en el cual se vuelve a situar al Grand Tour como la prioridad científica número uno, pero solo si el presupuesto de la NASA era muy elevado. En ese improbable caso, se realizarían cuatro misiones TOPS entre 1976 y 1980, portando sondas de descenso atmosféricas pero pocos instrumentos. Si la NASA no recibe mucho dinero, se deberían lanzar solo dos sondas TOPS. Y, si la NASA no recibe un buen presupuesto, las sondas TOPS no deberían hacerse. Y creo que ya sabemos qué iba a pasar.

La falta de entusiasmo en la OMB con las moderadas reducciones del presupuesto hace que la NASA se tema lo peor. Y, como estaban más mosqueados que un pavo oyendo villancicos, en octubre de 1971 presentan otra nueva propuesta que deja el coste total en unos 750 millones de dólares. La NASA insistió en que serían misiones «realizables y con una ciencia aceptable». Pero este menor presupuesto implicaba un retraso en el lanzamiento de la primera misión. Además, las sondas llevarían mucha menos instrumentación y los recortes rebajarían las posibilidades de sobrevivir a todo el vuelo. Con los nuevos planes, ahora se lanzarían dos sondas TOPS para una misión Júpiter-Saturno-Plutón (JSP) en 1977 y otras dos TOPS para sobrevolar Júpiter-Urano-Neptuno (JUN) en 1979. Esta es una configuración que ya podría considerarse como una «TOPS reducida» o una «Mariner aumentada».

Con todas estas modificaciones el tiempo se echa encima. Y, para poder comenzar a construir las sondas en 1972, la NASA pide que se le asignen en el próximo presupuesto un total de 30 millones de dólares. El tiempo apremia y ya quedaban menos de seis años para poder lanzar alguna misión que aprovechara el Grand Tour. Sin embargo, la reducción del presupuesto de la agencia para 1972 en más de 200 millones de dólares hace que la cantidad presupuestada para las misiones TOPS sea tan solo de ocho millones de dólares. Es más, tras esta minúscula asignación no se esperaban nuevos fondos en los siguientes cinco años, hasta los presupuestos de 1977. Serían cinco años con un presupuesto de cero millones de dólares. En la práctica, esto era una cancelación encubierta y habría que abandonar definitivamente la idea de realizar un Grand Tour. En el JPL y en la NASA no salían de su asombro. Era el final del proyecto TOPS, con un tijeretazo total sin dar más explicaciones. Ese mismo mes, el presidente Nixon también quiere eliminar las misiones Apolo 16 y 17, pero sus asesores se oponen debido a su gran interés científico. Por tanto, para obtener los fondos necesarios para estas misiones, le sugieren eliminar el Grand Tour y no tocar nada del presupuesto del transbordador espacial. Ahora todo encaja. Las misiones Apolo 16 y 17 se mantuvieron a costa de no financiar el Grand Tour y recortar en otras misiones. No habría más dinero para un proyecto de tan baja prioridad como el TOPS.

Y, claro, finalmente todo se precipita en pocos días. Llega el mes de diciembre de 1971 y la NASA y la Office of Management and Budget (OMB) tienen que tomar una decisión crucial en la historia de la exploración interplanetaria. Si se decide abandonar el proyecto del Grand Tour, eso significaría que la investigación de los planetas exteriores sería un asunto dejado para las siguientes generaciones. Para evitar eso, se llega a un acuerdo por el cual se podrían invertir hasta 750 millones de dólares en los siguientes años para solo uno de estos tres proyectos:

- Estudiar todos los planetas en los años ochenta con sondas tipo TOPS, que serían lanzadas a finales de los setenta. Este era el objetivo inicial y lo que la NASA buscaba.

- Estudiar solo Júpiter y Saturno con sondas tipo Pioneer/Mariner. Algo que no quería la NASA al considerarlo insuficiente.

- Cancelar todo el programa de exploración más allá de Marte y dedicar el presupuesto al planeta rojo y a Venus. Esta opción no contentaba a nadie, pero era la más barata y segura, además de ser la favorita para el OMB.

La NASA tenía que elegir rápido, antes de que la obligaran a quedarse en Marte. En un último intento desesperado y temiendo lo peor, el 16 de diciembre la NASA acepta que no haya fondos para el Grand Tour en 1973. A cambio, pide que el equipo del proyecto en el JPL permanezca en sus puestos. De esta manera se podría empezar un nuevo programa que estudiaría Júpiter y posiblemente Saturno con una sonda de tipo Mariner. Pero, sin previo aviso y sin más consultas, el 22 de diciembre de 1971 la administración de Nixon toma la decisión por su cuenta y cancela las misiones TOPS. El Grand Tour se había esfumado sin contar con el JPL y sin que nadie diera explicaciones. La decisión sorprendió a los científicos e ingenieros del JPL, así como a buena parte de la propia NASA. Incluso Robert Kraemer, que era el director del Programa de Exploración Planetaria, no sabía nada.

¿Por qué se cancelaron? Bueno, en realidad no hubo una única razón. Teniendo en cuenta las dudas de la comunidad científica y las presiones políticas para desviar los fondos a otros proyectos no planetarios, el desastre estaba servido. Y, si le sumamos los recortes en el presupuesto y la falta de visión de la Administración, entre todos se cargaron el Grand Tour. Y eso a pesar de que la NASA intentó colar el proyecto como «imprescindible para la seguridad nacional», debido al desarrollo de los ordenadores STAR y las baterías de plutonio. Los políticos en esos años tenían una cosa muy clara y era que la prioridad nacional del momento era comenzar con el diseño del Transbordador Espacial. Y si había que realizar recortes sería a costa de cancelar los vuelos del Apollo 16 y 17 o el Grand Tour. Y ya sabemos a quién le tocó. En realidad, cada una de las cuatro partes implicadas en las decisiones tuvo su culpa en la cancelación de las sondas TOPS, pero quien las remató fue Jim Fletcher. El que era entonces administrador de la NASA creía firmemente en el vuelo tripulado y la presencia de astronautas americanos en el espacio, por encima de cualquier cosa. Las dudas de la comunidad científica y los recortes se lo pusieron más fácil. El sueño del Grand Tour había finalizado, dejando escapar una ocasión única en cientos de años. Definitivamente, ni Thomas Jefferson ni ahora tampoco Nixon fueron capaces de aprovechar la ocasión.

LAS VERDADERAS PIONERAS

A finales de 1968, el Ames Research Center de la NASA presentó una avanzada propuesta para estudiar Júpiter y Saturno, similar a las Galactic Jupiter Probes del Centro Goddard. La iniciativa era tan buena y convincente que en febrero de 1969 la NASA les dio la luz verde para ponerlas en marcha. Por primera vez se construirían dos sondas que viajarían al sistema solar exterior. Desde luego, la experiencia y el buen hacer del centro Ames con las misiones Pioneer 6, 7, 8 y 9 sirvió para su aprobación. De esta manera, las nuevas sondas dirigidas por Charlie Hall se adelantaron a un dubitativo JPL, que tenía un cajón lleno de ideas y propuestas, pero no apostó por ninguna. Este fue el nacimiento de las míticas Pioneer 10 y 11.

Ilustración de una sonda Pioneer sobrevolando
Júpiter. Imagen: Ames/NASA

Las nuevas Pioneer serían lanzadas al exterior del sistema solar en 1972 y 1973. Su objetivo sería sobrepasar la órbita de Marte, sobrevivir al cinturón de asteroides y sobrevolar Júpiter y Saturno. De esa forma estudiarían el medio interplanetario y comprobarían los riesgos de atravesar el cinturón de asteroides y el letal entorno de radiación de Júpiter. Las lecciones aprendidas por estas dos sondas servirían para preparar otras en el futuro, algo que al menos le vendría bien al JPL.

Estas dos naves eran bastante básicas y mantenían su orientación girando sobre un eje, al igual que las Pioneer anteriores. Su instrumentación también era sencilla pero muy completa, ya que permitía el estudio de la radiación y el entorno de partículas y campos. Su peso total rondaría los 260 kg y un generador nuclear RTG le proporcionaría 140 W. Allí donde iban no podrían usar paneles solares para obtener electricidad, por lo que serían las primeras sondas en usar esta tecnología. La Pioneer 10 despegó el 2 de marzo de 1972, con el único y ambicioso objetivo de llegar a Júpiter por primera vez en la historia. Además, esta sonda fue la primera lanzada al espacio con la suficiente velocidad como para escapar del sistema solar. Un año más tarde, el 5 de abril de 1973 despegaba la Pioneer 11, que también visitó Júpiter. Haciendo uso de una poderosa asistencia gravitatoria en el planeta, fue propulsada al otro extremo del sistema solar para sobrevolar Saturno también por primera vez en la historia.

A los cuatro meses de viaje, el 15 de julio de 1972, la Pioneer 10 se convirtió en la primera sonda que se adentraba en el sistema solar exterior, al penetrar en el cinturón de asteroides. Este era el primer objetivo de la misión, ya que tenía que comprobar si una sonda podía atravesarlo sin recibir impactos que la dañaran. Simplemente tenía que sobrevivir. Aunque la trayectoria se diseñó para evitar los grandes asteroides conocidos, no se sabía la densidad del polvo en esa región ni tampoco si existía una alta presencia de pequeñas rocas. De su suerte dependería el futuro de la exploración planetaria. Por fortuna, los detectores de polvo y meteoroides no detectaron ningún aumento en las partículas con un tamaño entre 10 y 100 μm (micrómetros o micras). Sin embargo, sí que encontró un ligero aumento de las partículas con un tamaño entre los 100 μm y 1 mm de diámetro. Y, al contrario de lo que se pensaba, tampoco registró impactos con objetos de tamaño mayor de 1 mm. Por suerte, parecía que no había demasiado peligro en esa región. Tras siete meses dentro del cinturón de asteroides, la Pioneer 10 lo abandonaba el 15 de febrero de 1973 sin sufrir ningún tipo de incidente. En marzo de 1974, la sonda Pioneer 11 también salía intacta, por lo que se decidió arriesgarla un poco más y se programó un mayor acercamiento a Júpiter que el protagonizado por la Pioneer 10.

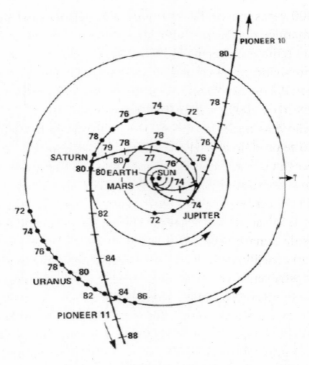

Trayectorias de la Pioneer 10 y la Pioneer 11. La primera visitaría
Júpiter y la segunda haría una colosal carambola para sobrevolar
Júpiter y poner rumbo a Saturno, que estaba en el otro lado del
sistema solar. Ambas tenían la velocidad suficiente como para
escapar de la influencia de nuestra estrella. Imagen: Ames/NASA

Ahora la Pioneer 10 tenía un segundo objetivo que cumplir. Debía
acercarse lo máximo posible a Júpiter para conocer cuál era la magnitud de la radiación en su entorno, aunque eso le costara perder
componentes o incluso su destrucción. Otra vez le tocaba sobrevivir.
La fase de observación tenía una duración de 60 días y comenzó el
6 de noviembre de 1973, a una distancia de 25 millones de kilómetros. Durante ese periodo, la sonda tomó datos de la magnetosfera
del planeta y obtuvo 500 fotografías con su rudimentario fotopolarímetro. El primer sobrevuelo de Júpiter de la historia tuvo lugar
el 3 de diciembre de 1973. Ese día la sonda pasó a 130.000 km de
distancia sobre las nubes del planeta, unas dos veces su radio. Los
datos mostraron que la intensidad de la radiación por flujo de electrones era 10.000 veces superior a la de la Tierra y el campo mag-

nético 2000 veces mayor. Esto provocó algunas pérdidas de datos y falsos comandos que fueron solucionados por las órdenes de emergencia que tenía almacenada la nave. Tras el sobrevuelo, la sonda había sobrevivido prácticamente intacta y continuó su camino de exploración del medio planetario. Su señal se perdió definitivamente el 23 de enero de 2003, tras 30 años de misión.

Y un año más tarde, la Pioneer 11 también llegó hasta Júpiter. El sobrevuelo se produjo el 2 de diciembre de 1974, con la nave pasando cuatro veces más cerca que la Pioneer 10, a una altura de tan solo 34.000 km sobre sus nubes. Los científicos de la misión no querían un sobrevuelo tan cercano, ya que, además del tremendo riesgo existente para la electrónica, no era la distancia óptima para el conjunto de instrumentos de la nave. Aun así, la NASA presionó para realizarlo, ya que sería un conejillo de indias perfecto para las futuras sondas que se estaban construyendo en el JPL. Si había que sacrificar una sonda para mejorar las siguientes, se haría. Para sorpresa de todos, la nave sobrevivió con solo algunos pequeños incidentes y nos mandó valiosos datos e imágenes del planeta gigante. El sobrevuelo tan cercano permitió que la asistencia gravitatoria mandara la sonda rumbo a Saturno, donde llegaría cinco años más tarde, en septiembre de 1979. La Pioneer 11 continuó después su viaje hasta el exterior del sistema solar. Su última señal fue recibida el 24 de noviembre de 1995, tras 22 años de misión.

ENSAYANDO LAS ASISTENCIAS CON LA MARINER 10

En 1967, en el JPL pensaban que debían hacer una misión de prueba para comprobar el funcionamiento en la práctica de las asistencias gravitatorias. Y qué mejor que hacerlo con una misión relativamente cercana y corta. Así que se acordaron de las trayectorias calculadas por Minovitch a principios de la década, para realizar una misión que sobrevolara Venus y que pusiera rumbo a Mercurio. Fran Sturms y Joe Cutting hicieron los cálculos necesarios para demostrar que el JPL tenía ya la capacidad necesaria para una misión de este tipo. Dado que desde ese momento una misión Tierra-Venus-Mercurio era técnicamente posible, el Grand Tour también podría serlo. De esta forma dejaría de ser una curiosidad para ser una posibilidad real.

En su estudio anual de 1968, el Space Science Board recomendaba realizar en 1973 una misión hasta Mercurio que pasara previamente por Venus. Ya que estaba en los planes, en febrero de 1969 la NASA aprueba oficialmente la misión. Y, en enero de 1970, se estableció en el JPL la oficina del proyecto Mariner Venus/Mercury, que pondría en marcha la misión Mariner 10. Un año y medio más tarde, en julio de 1971, la compañía Boeing consigue el contrato para la construcción de dos sondas, una que volaría al espacio y la otra que sería sometida a todas las pruebas antes del lanzamiento. Con esta misión, la NASA podría adquirir experiencia con la navegación de las sondas en los sobrevuelos. Esto les permitiría conocer la precisión de las trayectorias con los efectos gravitatorios, se ensayarían las comunicaciones a larga distancia y se podrían probar nuevos instrumentos y sistemas en la nave. De esta forma, el Grand Tour tendría más posibilidades de volar, gracias a la experiencia adquirida con la Mariner 10.

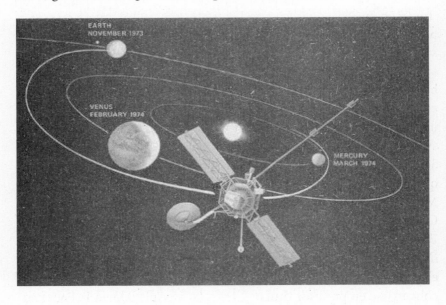

Ilustración de la trayectoria inicial de la Mariner 10, con el sobrevuelo de Venus y posteriormente Mercurio. Imagen: JPL/NASA

Finalmente, la sonda Mariner 10 fue lanzada en un cohete Atlas/ Centaur el 3 de noviembre de 1973. Tres meses más tarde llegó a Venus (5 de febrero de 1974, 17:01 UTC) y realizó la primera asistencia gravitatoria de la historia a 5792 km de altura. Unos meses antes, la Pioneer 10 ya había sobrevolado Júpiter, pero ese encuentro no se consideró asistencia gravitatoria ya que no sirvió para llegar antes a ningún otro objetivo, al igual que hicieron otras sondas Mariner en Marte o Venus. Diez años después de los estudios de Minovitch, por fin una sonda aprovechaba la gravedad de un planeta para cambiar su velocidad y poner rumbo a otro destino. Su trabajo ya tenía una aplicación real. Tras sobrepasar Venus, la Mariner 10 puso rumbo a Mercurio, donde llegó para sobrevolarlo cinco semanas más tarde, el 29 de marzo de 1974. De esta manera, se convertía en la primera sonda de la historia que sobrevolaba dos planetas. Posteriormente realizó otros dos sobrevuelos más de Mercurio (el 21 de septiembre de 1974 y el 16 de marzo de 1975), que permitieron conocer con más detalle el planeta más interior del sistema solar.

GIUSEPPE COLOMBO Y LA MARINER 10

Imagino que, si sigues la actualidad espacial, ya sabes que en octubre de 2018 la Agencia Espacial Europea (ESA) lanzó al espacio una sonda llamada BepiColombo. El objetivo de esta misión es situarse en órbita alrededor de Mercurio para estudiarlo con detalle. El nombre de esta misión es un homenaje a Giuseppe Colombo, conocido entre sus amigos como Bepi. Guiseppe nació en 1920 en la localidad italiana de Padua, siendo el noveno de diez hermanos. Gracias a sus buenas notas obtuvo una beca, lo que le permitió estudiar en la Scuola Normale Superiore de Pisa. Sin embargo, poco después tuvo que dejar los estudios al ser llamado a filas para la Segunda Guerra Mundial. Su puesto era el de teniente de artillería en la División Cosseria y fue enviado al llamado «frente oriental» en Europa del Este. Por las heridas sufridas en combate le fue concedida una medalla al valor militar. A la vuelta retomó sus estudios y en 1944 obtuvo el título de Matemáticas por la Universidad de Padua. En 1955 logró convertirse en profesor titular de Mecánica Aplicada en la Facultad de Ingeniería.

Giuseppe centró buena parte de su carrera en el planeta Mercurio y sus estudios matemáticos lograron explicar la curiosa resonancia orbital del planeta de 176 días. Mercurio tiene un periodo de rotación de 58,7 días y su traslación alrededor de nuestra estrella dura 88 días. Por tanto, Mercurio girará tres veces sobre sí mismo cada vez que el planeta realiza dos órbitas alrededor del Sol.

A comienzos de 1970 fue invitado a participar en una serie de charlas sobre Mercurio y la Mariner 10. Tras examinar la información de la NASA se dio cuenta de algo. Una vez que la sonda sobrevolara el planeta, quedaría en una órbita que tendría una duración del doble de tiempo que la órbita de Mercurio. Por tanto, la Mariner 10 lo podría volver a sobrevolar meses más tarde, ya que volverían a coincidir en el mismo lugar del espacio. El JPL revisó los cálculos y descubrió que Colombo estaba en lo cierto. Si en el primer sobrevuelo de Mercurio se elegía la altura y el lugar apropiados, la sonda volvería a sobrevolar el planeta seis meses después. Así que todo lo que se descubrió de Mercurio en el segundo y tercer sobrevuelo se lo debemos a la aportación de Colombo.

Giuseppe Colombo haciendo círculos en una pizarra. Imagen: JPL/NASA

El origen del Proyecto MJS 77

LA NASA HACE EL ÚLTIMO Y
DESESPERADO INTENTO

Volvamos por donde lo habíamos dejado. Como hemos visto, la administración de Nixon había perdido todo el interés por la exploración espacial y las misiones Apollo llegaban a su fin. Todas las presiones políticas de los congresistas de los diferentes estados se dirigían hacia la NASA para lograr que se asignaran grandes presupuestos al nuevo proyecto del transbordador espacial. Y el resto simplemente no interesaba, era un gasto innecesario. Tras la cancelación del proyecto TOPS en diciembre de 1971, la esperanza de realizar el Grand Tour se perdió por completo. Bueno, no. Para nada. De ser así no tendrías este libro entre las manos. Lo que pasó a continuación te sorprenderá, ya que es uno de los giros de guion más sorprendentes de la historia espacial. El gestor (*project manager*) de la misión, Harris «Bud» Schurmeier, pensaba que el portazo al Grand Tour no había sido total. Y William Pickering, el director del JPL, tampoco estaba dispuesto a dejar pasar la última oportunidad, por lo que entre ambos pusieron en marcha un plan para resucitar la misión. Si eran capaces de presentar algo menos ambicioso y caro, lo podrían aprobar. O eso pensaban.

La mayor parte del coste de las caras TOPS se debía a la necesidad de crear una sonda que sobreviviera mucho tiempo de viaje y a unos carísimos ordenadores. Por tanto, había que crear una sonda menos ambiciosa y que realizara un viaje de menor duración. Este espíritu quedaba muy claro en las declaraciones de Roger Bourke, el supervisor del grupo de diseño de misión: «No puedes ir a los planetas más exteriores con un vuelo corto, así que durante un fin de semana cortamos la misión hasta Saturno, de volar a Júpiter-Saturno-Urano-Neptuno ahora iríamos solo a Júpiter y Saturno». Y, para conseguir que la misión fuera realizada con una sonda fiable, había que partir de naves con diseños ya probados con éxito. Todos los diseños de las misiones del JPL procedían inicialmente de las sondas lunares Ranger, sencillas y configurables. Incluso las Mariner tienen su origen en conceptos ya probados en las Ranger. Por tanto, los ingenieros se pusieron de acuerdo en usar el diseño de las más actuales y fiables sondas Mariner, pero adaptándolas a las necesidades de un viaje mucho más allá de la órbita marciana. El diseño general fue realizado en pocos días. Se le añadió una antena mucho más grande para las comunicaciones lejanas y un generador termoeléctrico RTG para sustituir los paneles solares, heredando conceptos de las TOPS. Además, un largo brazo llevaría buena parte de la instrumentación científica y un conjunto de ordenadores redundantes sustituirían al complejísimo y caro sistema STAR.

Y, no menos importante, había que rediseñar la misión para que fuera más atractiva desde el punto de vista científico. Por tanto, se puso mucho interés en destacar que la misión no solo sobrevolaría los planetas, sino que había que investigar sus lunas, sobre todo Titán. En las misiones previstas para las TOPS, la luna Titán apenas recibía interés y todos los sobrevuelos se realizarían a gran distancia de esta luna. Así que este nuevo enfoque gustaba mucho a los científicos. Unos días después ya tenían preparados los planes generales para la nueva y más atractiva misión, a la que llamaron JST (Júpiter-Saturno-Titán). Y le dieron tanta prioridad a Titán que la primera misión tenía que visitar Júpiter, Saturno y acercarse lo más posible hasta esta gran luna. El mayor problema hasta entonces era que, para llegar a Titán, la sonda debería pasar por la parte sur de Saturno y tomar rumbo hacia el norte de la eclíptica, perdiendo la opción de visitar más tarde otros planetas. Pero, como en este nuevo proyecto el viaje acababa en Saturno, no habría problema. Tras una semana de reuniones sin fin, el JPL presentó su nuevo proyecto. Este llevaría el soso y poco imaginativo nombre de Mariner Jupiter-Saturn 1977. O, peor aún, MJS 77. Desde luego, la presentación exprés de este proyecto fue una de las maniobras más memorables que se le recuerdan al JPL y a la NASA. En los últimos siete días del año y antes de que se presentaran los nuevos presupuestos, se diseñó un nuevo proyecto al completo, mucho más económico y fiable. El importe total disminuyó a tan solo 250 millones de dólares, la tercera parte de lo que costaba la versión más barata de las misiones TOPS. Por supuesto, esta era la última oportunidad para llegar a tiempo de lanzar algo en 1977. En ese instante, ya solo quedaban poco más de cinco años para que se cerrara la ventana de lanzamiento más interesante de la historia.

Logo del proyecto MJS 77. Imagen: JPL/NASA

Como un primer síntoma de que algo había cambiado, la primera alegría llega el 2 de enero de 1972, cuando se consigue por parte del OMB una adjudicación provisional para el año fiscal de 1973 de una partida de 30 millones de dólares. Esto es algo vital, ya que permitiría que a finales de 1972 se pudiera comenzar con la construcción de estas sondas. En una nueva reunión del SSB el 8 de febrero de 1972, su director, el Dr. Van Allen, dice que muestran «el apoyo definitivo del SSB a la exploración del sistema solar exterior». Ahora sí, una vez que habían conseguido una misión menos costosa y ambiciosa. De hecho, en un comunicado afirma que siempre han apoyado la exploración del sistema solar exterior, pero usando tecnología ya existente. Y añade que esperaba que la NASA pueda mejorar la longevidad de sus sondas para que los «datos científicos puedan venir de regiones más allá de los planetas de destino».

El 17 de febrero John E. Naugle, administrador asociado para Ciencias Espaciales de la NASA, habla en el Subcomité de Ciencias Espaciales de la Cámara de Representantes. Allí presentó el nuevo plan, mucho más modesto, para la exploración de los planetas exteriores, dando por cerrado el proyecto TOPS. En su lugar, se tomará ventaja de la rara alineación de los planetas para lanzar dos sondas tipo Mariner en 1977, con una trayectoria que las llevará de Júpiter a Saturno. El Congreso también aplaude la decisión de una misión reducida y de menor coste, aprobando finalmente su presupuesto para el año fiscal de 1973. Pero el tiempo seguía pasando y solo quedaban cinco años. ¿Le daría tiempo al JPL con tanta burocracia? Sorprendentemente, para el mes de mayo ya estaba todo aprobado por parte del SSB, el OMB y el Congreso. Más barato y con menos riesgos, a todo el mundo le gustaron estos nuevos planes.

Y, finalmente, la aprobación oficial por parte del Congreso llegó el 1 de julio de 1972, marcando ese día el arranque definitivo del proyecto que intentaría realizar el deseado Grand Tour. ¡Por fin! Las anteriores Mariner habían tenido un periodo de desarrollo y construcción de solo tres años, pero estas sondas serían mucho más complejas. Faltaban cinco años para cumplir el objetivo, así que no había tiempo que perder. Por supuesto, el JPL sería el centro de la NASA encargado de diseñar, construir y controlar las sondas. Allí aún no se podían creer que las misiones habían sido aprobadas. Una de las mejores jugadas fue llamar inteligentemente al proyecto como Mariner Jupiter-Saturn. Este simple cambio de denominación fue un gran punto a su favor. En lugar de representar sondas completamente novedosas y arriesgadas, se tenía la sensación de que eran la continuación de una serie de sondas Mariner fiables y de menor coste. La realidad mostraría después que estas sondas no tenían mucho en común con las Mariner de la época, tan solo el nombre. De hecho, no se las acabó llamando Mariner 11 y 12. Y, es más, la coletilla «Jupiter-Saturn» tranquilizaba a los políticos y a los responsables de los presupuestos, ya que, al tener unos objetivos menos lejanos, las sondas no tendrían que ser tan costosas ni complejas.

No nos engañemos, el proyecto Mariner Jupiter-Saturn 1977 gustó a todo el mundo por una sencilla razón: era más barato. Pero esa reducción de costes tenía un precio en forma de recortes respecto a las TOPS. Para comenzar, las sondas fueron reducidas de cuatro a solo tres, de las cuales dos volarían y la tercera serviría de banco de pruebas y ensayos. Además, el presupuesto se aprueba con la condición de que la NASA renuncie oficialmente a estudiar Urano y Neptuno, para centrarse en una sonda que funcione hasta Júpiter y Saturno, sin ir más allá. Y así se anuncia públicamente, para que no queden dudas. Y, por último, toda la tecnología empleada tenía que existir ya y estar probada, nada de desarrollar nuevos dispositivos. Así que la única opción que el JPL tenía era usar toda su experiencia con las sondas Ranger y sus herederas, las Mariner. Eso de paso eliminaba cualquier posibilidad de que las sondas pudieran llevar cápsulas de descenso atmosféricas. Los 250 millones de dólares que tenían como tope no daban para muchas florituras.

SE PONE EN MARCHA EL PROYECTO MJS 77

En el JPL se habían lamentado mucho por haber perdido la ocasión de ser los primeros. Al arrancar este proyecto, la Pioneer 10 ya estaba en vuelo rumbo a Júpiter y la Pioneer 11 haría lo mismo en pocos meses. Sin embargo, ser los segundos también era una oportunidad, ya que podrían aprender mucho de lo que encontraran esas sondas pioneras. Desde un principio el diseño de las sondas MJS 77 tuvo una estructura parecida a las fiables Mariner que las precedían. Pero, vamos, que si coges una Mariner, le cambias la antena por otra mucho mayor y le pones generadores de radioisótopos en lugar de paneles solares ya no se parece mucho. Y si más tarde le pones instrumentos completamente nuevos y más complejos, sistemas de protección contra el frío y las radiaciones, así como nuevos sistemas de control de la nave, de Mariner solo te queda el nombre. Bien jugado, JPL, bien jugado. Lo único que tenía muy claro el JPL es que las sondas serían gemelas para ahorrar costes. Y redundantes, altamente redundantes interiormente y entre sí. En el caso de que una fallara en el transcurso de su misión, la otra podría sustituirla. Y, aunque se descartaba el uso de los costosos, inexistentes y complejos ordenadores STAR, llevarían varios ordenadores capaces de responder en situaciones inesperadas. Por fin y ya en el tiempo de descuento para poder realizar el Grand Tour, se ponen en marcha las históricas sondas de las que hablamos en este libro y que más adelante recibirán un nombre más honroso.

Esquema de la misión MJS 77 propuesta en 1972. Imagen: JPL/NASA

Para gestionar estas misiones se creó el mejor equipo posible en el JPL y en buena parte heredero directo de las TOPS. Al mando de las MJS 77 como gestor-jefe del proyecto (*project manager*) se puso a «Bud» Schurmeier, experto en las misiones Ranger. Su función era la de dar luz verde a cada desarrollo y controlar el gasto de cada uno de ellos. El segundo máximo responsable era John Casani, otro veterano del proyecto lunar Ranger. A cargo del proyecto de ciencia (Science Working Group) se situó a Edward Stone como científico principal (*project scientist*), un experto reconocido en magnetofísica del JPL/Caltech. Su misión era vital y muy compleja, ya que debía coordinar a todos los equipos científicos de cada uno de los instrumentos durante los sobrevuelos. Inicialmente Stone rechazó el ofrecimiento. Como investigador, no quería verse envuelto en burocracias y tareas administrativas sin fin. Para aceptar, Schurmeier metió en el equipo a Jim Long, que sería el *science manager*. Su función era trabajar para él y hacer de enlace entre las gestiones del proyecto y Stone, con lo que llevaría casi toda la carga administrativa. Con estas condiciones aceptó y desde entonces hasta finales de 2022 fue el jefe científico de este proyecto. Más de 50 años al cargo de la misión científica más increíble de la exploración espacial. Si quieres más información, tienes disponible un listado de las personas clave en este proyecto en el apéndice 2.

¿CÓMO ES EL NUEVO PROYECTO?

REDISEÑANDO LAS TRAYECTORIAS PARA LAS NUEVAS SONDAS

En los primeros meses de 1975 se inició la tarea de rediseñar las trayectorias preparadas para las canceladas misiones TOPS, adaptándolas a las nuevas sondas. Para obtener las trayectorias más efectivas, la ventana de lanzamiento estaría situada entre el 15 de agosto y el 15 de septiembre de 1977. Charlie Kohlhase, Paul Penzo y Joe Beerer continuaron el trabajo de Flandro y prepararon hasta 10.000 trayectorias diferentes en los ordenadores del JPL. Finalmente encontraron unas 200 trayectorias que permitían los mejores encuentros con los satélites durante los sobrevuelos. Ahora había que calcular el gasto en combustible que suponía cada una de ellas para corregir las trayectorias y realizar los sobrevuelos, teniendo en cuenta la enorme gravedad de Júpiter. Una pequeña desviación en el sobrevuelo supondría cientos de miles de kilómetros de diferencia respecto a la trayectoria correcta, que más tarde habría que corregir. Además, en los sobrevuelos había que tener en cuenta la distancia a Júpiter, para evitar las regiones de mayor radiación. Y, para Saturno, se tomaron medidas para no pasar cerca de los anillos y evitar posibles impactos con sus partículas. También se diseñaron para evitar la conjunción solar que provocaría interferencias en las señales durante los sobrevuelos. Por tanto, las órbitas finalmente seleccionadas fueron aquellas que mejor se adaptaron a todas las condiciones y necesidades científicas de la misión. El científico planetario de Caltech, Bruce Murray, insistió en que las trayectorias seleccionadas permitieran pasar cerca de algunas de las lunas mayores para observarlas con detalle. Entonces se creía que esos satélites carecían de importancia, ya que se pensaba que serían similares a nuestra Luna. ¡Qué poco sabíamos!

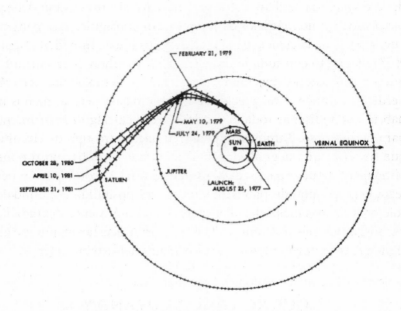

Algunas de las trayectorias posibles de MJS 77 hacia Júpiter y Saturno, para un lanzamiento el 25 de agosto de 1977. Imagen: JPL/NASA

CAMBIOS FORZOSOS EN LAS NAVES

Ya que el presupuesto disponible era escaso, lo más económico era no blindar contra la radiación las partes más sensibles de la nave. Pero, haciendo esto, algunos de los componentes más delicados, como los ordenadores, sus memorias y algunos sensores de los instrumentos, estarían más expuestos a fallos. Por tanto, con los resultados de observaciones desde la Tierra de las condiciones en el entorno de Júpiter, se eligió una trayectoria relativamente lejana. Pasando a una distancia de diez radios de Júpiter, se podrían evitar las regiones más peligrosas que bombardearían las sondas con unas enormes dosis de radiación. Con esta medida, se ahorraba peso en la nave y sobre todo dinero, dada la complejidad de un sistema de blindaje.

Pero, claro, a la realidad le da igual lo que pienses y meses más tarde llegaron los datos del sobrevuelo de Júpiter por parte de las

Pioneer 10 y 11. Los datos indicaban que la radiación en el entorno del planeta era miles de veces superior a lo que mostraban los modelos de observación desde la Tierra. Así que buena parte del diseño y de la trayectoria se iban al traste. Una nave sin protección debería pasar muchísimo más lejos de Júpiter y por consiguiente se perdería buena parte de la ciencia en el planeta y sus lunas. Inmediatamente, el JPL contactó con toda la industria civil y militar para encontrar nuevos transistores que fuesen resistentes a la radiación, pero sin perder rendimiento. Su precio era mucho mayor, pero al menos no habría que rediseñar toda la sonda o sacrificar algún instrumento para perder peso. También se pensó en hacer otro tipo de circuitos que tuvieran una degradación más lenta con la radiación o poner blindaje en algunas partes de la sonda. Al final, la combinación perfecta llegó adoptando parcialmente las tres posibilidades: blindajes solo en las zonas más delicadas, nuevos circuitos menos degradables y transistores más resistentes a la radiación. Y acertaron, porque ahí siguen tras sobrevolar los mayores planetas del sistema solar.

¿QUE NO VAMOS A URANO Y NEPTUNO? SUJÉTAME EL CUBATA

Las órbitas seleccionadas para estas misiones permitirían a las sondas llegar hasta Júpiter en menos de dos años, tras recorrer 644 millones de kilómetros. Y necesitarían otros tres años más para recorrer los 1287 millones de kilómetros que había hasta Saturno. Y nada más, no estaba permitido seguir. Con el proyecto en marcha, la NASA prohibió explícitamente al JPL añadir nada en las sondas que permitiera una misión más allá del planeta de los anillos. Increíble pero cierto. Esa fue una condición imprescindible para aprobar los presupuestos y la NASA no se quería arriesgar. Todo el diseño de las naves y la planificación de las órbitas las debía preparar para llegar hasta Saturno y Titán, pero no habría fondos para nada en las sondas que aumentara su longevidad.

Pero, claro, los ingenieros y científicos del JPL todavía tenían en mente las sondas TOPS. No se podían quitar de la cabeza las grandes misiones que se habían perdido en Urano y Neptuno. Y algunos empezaron a pensar que, si una nave se dirigía a Titán, saldría por arriba del sistema solar y quedaría fuera de la eclíptica sin nada que visitar. Pero la otra… Una vez que superase Saturno en perfecto estado, ¿quién podría negarse a que visitara otros planetas hacia los cuales ya se dirigía? ¿Quién iba a cancelar la misión de una sonda en buen estado y que en otros cuatro años llegaría a Urano? ¿Y si siguiera bien y pudiera plantarse en el mismísimo Neptuno tres años después? Había que soñar.

Y entonces se puso en marcha una pequeña y silenciosa conspiración de ingeniería, liderada por John Casani y Bud Schurmeier. Los técnicos del JPL diseñaron una nave que fuera robusta y configurable, ya que de todas formas el viaje hasta Saturno sería bastante largo y duro. Por otro lado, la NASA presionó a la Comisión de Energía Atómica (AEC) para que preparara unos generadores nucleares con una vida útil superior a diez años, por si acaso. Sin complicarse mucho la vida, pudieron preparar unas sondas de muy larga duración que podrían adaptarse para continuar su viaje hasta Urano y Neptuno. Y sin que se notase demasiado. Al sensor solar se le dotó de un amplificador para que pudiera detectar a nuestra estrella desde distancias muy superiores a las de Saturno. El espectrómetro infrarrojo de la Voyager 2 fue mejorado para que tuviera mayor sensibilidad, algo que sería necesario en los fríos planetas exteriores. También se dotó a las naves de circuitos para la codificación de datos que podrían usarse a partir de Urano. Y las cámaras eran reprogramables para poder obtener fotografías con toda la exposición necesaria en lugares poco iluminados. La lista de pequeños pero estratégicos cambios era amplia y con el objetivo de que pudieran ser usados más allá de Saturno.

Dado el limitado presupuesto, el JPL debía construir los sistemas de la nave con circuitos cableados similares a los de las naves ya existentes. Esto era económico, pero daba muy poca flexibilidad a las sondas para las visitas a los distintos planetas. Y, como no había presupuesto para poder diseñar todos los sistemas desde cero, se hicieron contactos con otros departamentos de la NASA que desarrollaban nuevos circuitos para futuras sondas. Esto permitió realizar una inversión conjunta y entre todos prepararon los nuevos circuitos integrados que llevaron las sondas Voyager. Gracias a esta decisión, ambas naves pudieron ser adaptadas a los sobrevuelos de Urano y

Neptuno, además de permitirles sobrevivir hasta la actualidad por su flexibilidad y redundancia.

Internamente, el equipo confiaba en que al menos una de las dos sondas durase lo suficiente como para sobrevolar Urano. Y, con mucha suerte, tal vez Neptuno. Pero todo ello jamás era comentado en público. Hablar de esos objetivos alarmaría al Congreso, ya que lo tomarían como una petición de aumento de los presupuestos, y eso era algo que jamás iban a aprobar. Además, si las sondas no funcionaban el tiempo necesario hasta esos lejanos planetas, la misión sería vista como un fracaso. Vale, no tenían permiso para diseñar nada que pudiera funcionar más allá de Saturno, pero ¿quién podía resistirse teniendo una estricta prohibición, muy poca tecnología y unos escasos recursos? ¡Era todo un reto!

Como acabamos de ver, algunas partes de las sondas fueron sobredimensionadas y preparadas para tener más posibilidades de éxito hasta Saturno. Y, si con eso se convertían en una misión con una duración mucho mayor que la oficial, pues mucho mejor. Pero calladitos. De forma muy discreta. El reto era sobredimensionar en lo posible y en «secreto» algunos de sus componentes, pero sin salirse del presupuesto asignado y sin que se notara mucho. De hecho, este plan solo lo conocían los responsables de la misión y los encargados de mayor rango, que muchas veces ordenaban montar o modificar ciertos componentes sin desvelar el verdadero motivo. Simplemente se decía que era para mejorar la redundancia o las prestaciones (guiño, guiño; codazo, codazo).

Por supuesto, el objetivo principal de todo este plan era permitir que ambas sondas tuvieran técnicamente alguna posibilidad de continuar, en el caso de que finalizaran sus misiones con éxito en Júpiter, en Saturno y en Titán. Lo peor sería tener éxito en los sobrevuelos y poder seguir adelante, pero que las sondas no tuvieran capacidad para hacer sus tareas en Urano y Neptuno. Antes había que esperar pacientemente a tener éxito en Júpiter, Saturno y, por supuesto, Titán. Internamente a la segunda misión ya la llamaban JSX, haciendo referencia a Júpiter, Saturno y siendo la «X» otro mundo sin definir todavía. Si la primera misión fallaba y no sobrevolaba Titán, esta segunda misión sería la JST, ya que sería la encargada de sobrevolar esta luna de Saturno. Pero, si la primera misión salía bien, la segunda misión podría ser JSU, por Urano, e incluso JSUN hasta Neptuno. Y de esta manera se podría seguir con el sueño de realizar el Grand Tour al completo. Algo que tenían muy claro en el equipo de ingenieros y técnicos del JPL era que los políticos no les iban a impedir diseñar y construir las sondas con las que soñaban. Y finalmente, como sabemos, esas dos naves fueron mucho más complejas, flexibles y duraderas de lo que jamás ninguno de ellos pudo soñar.

Nuevo logo utilizado para la misión Voyager. Hasta el logo dejaba claro que el destino final era Saturno. Imagen: JPL/NASA

UN NUEVO NOMBRE PARA LAS SONDAS

Nadie en el proyecto estaba contento con el poco inspirador nombre de MJS 77. Básicamente no significaba nada, no era evocador y tampoco quedaba bien ante la prensa o el público. Vamos, que no tenía ningún tirón. Y, como no se pensaba en usar los nombres de Mariner 11 y 12, John Casani organizó un concurso en el JPL en septiembre de 1975 para que se plantearan otros nombres para la misión. Para hacerlo más participativo, se puso una pizarra en un pasillo, donde las personas que quisieran podían dejar una propuesta con la nueva denominación. Entre los nombres más repetidos estuvieron algunos como Pilgrim, Nomad o Antares. Y por supuesto Voyager, un nombre ya usado en el JPL para un proyecto de misiones de aterrizaje a Marte y que fue cancelado (y más tarde resucitado como Viking). Muchas personas se opusieron al nombre Voyager, porque les recordaba la cancelación de las sondas marcianas. Pero, en la votación, el nombre de Voyager fue seleccionado por mayoría y se propuso formalmente como el nombre oficial de las dos sondas. La aprobación del nombre por parte de la NASA no llegó hasta el 4 de marzo de 1977. A partir de ese momento serían conocidas para siempre como Voyager 1 y Voyager 2.

HARRIS «BUD» SCHURMEIER

«Bud» Schurmeier entró a trabajar en el JPL en 1949, llegando a dirigir áreas como el túnel de viento y la sección de aerodinámica. En 1962 fue el director del proyecto de sondas lunares Ranger y posteriormente encabezó el proyecto Mariner Mars 1969, con las sondas Mariner 6 y 7. En 1970 fue nombrado gestor (o jefazo) del proyecto Grand Tour y tras su cancelación quedó a cargo del proyecto Mariner Jupiter-Saturn 1977, alias Voyager. Una vez finalizada la construcción de las sondas en 1976, dejó el proyecto para dirigir la sección de programas civiles del JPL.

«Bud» Schurmeier fue el primer gestor del proyecto MJS 77 y quien gestionó el diseño y la construcción de las sondas que hoy conocemos. Luchó todo lo que pudo por conseguir que el Grand Tour fuera una realidad. Imagen: JPL/NASA

Schurmeier fue el verdadero arquitecto del proyecto y el que le dio la forma a las sondas y a la misión que conocemos en la actualidad. Coordinó y puso en marcha los diseños de todos los sistemas de la nave, siempre pensando en su mayor longevidad. Gestionó de forma increíble los presupuestos que le fueron asignados a estas sondas para que pudieran ser construidas de la forma más fiable y avanzada que era posible en la época.

LA VOYAGER 3 QUE NUNCA VOLÓ

En 1975 y mientras las dos sondas Voyager estaban en pleno proceso de construcción, el JPL quiso poner en marcha un nuevo plan. Y es que no se podían quedar quietos. La idea era enviar dos nuevas sondas hacia Júpiter y de allí saldrían disparadas hacia Urano y Neptuno. De esta manera se aseguraría un doble sobrevuelo de estos planetas en el caso de que la Voyager 1 y 2 no pudieran llegar. Para este nuevo proyecto solo habría que construir una nueva sonda y adaptar la nave de pruebas conocida como VGR77-1, que sería modificada para ser enviada al espacio en 1979. Al ser una sonda real y no una maqueta, el presupuesto para su finalización sería muy pequeño. El nombre interno para estas sondas sería el poco imaginativo Mariner Jupiter-Uranus 1979 o MJU 79. Y, claro, antes de despegar se las habría bautizado como Voyager 3 y Voyager 4. Como la tecnología era muy cambiante en esos años, se les añadiría un conjunto de «volantes de inercia» que permiten realizar los giros de forma más rápida y eficiente. También se cambiaría el sistema de cámaras vidicón por otras CCD más modernas y sensibles al infrarrojo. Además, el espectrómetro infrarrojo sería modificado para que tuviera una mejor sensibilidad en longitudes de onda mayores, lo que permitirá estudiar los planetas más fríos. Pero a la NASA no le pareció buena idea y dio carpetazo a esta idea de proyecto. Días después, «Bud» Schurmeier sugirió añadir solo un lanzamiento en 1979 para sobrevolar Júpiter, Urano y Neptuno, usando la VGR77-1 y, por tanto, sin apenas presupuesto. Al igual que con la anterior propuesta, la NASA no quiso saber nada y esta iniciativa también fue cancelada. La Voyager 3 se iba a quedar sin volar, quedando en el JPL como modelo de pruebas y piezas de repuesto.

La dura realidad era que nada nuevo sería aprobado, ya que el transbordador espacial requería mucho dinero. Además, no habría más cohetes disponibles a partir de 1979, ya que el cohete Titan IV con el que se iban a lanzar las Voyager 1 y Voyager 2 ya habría sido retirado. La NASA decidió que todo debía volar con el transbordador espacial, incluyendo sondas, satélites comerciales, militares y científicos. La NASA metió todos los huevos en la misma cesta, pensando que los lanzamientos serían muy baratos y frecuentes. La realidad del *shuttle* hizo que, durante unos años, los Estados Unidos no tuviera lanzadores operativos para sus cargas espaciales. Incluso las sondas espaciales tuvieron un gran parón de casi una década, esperando el desarrollo de nuevas etapas superiores (IUS) para poder ser lanzadas desde el transbordador. Hasta los primeros planes de la sonda Galileo, que contaban con un cohete Titan IV para su lanzamiento en 1982, tuvieron que ser aplazados. Y es que la NASA no quería comprar más unidades de este cohete de la Fuerza Aérea, ya que era muy caro. En la práctica, todas estas decisiones consiguieron la cancelación completa del programa de exploración planetaria de la NASA. Una vez construidas y lanzadas las dos Voyager y las dos Pioneer Venus de 1978, los Estados Unidos no volvieron a lanzar una sonda espacial durante más de una década. De hecho, los programas de las sondas Magallanes, Galileo y Ulysses sufrieron considerables retrasos hasta que pudieron ser lanzadas con el transbordador espacial en 1989 y 1990. Y no fue hasta 1992 cuando la NASA volvió a lanzar una sonda con un cohete (un Titan III), en la fallida misión Mars Observer. En la actualidad, la nave que pudo ser la Voyager 3 está colgada en la exposición del Air & Space Museum en Washington. Eso es lo más alto y lo más lejos que pudo llegar. Irónicamente, está expuesta en el museo de la ciudad que le impidió convertirse en una sonda de verdad.

JOHN CASANI

John Casani llegó al JPL en 1956 como ingeniero eléctrico. Su primer trabajo con una sonda espacial fue como ingeniero de instrumentos en las Pioneer 3 y 4. Más tarde entró como ingeniero de sistemas de las Ranger 1 y 2, tras lo cual pasó a trabajar en las Mariner Mars 1964

(Mariner 3 y 4). Posteriormente fue subdirector de sistemas y director en las Mariner Mars 1969. Ya en 1971, fue el director de sistemas para la Mariner 10. Y en 1975 fue llamado para participar en el programa Mariner Jupiter-Saturn 1977, como gestor del proyecto y sucesor de «Bud» Schurmeier. En este puesto estuvo dos años clave para estas sondas y se encargó de que ambas pudieran sobrevivir mucho más tiempo del planeado. Y, por supuesto, de que al menos una de ellas tuviera opciones de hacer ciencia más allá de Saturno. Tras el lanzamiento de las sondas Voyager, fue nombrado director del proyecto Galileo. Lo primero que hizo al tomar posesión de su cargo fue cambiar el número del teléfono interno de su despacho por el número 6578. Estos números equivalían en el teléfono a marcar las letras «MJSU», dejando clara su intención de que la misión tendría que ser Mariner-Jupiter-Saturn-Uranus. De hecho, cuando le preguntaban cuál era su número, siempre respondía: «Llámame al MJSU». Quería que todo el mundo tuviera en mente que las sondas debían llegar más lejos, aunque no tuvieran aprobación oficial para ello.

John Casani en los años setenta, mientras era el responsable de las sondas Voyager. Gracias a su trabajo, ambas naves pudieron continuar más allá de lo previsto. Como él mismo dice, fueron «una misión dentro de una misión». Imagen: JPL/NASA

Al proceder de la División 34 del JPL, encargada de construir los sistemas de guiado y control de las naves, sabía que el sensor solar podría ser una limitación en el funcionamiento de las naves. Así que ordenó que de forma discreta se pusieran amplificadores de señal al sensor solar, algo que ha permitido que la sonda funcionara correctamente más allá de Saturno. Con la excusa de tener mejoras durante el sobrevuelo de este planeta, se introdujeron muchos más sistemas redundantes que los planeados originalmente y siempre pensando en su reconfiguración una vez acabada la misión oficial. Por ejemplo, se implantó un sistema de codificación y compresión de datos que estaba pensado para ser usado más allá de Saturno, se añadió algo más de plutonio en el generador nuclear de la Voyager 2 y se rediseñó el espectrómetro infrarrojo para que pudiera funcionar en planetas más fríos. Su idea era no añadir nada que fuera excesivamente complicado o pusiera en riesgo la misión, pero que proporcionara recursos extra en el futuro. Uno de sus mayores retos como responsable de las Voyager fue preparar lo mejor posible a las naves para soportar los altos niveles de radiación detectados en Júpiter por las sondas Pioneer 10 y 11. Gracias a sus decisiones, se pudieron explorar dos nuevos planetas, la heliosfera y ahora el espacio interestelar. Su importancia en el proyecto y su personalidad hacen que Casani haya salido en multitud de documentales y eventos de las sondas Voyager, siempre con una sonrisa y un fantástico sentido del humor. Cuando le preguntan si piensa en las Voyager como unos robots «humanizados» siempre responde: «No, yo no suelo antropomorfizar a las sondas Voyager nunca, porque a ellas no les gusta que lo haga». Un crac.

Radiografía de las sondas Voyager

Tras cinco años de intenso trabajo, el JPL construyó dos fiables sondas tipo Mariner de 810 kg de peso total, de los cuales 105 kg pertenecían a los instrumentos. Dado que su destino estaría muy lejos del Sol y de nuestro planeta, están dotadas de una gran antena y alimentadas por generadores nucleares de radioisótopos. Todos los subsistemas de comunicaciones, energía, orientación, ordenadores y de datos se encuentran alojados en una estructura conocida como «bus», con diez compartimentos aislados térmicamente del exterior. En el centro se encuentra un tanque de combustible que permitirá a sus toberas realizar las maniobras necesarias durante su misión. De su estructura central parten varios brazos que soportan algunos instrumentos científicos, el generador nuclear, los magnetómetros y las antenas de dos instrumentos. En total, cada nave tiene unos 65.000 componentes electrónicos, que suman unos cinco millones de componentes electrónicos «equivalentes» si contamos los transistores de cada memoria y ordenador. En este capítulo, conoceremos los sistemas más importantes de estas naves.

LA ANTENA PRINCIPAL

Si nos fijamos en cualquier esquema o fotografía de una sonda Voyager, lo primero que nos llama la atención es su gran antena. Sin duda, es la estructura predominante en la nave. La antena de comunicaciones de las sondas Voyager es una enorme parabólica reflectora con un diámetro de 3,66 m. Técnicamente se la llama «antena de alta ganancia» o *high gain antenna* (HGA). Dadas las enormes distancias desde las que tendrían que comunicarse estas sondas, era imprescindible usar antenas lo más grandes posibles. Esto les permitiría recibir los comandos desde la Tierra y que los datos científicos adquiridos pudieran enviarse a nuestro planeta a un ritmo relativamente elevado. Por tanto, en su diseño solo se tuvo una consideración: que su tamaño fuera el más grande que pudiera alojarse dentro de la cofia del cohete Titan IIIE. Con sus más de tres metros y medio, en su momento fue la antena rígida más grande jamás enviada al espacio.

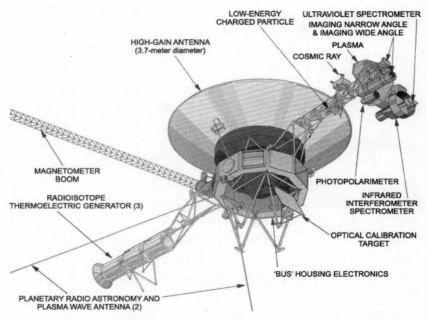

Esquema general de la sonda Voyager. Podemos ver su gran antena, el bus con la electrónica, el tanque de combustible central y los brazos con instrumentos y el generador eléctrico. Imagen: JPL/NASA

El cuerpo de la antena está hecho a partir de una lámina de aluminio con estructura hexagonal, al estilo de un panal de abeja, para aportar ligereza y robustez. Esta estructura de aluminio está cubierta en ambas caras por varias láminas de un compuesto de epoxi de grafito. Este es un material ligero, resistente y de larga duración, que podía soportar las duras condiciones del lanzamiento y las frías temperaturas en el espacio. De su zona central parten hacia el exterior seis tubos de aluminio, que sirven como soporte al llamado «subreflector». Cuando las señales llegan desde la Tierra a la antena, rebotan en la antena principal y son enviadas y concentradas en el subreflector. Ahí serán captadas por el receptor de alta ganancia de banda S. Cuando la sonda emite señales en banda X, las envía desde el emisor de alta ganancia de esa banda hacia el subreflector. De ahí serán rebotadas hacia la antena principal, desde donde se dirigirán a nuestro planeta.

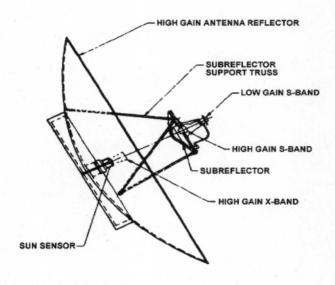

VOYAGER HIGH GAIN ANTENNA

Antena principal de la sonda Voyager, con el subreflector y los receptores de alta y baja ganancia, en bandas X y S. Imagen: JPL/NASA

Y en la parte opuesta al subreflector, mirando hacia el exterior, tenemos la antena de baja ganancia (LGA o *low gain antenna*) de la banda S. Este es un componente que permitió las comunicaciones con la Tierra en las primeras fases de la misión. En un lateral de la antena principal nos encontramos con un dispositivo conocido como «sensor solar». Este sistema posee dos ranuras donde se alojan dos sensores redundantes que son vitales para la correcta orientación de la sonda y que veremos un poco más adelante. La antena principal reposa sobre un soporte en forma de anillo circular de 1,78 m de diámetro, que va anclado al cuerpo de la nave a través de una estructura de tubos de aluminio. El peso de la antena con todas las estructuras es de 51 kg, pero llega a los 105 kg si contamos todos los componentes electrónicos de comunicaciones alojados en la sonda. El consumo de los sistemas de comunicaciones llega a los 100 W.

Aquí vemos a un técnico retirando la protección de una de las antenas de aluminio de las sondas Voyager, tras aplicarle una de las capas de epoxi. Imagen: JPL/NASA

EL BUS

Llamamos «bus» a la estructura principal de una sonda o de un satélite. Es la parte central de cualquier nave y contendrá la mayor parte de la electrónica y los subsistemas. Además, es el lugar donde se irán acoplando el resto estructuras, como las antenas, los brazos, mástiles, paneles solares o generadores eléctricos. En el caso de las sondas Voyager, nos encontramos con un bus formado por una estructura de aluminio decaédrica (con diez lados). El peso de esta estructura central ronda los 25 kg, tiene una anchura de 1,78 m entre lados opuestos (1,88 m entre los vértices de lados opuestos) y una altura de 47 cm. A cada uno de esos diez lados se le conoce como «bahía», que son los compartimentos que alojan en su interior toda la electrónica que controla la nave. Si miramos de frente a la antena principal, colocando el brazo de ciencia mirando hacia arriba y el RTG hacia abajo, la bahía n.º 1 estaría a la izquierda. El resto de las bahías están numeradas del dos al diez en el sentido de las agujas del reloj.

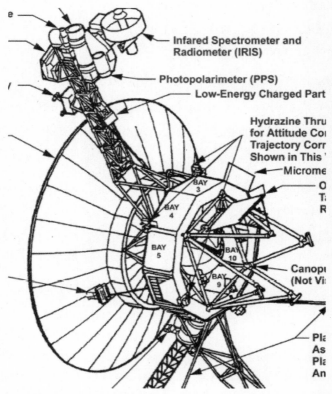

Esquema de la sonda Voyager con su bus de diez caras y con el resto de los componentes anclados a él. También podemos ver sus bahías numeradas. Mirando de frente la sonda y con el brazo con la plataforma de instrumentos hacia arriba, la bahía n.º 1 queda a la izquierda y el resto se numeran en el sentido de las agujas del reloj. Imagen: JPL/NASA

Cuatro de las bahías contienen rejillas exteriores para la regulación de la temperatura, lo que permite que el calor generado por la electrónica se pueda irradiar al exterior. Estas rejillas se abren de forma automática al subir la temperatura y se vuelven a cerrar al bajar. Todo el resto del exterior de las bahías, así como la parte superior e inferior del bus, está cubierta por materiales aislantes. Estas mantas térmicas de color negro cubren buena parte de la nave, permiten un mejor control térmico y sirven como sistema de protección contra los micrometeoritos. El conjunto de la sonda está equilibrado, colocando en un lado el mástil de ciencia y en el otro el magnetómetro junto al mástil de energía RTG. En el bus están anclados todos los componentes externos de la sonda, como son:

- La gran antena de comunicaciones (HGA-LGA).
- El brazo del generador nuclear RTG.
- El brazo de ciencia con su plataforma de escaneo.
- El mástil extensible del magnetómetro MAG.
- Las dos antenas de radio astronomía (PRA-PWS).
- El radiador con el objetivo de calibración óptico.
- El tanque de combustible.
- Dos sensores de estrellas (CST).
- Todos los conjuntos de toberas.
- Y la estructura soporte que unía la sonda (llamada «módulo de misión») con el «módulo de propulsión» (la etapa final Star 37E).

LAS BAHÍAS Y LOS SUBSISTEMAS

Tengo que reconocer que una de las cosas que más me ha costado encontrar sobre las sondas Voyager ha sido un listado del contenido de cada bahía. De hecho, apenas hay gráficos que indiquen simplemente su numeración y solo uno contiene algo de información muy básica. No hay información en los *press kits*, ni en ninguna clase de guía, ni en libros. En ninguna parte. Al final, con algunos textos sueltos y con uno de los planos de la sonda, pude descubrir los componentes electrónicos y subsistemas que contiene cada una de las bahías. *For your eyes only*, este es el listado del contenido de cada una de las bahías del bus:

- Bahía 1: Radio Frequency Subsystem (RFS). Las comunicaciones.

- Bahía 2: Data Storage System (DSS). La cinta magnética de almacenamiento de datos.

- Bahía 3: Computer Control System (CCS). El ordenador principal.

- Bahía 4: Flight Data Subsystem (FDS). El ordenador de los instrumentos.

- Bahía 5: Hybrid Programmable Attitude Control Electronic (HYPACE). El ordenador de orientación AACS.

- Bahía 6: Inertial Reference Units (DRIRU). Los giroscopios.

- Bahía 7: Power Subsystem (PWR). Gestión de la energía.

- Bahía 8: Power Supply Unit (PSU). Gestión de la energía.

- Bahía 9: Radio Frequency Subsystem (RFS). Dos subsistemas de comunicaciones.

- Bahía 10: Instrumento Magnetómetro (MAG) y Modulation Demodulation Subsystem (MDS). Instrumento y comunicaciones.

Tienes disponible el listado completo de subsistemas, componentes y dispositivos acoplados dentro y fuera de cada bahía en el apéndice 3.

EL TANQUE CENTRAL DE COMBUSTIBLE

En la parte central de la estructura del bus se encuentra un tanque esférico de titanio con un diámetro de 71 cm. Este tanque contenía al inicio de la misión unos 104 kg de hidracina, con una presión de 29 bares (unos 420 psi, una unidad anglosajona de medición de presiones, *pounds-force per square inch*). La hidracina es un líquido altamente tóxico de fórmula N_2H_4, con una densidad de 1 gr/cm^3 y un olor muy similar al amoníaco. Se usa como combustible en la mayoría de las sondas y satélites para cambiar su orientación y para realizar maniobras de corrección de trayectoria. Tiene la ventaja de ser relativamente barato, fácil de almacenar y de larga duración.

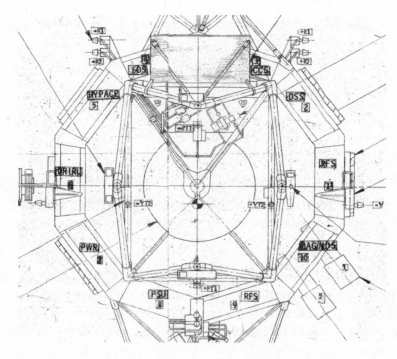

Plano de la sonda Voyager donde podemos observar, desde la parte de «abajo» de la nave, todas sus bahías numeradas y con el acrónimo de lo que contienen. Por la parte superior tendríamos el brazo de instrumentos científicos y por la parte inferior el brazo de energía RTG. Imagen: JPL/NASA

Para que la hidracina siga fluyendo por los conductos de la sonda conforme se va usando, es necesario mantener el depósito con una presión constante. El sistema usado para ello hace uso de un ingenioso método utilizado desde los inicios de la carrera espacial hasta la actualidad. Toda la hidracina está contenida dentro de una gran pelota de caucho llamada «diafragma elastomérico» instalada dentro del tanque de titanio. Esta pelota está recubierta en su interior de teflón, un material que evita la corrosión del caucho por parte de la hidracina. Para rellenar el hueco que deja el diafragma dentro del tanque y mantener la presión de hidracina constante, se usa helio a muy alta presión. Conforme se consume la hidracina, el helio va rellenando el tanque para mantener la presión lo más elevada posible, pudiendo bajar hasta un mínimo de 130 psi (unos nueve bares de presión).

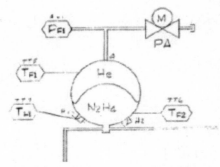

Esquema del tanque de propulsión, con la hidracina contenida en un diafragma y el helio ejerciendo presión sobre él. Imagen: JPL/NASA

Desde la parte inferior del tanque parte una tubería que va distribuyendo la hidracina por un sistema de conductos hacia el interior de la nave. De esta forma llega el combustible hasta cada una de las doce toberas de orientación y las cuatro toberas de corrección de trayectoria que posee cada sonda Voyager. Durante la fase de lanzamiento de la sonda, este tanque también proporcionaba hidracina a las toberas de control de orientación del módulo de propulsión.

LOS EJES DE GIRO DE UNA SONDA

Vamos a marearnos un poco y a dar unas cuantas volteretas. Para entender mejor cómo se trabaja con la orientación de la sonda y la función de sus toberas, lo mejor es verlo con un ejemplo. En aeronáutica, los movimientos de rotación de un avión se pueden describir mediante tres ejes que se intersecan en su centro de masas. Veamos el gráfico del avión e intentemos imaginar mentalmente sus tres ejes:

- Tenemos el eje longitudinal, que recorre el avión de la cabina a la cola. Mover el avión en ese eje haría subir un ala mientras baja la otra. Ese movimiento se llama «alabeo».

- Otro es el eje transversal, que atraviesa el avión de ala a ala. Moverse en ese eje se llama «cabeceo» y haría al avión subir o bajar el morro.

- Y por último tenemos el eje vertical, que recorre el avión de arriba hacia abajo, con un movimiento llamado «guiñada», que haría que la cola del avión se mueva hacia un lateral o hacia el otro.

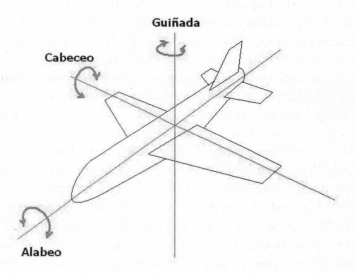

Gráfico con los tres ejes principales de un avión. Lo mismo es aplicable para cualquier nave espacial. Imagen: Wikipedia/Quirón5

Gracias a esos tres tipos de movimiento, un avión se puede desplazar y cambiar su rumbo por el aire. En el caso de una nave espacial, realizar movimientos en alguno de estos tres ejes no hace que la sonda cambie el rumbo, ya que no hay aire contra el que actuar. En su caso, provocar un movimiento en alguno de esos ejes hace que la nave se gire sobre sí misma, cambiando su orientación. Esto nos permitirá dirigir la antena a nuestro planeta, apuntar algún instrumento a su objetivo o realizar movimientos para hacer calibraciones. Debemos tener en cuenta que las sondas Voyager necesitaban tener en todo momento su antena principal apuntando hacia la Tierra. Por tanto, se hacía necesario tener la sonda muy bien estabilizada siempre en los tres ejes. Estos ejes son también conocidos como X, Y y Z, se unen en el centro de masas de la nave y sirven de referencia para conocer en qué dirección o sentido se mueve la nave a la hora de realizar una maniobra, un apuntado o una prueba.

Por convención, se le asigna el eje Z al que entra en la sonda Voyager por la parte central de su antena, atraviesa la nave por su centro y sale por la parte «inferior». La dirección -Z es aquella que apunta desde el centro de la sonda hacia afuera a través de la antena, en dirección hacia nuestro planeta y al Sol. Y la dirección +Z es la que apunta hacia el otro sentido, hacia donde están los soportes que la unían con el módulo de propulsión. Intentemos visualizarlo mentalmente con la ayuda del gráfico de la sonda que indica sus ejes. Todo movimiento en ese eje hará que la sonda gire manteniendo siempre apuntada la antena a la Tierra y se llama «giro» o «alabeo» (*roll* en inglés). Si imaginamos que nos encontramos situados delante de la antena y mirando a la Voyager, la sonda irá girando en el sentido de las agujas del reloj o en el contrario, pero siempre con la antena apuntándonos.

Algo más complicados de ver y explicar son los otros dos ejes, pero vamos a intentarlo. En el eje vertical encontramos el eje Y, que recorre a la sonda de «arriba abajo», siendo +Y hacia arriba y -Y hacia abajo. En este caso, si estamos en la misma posición de antes, al girar sobre ese eje la sonda se moverá como si nos dijera un no con la cabeza. Bueno, con la antena. Y su movimiento se conoce como «guiñada» o *yaw* en inglés. Y finalmente el eje X sería el que atravesaría la sonda de «izquierda» a «derecha». Si miramos también de frente a la sonda, hacia la izquierda iría el eje +X y hacia la derecha el -X. El movimiento en ese eje se llama «cabeceo» (*pitch* en inglés). Para visualizarlo, sería como si la sonda nos dijera un sí con la antena. Y, si esto lo hemos entendido más o menos, ya tenemos medio diploma de diseño de naves espaciales en el bolsillo.

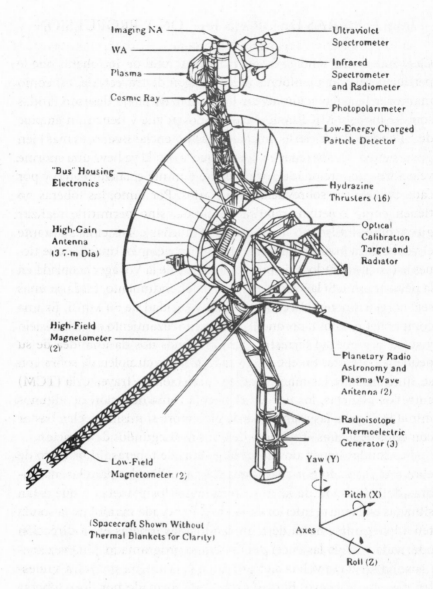

Imaging NA

WA

Plasma

Cosmic Ray

Ultraviolet
Spectrometer

Infrared
Spectrometer
and Radiometer

Photopolarimeter

Low-Energy Charged
Particle Detector

"Bus" Housing
Electronics

Hydrazine
Thrusters (16)

High-Gain
Antenna
(3 7-m Dia)

Optical
Calibration
Target and
Radiator

High-Field
Magnetometer
(2)

Planetary Radio
Astronomy and
Plasma Wave
Antenna (2)

Radioisotope
Thermoelectric
Generator (3)

Low-Field
Magnetometer (2)

Yaw (Y)

Pitch (X)

Axes

Roll (Z)

(Spacecraft Shown Without
Thermal Blankets for Clarity)

En este esquema de la sonda Voyager tenemos los tres ejes
dibujados, siendo su sentido positivo en la dirección de la flecha
y negativo en el sentido contrario. Imagen: JPL/NASA

LAS TOBERAS DE ORIENTACIÓN Y PROPULSIÓN

Cada una de las sondas Voyager tiene un total de 16 toberas que le permiten realizar maniobras de corrección de trayectoria, así como mantener la orientación adecuada o girar en el eje deseado. Todas son del modelo MR-103 de Aerojet Rocketdyne y tienen un empuje de 1,12 newtons. ¿Y eso es mucha o poca potencia? Bueno, es más bien poca, pero debemos tener en cuenta que la sonda ya lleva una enorme velocidad proporcionada por el cohete durante el lanzamiento y por cada uno de sus sobrevuelos planetarios. Por tanto, las toberas no tienen como objetivo impulsar la sonda, sino permitirle realizar giros sobre sí misma o llevar a cabo pequeñas correcciones durante el vuelo. Para poder comparar veamos un ejemplo. Imagina que tienes un coche parado y le pones una tobera de la Voyager acoplada en la parte trasera. Si la encendemos a pleno rendimiento, tardaría unas seis horas en poner el coche con una velocidad de 50 km/h. Es una comparación odiosa, porque el coche tiene rozamiento contra el suelo y sufre la gravedad terrestre, pero al menos nos da una idea de su pequeña potencia. En el espacio estas toberas cumplen de sobra con su función. Para las maniobras de corrección de trayectoria (TCM) entre los planetas, los encendidos tenían una duración de algunos minutos. Y para las maniobras de giro sobre sí misma suelen bastar con unos pequeños «soplidos» de unos milisegundos de duración.

Las sondas tienen dos grandes grupos de toberas. El primero de ellos está formado por cuatro que fueron utilizadas para las maniobras de corrección de la trayectoria entre los planetas y que están situadas en la parte inferior de la nave. Para cada maniobra, la sonda tenía que girarse hasta dejar mirando a las toberas en la dirección adecuada y luego las encendía el tiempo programado. Una vez apagadas, la sonda se volvía a girar para que la antena apuntara a nuestro planeta de nuevo. El otro grupo está formado por doce toberas distribuidas estratégicamente por la nave y alojadas en cinco soportes independientes. Cuatro de estos soportes tienen dos toberas y el quinto tiene cuatro de ellas. En cada pareja de toberas, una de ellas pertenecía al juego de toberas principal y era la que se usaba siempre durante la misión planetaria. La otra tobera de la pareja quedaba de reserva y solo se comenzaron a usar cuando las principales ya no proporcionaban la potencia necesaria.

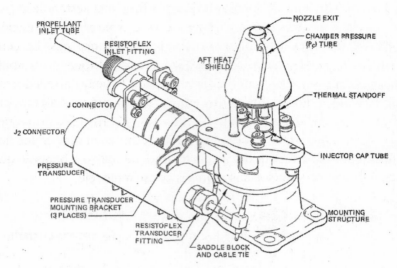

Esquema de una tobera de las Voyager. La hidracina sale
descompuesta y a altas velocidades y temperaturas por
el cono de la parte superior. Imagen: JPL/NASA

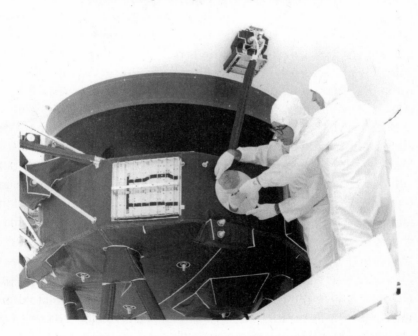

En esta imagen de la colocación del disco de oro en una de
las Voyager, podemos ver justo debajo una de las parejas de
toberas y otra en el lado izquierdo de la fotografía. En la parte
inferior de la sonda se aprecian las cuatro toberas usadas para
las correcciones de trayectoria (TCM). Imagen: JPL/NASA

Las Voyager son un tipo de sondas que funciona «estabilizada en los tres ejes». Es decir, que la nave suele estar estable en su orientación y solo se gira para determinados experimentos o pruebas. En contraste, otro tipo de sondas como las Pioneer se mantienen «estabilizadas por giro» y están continuamente dando vueltas alrededor de uno de sus ejes. Por tanto, las Voyager necesitan que sus toberas permitan esa estabilidad en cada uno de los tres ejes. Para dos de los ejes la sonda usa dos soportes de toberas que permiten el giro en los dos sentidos de cada eje. El quinto soporte contiene cuatro toberas, lo que le permite moverse en los dos sentidos de ese tercer eje.

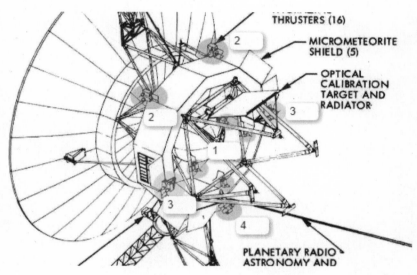

Localización de las toberas en la sonda Voyager. Podemos ver con el 1 (de color azul) las cuatro toberas para las TCM. Con el 2 (morado) están los dos grupos de toberas para el movimiento en el eje Z, con el 3 (verde) los dos grupos para el eje Y y con el 4 (naranja) el grupo para el movimiento en el eje X. Imagen: JPL/NASA

En el gráfico con la localización de las toberas, están indicados con números (y con colores, por si tienes este libro en formato digital) los distintos conjuntos que son usados en función del eje en el que nos queramos mover:

– Toberas para el eje Z. Sirven para el movimiento de giro o *roll*, en el que la sonda gira manteniendo la antena apuntada a nuestro planeta. Tenemos dos soportes de color morado (indicadas con el n.º 2) que imprimen el impulso necesario para girar alrededor de ese eje, en un sentido o en el contrario. Están situados en los laterales del anclaje del brazo de ciencia, en la parte superior del bus. Uno de ellos está entre las bahías 2 y 3 (toberas +R1 y +R2) y el otro entre las bahías 4 y 5 (toberas -R1 y -R2).

- Toberas para el eje Y. Sirven para el movimiento de guiñada o *yaw*, en el que la sonda gira como si nos dijera «no» con la cabeza. Tenemos dos soportes de color verde (n.º 3) que nos moverán en ese eje vertical. Están situados en la parte inferior de las bahías 1 (toberas -Y1 y -Y2) y la bahía 6 (toberas +Y1 y +Y2).

- Toberas para el eje X. Se usan para el movimiento de cabeceo o *pitch*, en el que la sonda gira como si nos dijera «sí» con la cabeza. Tenemos un soporte de color naranja (n.º 4) que contiene dos parejas de toberas, una para cada sentido de ese eje horizontal. Está situado en la parte inferior del bus, entre las bahías 8 y 9. Sus toberas son las +P1, +P2, -P1 y -P2.

- Toberas para las TCM. Las cuatro toberas para las maniobras de corrección de trayectoria (TCM) están en la parte inferior central de la sonda, debajo del tanque de combustible. Pegada a la bahía 1 está la +YT2, entre las bahías 3 y 4 está la -PT1, cercana de la bahía 6 está la -YT2 y entre las bahías 8 y 9 está la tobera +PT1.

CONTROL DE LA ORIENTACIÓN

¿Cómo sabe una sonda espacial que está orientada correctamente en el espacio? Aquí en la Tierra los humanos tenemos una referencia clave como es el suelo, por lo que siempre trataremos de tener nuestros pies pegados a este. Sin embargo, en el espacio las referencias desaparecen. No hay más que fijarse en la Estación Espacial, donde literalmente no tenemos un arriba o abajo, sino que cualquier orientación es posible. Y las sondas tienen un problema peor, ya que necesitan saber dónde está nuestro planeta y mantener una orientación adecuada para realizar sus tareas. De nada serviría decirle a la plataforma que se mueva 30° para hacer una fotografía, si la sonda está «mirando para otro lado». Para su orientación, las sondas Voyager usan diversos dispositivos, como el sensor solar, el sensor estelar, las toberas y los giroscopios. Todos ellos son gestionados por el módulo HYPACE que pertenece al ordenador AACS, que veremos un poco más adelante. Usando todo esto, las sondas Voyager tienen dos formas de mantener su correcta orientación en el espacio: por control giroscópico y por control celestial.

El control celestial consiste en mantener fija la orientación de la nave usando objetos celestes, como el Sol y alguna estrella brillante, que podría ser Canopus. Para lograrlo, en la antena principal de la nave (HGA) se encuentra una ranura que aloja el sensor solar. Si la sonda ha perdido su orientación, empezará a girar para encontrar sus objetos de referencia. Cuando el sensor solar detecta la intensidad de la luz de nuestra estrella, manda una señal al HYPACE, que realiza las correcciones oportunas usando las toberas necesarias. De esa forma la sonda dejará de girar, quedando su orientación fijada en sus ejes X y Y (alabeo y cabeceo). Es decir, la antena principal queda apuntando al Sol, pero de momento puede seguir girando sobre su eje Z (que atraviesa la nave desde el centro de la antena hasta el lado opuesto) y sin tener claro en qué posición debe pararse. Aquí entra en acción otro dispositivo llamado Canopus Star Tracker (CST), lo que en las naves espaciales se conoce como un «sensor de estrellas» o «seguidor de estrellas». Como la sonda gira en su eje Z, llegará un momento en el cual este sensor detectará el brillo concreto de su estrella de referencia (como Canopus). Cuando capta y verifica la magnitud del brillo, indica a la sonda que deje de girar. En ese momento, la sonda habrá conseguido fijar su orientación en los tres ejes. Si la sonda se desviaba más de lo admitido en un cierto ángulo (llamado «banda muerta»), el sistema AACS encendería las toberas adecuadas para volver a la posición correcta.

Para la Voyager 2 la estrella de referencia solía ser Canopus, pero para Voyager 1 la estrella elegida era Rigel Centaurus. Como la orientación adecuada podía cambiar en función de la fase de la misión, también se han usado otras como Alkaid o Achernar. Ambas naves llevan dos dispositivos CST (principal y reserva) situados encima de la bahía n.º 10. El uso del control celestial es el habitual durante la navegación normal de las sondas, pero en ocasiones se realizan maniobras durante las cuales se pierden estas referencias celestiales. Entonces es cuando le toca el turno al control giroscópico. Los giroscopios son dispositivos de alta precisión que permiten cambiar la orientación de una nave espacial o medir su giro. Cada sonda Voyager lleva tres giroscopios que van alojados en la bahía n.º 6 llamados Inertial Reference Units (IRU). Cada uno de los giroscopios puede controlar el movimiento en dos de los ejes de la nave:

- Giroscopio A: controla el movimiento en el eje X (alabeo) y el eje Y (guiñada).

- Giroscopio B: se encarga del eje X (alabeo) y del eje Z (giro).

- Giroscopio C: se encarga del eje Y (guiñada) y del eje Z (giro).

Trabajos en el bus de la sonda Voyager 2 el 24 de febrero de 1977. En la parte superior se aprecian los dos sensores estelares CST. Imagen: JPL/NASA

De esta manera, con solo dos giroscopios es posible controlar una Voyager en los tres ejes. Por ejemplo, con los giroscopios A y B tendremos controlados los ejes X, Y y Z, con el X de forma redundante. La sensibilidad de estos dispositivos es asombrosa, ya que permiten detectar un pequeño giro en la sonda de tan solo una diezmilésima parte de un grado. En comparación, el Sol y la Luna se mueven en el cielo 40 veces esa cantidad durante cada segundo. Su uso normalmente es puntual y por cortos periodos de tiempo, cuando no es posible obtener referencias celestiales. Los giroscopios se han usado durante la fase inicial del lanzamiento y en las maniobras de corrección de trayectoria (TCM). Durante sus misiones planetarias también se usaron en los eclipses o para realizar algunos cambios de orientación. Actualmente se siguen usando para maniobras de giro en la calibración periódica del magnetómetro.

Terminaremos esta sección con dos curiosidades sobre los sensores solares. Hasta ahora hemos dicho que la sonda busca el Sol para orientarse correctamente y mantener apuntada su antena hacia él. Pero, claro, nuestro planeta en ocasiones se encontraba un cierto ángulo a la izquierda o derecha del Sol, debido a su movimiento de traslación alrededor de nuestra estrella. Sabiendo esto, se programaron las naves para permitir un margen de error de 20° en el apuntado del sensor. De esta forma, la sonda se podría girar un poco hacia un lateral de nuestra estrella buscando la localización de nuestro planeta y conseguir de esta manera unas mejores comunicaciones. Durante los sobrevuelos de Júpiter y Saturno, las sondas estaban relativamente cerca de nuestra estrella y las oscilaciones de la Tierra a los lados del Sol eran apreciables. Conforme las sondas Voyager han ido saliendo del sistema solar, la Tierra y el Sol prácticamente se localizan en el mismo punto y estos giros hacia los laterales son ya muy pequeños.

Y la segunda curiosidad, de la que ya hemos comentado algo anteriormente. Cuando el lanzamiento de las sondas estaba cerca, John Casani se dio cuenta de que en Urano y Neptuno nuestra estrella estaría tan alejada que el sensor solar no tendría la sensibilidad necesaria para poder trabajar. De hecho, los sensores eran los mismos que los usados en las misiones Mariner hacia Marte, pero ahora viajarían decenas de veces más lejos. Eso era un problema, ya que no tenían permiso para implementar nada en las naves pensando en ir más allá de Saturno. Además, tampoco había tiempo para todo el proceso burocrático y de ingeniería para el rediseño del dispositivo. Con este panorama, se optó por añadir de forma bastante artesanal un amplificador que permitiera tener una señal lo bastante fuerte para que fuera admisible para el ordenador. Eso probablemente salvó la misión o evitó interminables problemas en Urano, Neptuno y más allá. ¡Gracias, Mr. Casani!

EL GENERADOR RTG Y EL SUBSISTEMA
DE ENERGÍA ELÉCTRICA

La duración de los vuelos hasta los planetas más lejanos se había reducido enormemente gracias al descubrimiento de las asistencias gravitatorias. Sin embargo, sin los enormes avances producidos en las comunicaciones y en la generación eléctrica, esos viajes hubieran sido completamente imposibles. De nada sirve enviar una nave hasta Saturno y más allá, si no hay antenas lo suficientemente poderosas como para habilitar las comunicaciones. Y mucho menos si no podían contar con un sistema de generación de electricidad fiable, que funcione durante años o décadas y sin depender del Sol. Nuestra estrella iba a estar increíblemente lejos durante todo el viaje, por lo que era imposible usar paneles solares, por muy grandes que fueran. Las sondas Mariner que visitaron Marte marcaban la máxima distancia en la cual un panel solar era práctico, a unos 250 millones de kilómetros del Sol. Ir más allá con ellos ya no era muy efectivo. La realidad es que, hasta hace muy pocos años, no se han podido enviar más lejos sondas que usaran paneles solares para obtener su electricidad. Entre las sondas que más se han alejado usando paneles tenemos a Rosetta, que se adentró más allá de la órbita de Marte hasta los 800 millones de kilómetros, produciendo 400 W de potencia. Otro ejemplo es la sonda Juno, enviada hasta Júpiter a 750 millones de kilómetros del Sol, que con sus tres paneles genera 435 W de potencia. Y la sonda Lucy, que visita asteroides troyanos en la órbita de Júpiter produciendo 500 W de potencia. Incluso hoy en día no es muy viable enviar paneles solares hasta Saturno, así que ni hablar de ir más allá.

Por lo tanto, desde el principio estaba muy claro que se hacía necesario contar con otra fuente de alimentación que produjera electricidad sin depender del Sol. Y esa fuente venía de la mano de la energía nuclear. Desde la década de los sesenta, los Estados Unidos y la Unión Soviética habían lanzado numerosos satélites dotados de generadores termoeléctricos de radioisótopos conocidos como RTG (Radioisotope Thermoelectric Generator). Las sondas Pioneer 10 y 11, lanzadas en 1972 y 1973, fueron las primeras en contar con un dispositivo de este tipo, portando cuatro unidades del modelo SNAP-19, que generaban 155 W en el momento del lanzamiento. Dadas las mayores necesidades energéticas en las Voyager, era necesario fabricar los mayores RTG que jamás habían volado al espacio en esa época.

Estos nuevos dispositivos fueron diseñados y construidos por la empresa General Electric en Germantown (Maryland), bajo contrato del Departamento de Energía. Con el nombre de MHW-RTG (Multi-Hundred Watt Radioisotope Thermoelectric Generators), contaban con 4,5 kg de plutonio-238 repartido en 24 esferas de 3,7 cm hechas de iridio y rellenas de PuO_2 (óxido de plutonio-238). Con un periodo de decaimiento de 88 años, su desintegración radiactiva produce calor, llegando a generar hasta 2400 W de energía térmica. Las partículas alfa generadas en la desintegración elevan la temperatura del contenedor, llegando a alcanzar en su interior los 1000 ºC y unos 300 ºC en el exterior. Allí es donde se encuentran unos dispositivos llamados «termopares» (o «pares termoeléctricos»), que están en contacto con la parte exterior más fría, lo que genera una corriente eléctrica que será la que aproveche la sonda. Este modelo lleva hasta 312 termopares construidos con una aleación de silicio y germanio (SiGe), que usan el conocido como «efecto Seebeck» para producir 157 W de energía en cada módulo.

Los termopares son unos dispositivos que fueron inventados en 1821 por el físico germano-estonio Thomas Johann Seebeck. Este físico descubrió que un metal conductor que está sujeto a un gradiente termal (a un cambio de temperatura a lo largo de su superficie) produce un voltaje. Desde mediados del siglo xx, se han venido usando en dispositivos nucleares para producir electricidad, como la «batería atómica» presentada por el presidente Eisenhower. De esta manera, almacenando una sustancia radiactiva era posible producir electricidad en cualquier lugar. El primer RTG en volar al espacio llegó el 29 de junio de 1961, cuando el satélite Transit IV-A de la Marina de Estados Unidos fue lanzado desde cabo Cañaveral. Portar estos RTG le permitía a un satélite tener una fuente de energía estable, ligera, robusta, de larga duración y sin partes móviles. Los MHW-RTG fueron probados por primera vez en el espacio en los satélites experimentales LES-8 y LES-9 de la Fuerza Aérea el 15 de marzo de 1976, tan solo un año antes del lanzamiento de las sondas Voyager. Como las Voyager iban a necesitar muchos más de esos 157 W que producía un solo MHW-RTG, se prepararon seis unidades para que cada sonda pudiera llevar tres de ellas. Esto les permitiría obtener hasta 480 W inicialmente en cada sonda. Dado su éxito, los RTG han sido usados en más de una docena de sondas espaciales:

- SNAP-19: en las Pioneer 10 y 11, así como en las Viking 1 y 2.

- MHW-RTG: en las Voyager 1 y 2.

- GPHS-RTG: en Cassini, Galileo, Ulysses y New Horizons.

- MMRTG: en los *rovers* marcianos Curiosity y Perseverance.

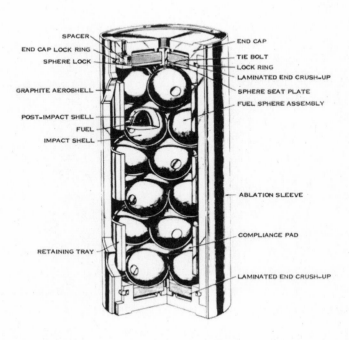

Corte transversal de un RTG, donde podemos apreciar el contenedor que aloja las 24 esferas de plutonio-238. Imagen: JPL/NASA

Los tres RTG de las Voyager están montados en un soporte de acero y titanio colocado en la parte opuesta al brazo de ciencia para evitar posibles interferencias. Una vez desplegados ambos soportes, el instrumento del brazo de ciencia más cercano a los RTG se encuentra a casi cinco metros y tiene a la propia sonda haciendo de escudo intermedio. Los instrumentos y cámaras de la plataforma de escaneo están a más de 6,5 m, por lo que tampoco era probable que se vieran afectados por la radiactividad. Cada uno de los tres RTG de las Voyager está envuelto en una carcasa externa de berilio, de 41 cm de ancho y 51 cm de altura, con un peso total de 39 kg incluyendo el material radiactivo. Toda la energía producida en los tres RTG es redirigida hacia el Power Subsystem (PWR), el subsistema de energía, para convertirla en electricidad con los voltajes deseados y para ser distribuida por cada uno de los subsistemas e instrumentos de la sonda.

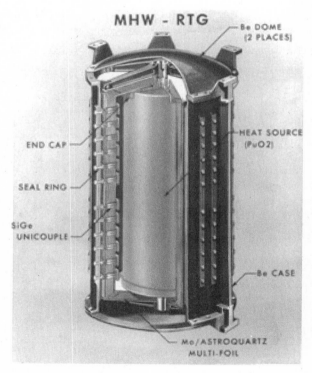

Corte transversal del MHW-RTG, donde vemos el contenedor de plutonio y en su exterior los termopares de SiGe que producen la electricidad. Imagen: JPL/NASA

Ya que el plutonio está constantemente decayendo y los termopares se van degradando con el paso de los años, la energía disponible en la sonda ha ido disminuyendo con cada año que ha transcurrido desde el lanzamiento. Por este motivo, se lanzaron con algo más de energía de la requerida inicialmente, de forma que cuando llegaran a Júpiter y Saturno las sondas tuvieran energía de sobra para funcionar. Incluso los RTG de la Voyager 2 fueron cargados discretamente con más combustible nuclear para que pudiera funcionar sin problemas en el caso de que la misión fuera ampliada a Urano y Neptuno.

Por seguridad, los RTG son los últimos componentes que se instalaron en la nave, justo unos días antes del lanzamiento con el cohete y la sonda ya preparadas. Los RTG permanecen desactivados todo el tiempo y justo un minuto después del lanzamiento se inicia su activación. En ese momento, un pequeño contenedor expulsa un gas inerte, el cual servirá para evitar la oxidación de los componentes más calientes del RTG. Durante las siguientes ocho horas, el generador va aumentando su temperatura hasta quedar plenamente operativo y produciendo electricidad. Desde su activación, los RTG han perdido durante sus primeras décadas unos 7 W de potencia anuales y en la actualidad pierden entre 3 y 4 W por año.

Fase de la misión	Potencia necesaria para funcionar en esa fase	Potencia real disponible en esa fase
Lanzamiento (1977)	235-265 W	470 W
Crucero a Júpiter (1977-79)	320-365 W	456 W
Encuentros con Júpiter (1979)	384-401 W	448 W
Encuentros con Saturno (1980-81)	377-382 W	429 W
Encuentro con Urano (1986)	365 W	397 W
Encuentro con Neptuno (1989)	365 W	372 W

En esta tabla vemos la energía que era necesaria para cada fase de la misión. Como vemos, los RTG de Voyager 2 se diseñaron para que llegaran con cierto margen al sobrevuelo de Neptuno. Tabla: elaboración propia

¿Qué ocurre con la electricidad producida en los RTG? De los tres generadores RTG llega a la sonda una corriente continua (DC), que ya puede ser usada directamente en diversos componentes como los calentadores, el subsistema de radio, giroscopios, válvulas de combustible y algunos de los instrumentos. Con un inversor (también llamado «convertidor»), parte de la energía eléctrica se convierte en corriente alterna (AC). La nave lleva dos inversores de 2,4 KHz con una precisión del 0,004 %, uno principal y el otro de reserva. En caso de que falle el principal, al cabo de 1,5 segundos la corriente pasa automáticamente a través del inversor de reserva, sin posibilidad de revertir de nuevo el inversor. Para que la corriente sea estable, existe un regulador de voltaje que proporciona 30 V de corriente continua en todo momento. Esta corriente a 30 V es la que se suministra a los inversores para su conversión a alterna. Una vez convertida, se distribuye por la nave a través de diversos relés de potencia, todo ello controlado por el ordenador de la sonda. La mayoría de estos componentes se encuentran alojados en las bahías 7 y 8. Debido a que la producción de energía es continua y sin interrupciones, las sondas Voyager no llevan ningún tipo de baterías.

¿Y cuánta energía consume la sonda? Una sonda Voyager con solo los sistemas mínimos encendidos consume unos 200 W, contando los ordenadores, memorias, calentadores básicos, sistemas de orientación, comunicación y de gestión de energía. Todos esos componentes son los mínimos necesarios para mantenerlas encendidas. También hay que contar los 100 W que consumen los instrumentos científicos en su conjunto. Otros componentes que consumen energía son los numerosos calentadores, la grabadora de datos y los motores del brazo de ciencia. Además, en cada momento la sonda debe tener un margen de energía sobrante para no tener imprevistos, que estaba fijado en 12 W. Esto es más que suficiente para soportar pequeños cambios en la potencia disponible, sobrecargas o fallos de cálculo en los consumos. En la actualidad, ese margen es de unos 2 W.

SISTEMAS DE CONTROL DE LA TEMPERATURA

Siendo las Voyager unas sondas que deben estar preparadas para viajar durante años por el exterior del sistema solar, el mayor problema térmico lo afrontaron durante la fase inicial de crucero de la misión. En las primeras semanas tras el lanzamiento y con la sonda alejándose de la Tierra, el Sol todavía calentaba con fuerza la parte de la nave expuesta a su luz. Conforme la nave se fue alejando en los primeros meses, la intensidad solar fue disminuyendo considerablemente. En Júpiter, la intensidad de la luz solar ya es solo el 4 % respecto a la presente en el entorno de la Tierra y en Saturno baja al 1 %, con temperaturas en el exterior inferiores a -160 °C. Para soportar estas condiciones, las sondas están dotadas de varios sistemas de control térmico.

AISLANTES TÉRMICOS

Para mantener unas temperaturas adecuadas en el funcionamiento de la electrónica y para evitar la congelación del combustible (la hidracina congela por debajo de 2 °C), la sonda se encuentra aislada térmicamente. Las zonas sobre las que había que mantener un especial control eran el bus en su parte inferior y superior, el exterior de las bahías y el depósito de combustible. Otras zonas que proteger eran la plataforma de los instrumentos científicos, algunos instrumentos en el brazo, los soportes que la unían con el módulo de propulsión (por sus conductos de combustible) y los soportes de las toberas. Todos ellos están recubiertos con mantas térmicas de color negro, formadas por varias capas que mantienen en el interior de la nave el calor generado por la electrónica y los calentadores. Estas mantas llevan además varias capas de *mylar* y teflón para proteger del impacto de micrometeoritos. Una capa más exterior de Kapton evita la acumulación de cargas electrostáticas en sus superficies. Se mantienen sin cubrir tanto la antena principal y sus receptores secundarios, el sensor solar y estelar, los sensores del instrumento de plasma, el radiador, el disco de oro y, por supuesto, las rejillas de control térmico.

REJILLAS

En ocasiones, el calor generado en el interior de algunas bahías debido al funcionamiento intensivo de su electrónica podría provocar un aumento indeseado de las temperaturas. Para evitarlo, cuatro de las bahías poseen unas rejillas controladas por temperatura que mantienen sus interiores en los límites térmicos adecuados. Cuando la temperatura sube más de la cuenta, estas rejillas se abren automáticamente para dejar salir el calor al exterior. Y, cuando la temperatura baja a los niveles deseados, se vuelven a cerrar automáticamente. Este movimiento viene dado por los llamados «muelles bimetálicos», que se ensanchan o encogen en función de la temperatura, sin necesidad de dispositivos electrónicos. Entre las bahías más afectadas por el exceso de calor estaba la n.º 7, que contiene los sistemas encargados de convertir los voltajes de la electricidad y que lleva una rejilla completa. También la bahía 1 tiene una rejilla completa y aloja el subsistema de radio con sus amplificadores. La bahía 5 contiene el ordenador HYPACE y tiene en el exterior media rejilla, al igual que la bahía 2, que contiene la grabadora DTR y las memorias. Además, en la plataforma de escaneo de los instrumentos se encuentran varias minirrejillas en el instrumento de rayos cósmicos y otra cerca de los objetivos de las cámaras.

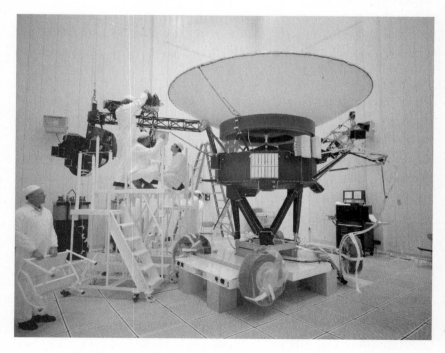

Los técnicos trabajan en la sonda Voyager 2 el 23 de marzo de 1977. Se pueden apreciar las mantas térmicas que recubren la sonda y la rejilla de la bahía 1. Imagen: JPL/NASA

CALENTADORES

Uno de los mayores problemas de estas sondas ha sido el descenso de las temperaturas conforme los años han ido pasando. Algunas zonas se han mantenido calientes gracias al calor generado por los instrumentos y los sistemas electrónicos. Pero otras zonas necesitan un calor extra para no congelarse. Para ello, distribuidos a lo largo de toda la sonda se encuentran decenas de calentadores. Estos dispositivos son pequeñas resistencias de unos pocos vatios que generan el calor necesario para evitar la congelación de los conductos de hidracina o de los sensores de algún instrumento. Además, hay pequeños calentadores de radioisótopos que generan 1 W de energía térmica en los sensores del magnetómetro y en el sensor solar. Durante las fases de encuentros planetarios, todos los calentadores han estado operativos. Sin embargo, en la fase interestelar muchos han sido desconectados por falta de energía, lo que pone en riesgo muchos de los instrumentos y sistemas de la nave.

RADIADOR

Si el calor generado por el funcionamiento de la nave era excesivo, podría provocar enormes problemas en la electrónica. Para evitarlo, en un lateral de las estructuras que unían la sonda con el módulo de propulsión, se encuentra un radiador que permite expulsar el calor sobrante hacia el vacío del espacio. El radiador es una placa cuadrada de 36 cm de lado que además, dada su posición, sirve de objetivo de calibración para los instrumentos científicos y cámaras del brazo. Durante la misión principal, cada vez que había que calibrar las cámaras, la plataforma del brazo se giraba para que los instrumentos apuntaran al radiador.

LOS ORDENADORES DE LAS VOYAGER

Algo que tenían muy claro los diseñadores de las sondas Voyager era que los ordenadores de las naves debían ser especiales. Hasta entonces, los ordenadores primitivos de las primeras sondas se limitaban a reproducir los comandos que tenían almacenados en su memoria. O las más avanzadas recibían el comando y lo enviaban al instrumento o sistema correspondiente y devolvían a la Tierra los resultados. Sin embargo, las sondas Voyager iban a ser dos naves que se iban a alejar mucho más de nuestro planeta que cualquier otra en la historia. Los fallos tardarían horas en ser detectados, debido al tiempo necesario para que las señales de aviso llegaran a nuestro planeta. Si la nave sufría un incidente, la señal indicando que había un problema tardaría muchas horas en llegar. Además, había que sumar el tiempo necesario para analizar los datos y buscar una solución en el control de misión. Y, para terminar, harían falta más horas para que los nuevos comandos realizaran el viaje hasta la sonda. Para entonces podría ser demasiado tarde, sobre todo si el problema surgía durante un sobrevuelo planetario. Cuando la solución llegara a la nave, el planeta ya habría sido sobrepasado y se habría perdido una oportunidad única para adquirir los datos.

Por tanto, los ordenadores deberían tener cierta autonomía para identificar y resolver los problemas por sí solos. No tanta como se propuso para las sondas TOPS y su sistema STAR, pero desde luego mucho mejor que lo disponible en aquella época. Hoy en día, el hecho de que los ordenadores de las sondas sean redundantes y tengan ciertas capacidades autónomas es algo rutinario. Pero aquí estamos hablando de tecnología de principios de los años setenta, de hace más de 50 años. Así que era necesario implementar un sistema nuevo, sofisticado, autónomo y fiable. Todo ello con un presupuesto muy limitado y con la tecnología disponible en la época. Para encontrar una solución el equipo tiró de ingenio y de recursos informáticos, que permitieran cierta independencia y tranquilidad en una misión. Entre otros elementos se implementaron sistemas de protección contra fallos, componentes redundantes y se realizaría una computación distribuida. De esta manera, la sonda se podría ocupar de los primeros instantes de un problema, estarían disponibles dispositivos de reserva y se trabajaría con varios ordenadores con las tareas repartidas, en lugar de sobrecargar a uno solo con todo el trabajo. En el diseño final de las Voyager se implementaron tres subsistemas completos, con un total de tres ordenadores redundantes, que debían repartirse todas las tareas de control y mantenimiento de la nave. Estos ordenadores son:

- Computer Command Subsystem (CCS), que hace las funciones de ordenador central de la sonda y se encarga de controlarlo todo.

- Attitude and Articulation Control Subsystem (AACS), que se encarga de la correcta orientación de la sonda y de los instrumentos en todo momento.

- Flight Data Subsystem (FDS), encargado de gestionar los instrumentos científicos y todos los datos adquiridos.

Aunque sus nombres no son bonitos, ellos no tienen la culpa, así que vamos a ver cuál es la tarea de cada uno y cómo trabajaban perfectamente coordinados, así como las memorias y «procesadores» de los que disponían.

COMPUTER COMMAND SUBSYSTEM (CCS)

El CCS es el ordenador central de la nave y, para ahorrar costes, es el mismo que se usó en las misiones Viking. Está compuesto por dos sistemas idénticos, uno que realiza la tarea principal de control de la nave, mientras que el otro se mantiene como reserva. ¿Y de qué se encarga más concretamente el CCS? Una de sus funciones principales es la de recibir a través de la antena principal todos los comandos que son enviados desde la Tierra y guardarlos en las memorias. Cada comando recibido posee un código, que indica la hora en la que debe ser ejecutado y por quién. El reloj interno de la nave le indica al CCS en qué instante debe ejecutar cada comando, para redirigirlo al ordenador AACS o al FDS, que se encargarán de gestionarlo. Así, por ejemplo, los comandos encargados de la adquisición de datos científicos por los instrumentos serán enviados al ordenador FDS. Y este ordenador se encargará de enviar el comando al instrumento científico que corresponda para que adquiera los datos solicitados. Si se reciben comandos para reorientar la sonda, estos serán enviados al ordenador AACS, que lo procesará para activar las toberas o los giroscopios en el momento adecuado.

Otra de las funciones del CCS es controlar que todo esté bien, así, en general. Este ordenador recibe una señal cada dos segundos procedente de los ordenadores FDS y AACS, que deben indicar si están bien o si hay algún problema en ellos. Este *heartbeat* o «latido» indica al CCS que todo va bien. Entre latido y latido, el FDS y el AACS realizan sus propias comprobaciones internas de sus componentes. Si en algún momento encuentran algún fallo, no enviarán el latido correspondiente, lo que pondrá en alerta al CCS. Si pasados diez segundos no recibe un nuevo latido, desactivará ese ordenador y encenderá la unidad de reserva. Esta es una tarea que se hace 30 veces cada minuto o 1800 veces cada hora o 43.200 veces cada día desde hace más de 45 años. Para ello, usa un programa que está almacenado en su memoria llamado FPA (Fault Protection Algorithms). Este algoritmo de protección contra fallos es el que proporciona una cierta autonomía de funcionamiento y autorreparación a la sonda. Su función es tan importante que ocupa algo más del 20 % de toda la memoria del CCS. El programa tiene siete rutinas, que en caso de detectar un fallo pueden poner a la sonda en pocos segundos en una especie de «modo seguro». En este modo de funcionamiento, la sonda deja operativos solo los sistemas esenciales y procura mantener la antena orientada hacia la Tierra. Después, desconecta todo aquello que no sea necesario para evitar mayores daños y queda a la espera de instrucciones desde la Tierra.

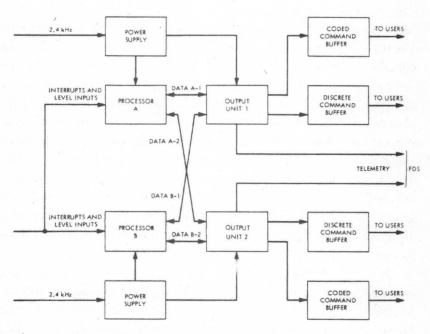

Esquema de funcionamiento del ordenador CCS de las sondas Voyager y Viking. Imagen: JPL/NASA

Para operaciones y maniobras más delicadas, como puede ser el encendido de las toberas para hacer alguna maniobra, las precauciones son mayores. En esos casos, la sonda usa sus dos ordenadores CCS en paralelo, con los dos enviando las mismas órdenes en el mismo momento. De esta manera, una tobera solo se enciende si recibe la orden de encendido desde los dos ordenadores a la vez. Si el comando de encendido viene solo de uno de ellos, la tobera no se llegará a encender. Y el proceso de apagado es similar. Transcurrido un cierto tiempo desde la ignición, los dos ordenadores mandan la misma señal de apagado y solo entonces la tobera se desconectará.

La memoria

Vamos con un tema que hoy día nos parece increíble. ¿De qué cantidad de memoria disponen las Voyager y el CCS para poder realizar sus funciones? Porque, con todos los componentes que tiene una sonda y los complejos instrumentos, podríamos imaginar que tiene unos potentes ordenadores con grandes memorias. Pues ni de coña. Pensemos que estamos hablando de una sonda diseñada a comienzos de los años setenta, cuando no había nada parecido a ordenadores personales y un computador tenía el tamaño de una casa. Así que no llevan nada comparable con lo que vemos en la actualidad, ni siquiera con lo que hemos tenido disponible en las últimas décadas.

Por ejemplo, el CCS tiene dos memorias redundantes, con una capacidad cada una de 4096 «palabras» (*words*). Aclaremos esto un poco. Solo un poco, no te asustes. En informática se conoce como «palabra» a un grupo de bits (ceros y unos) que pueden ser manejados de forma conjunta en un ordenador. Por tanto, la «palabra» nos indica el número de bits que debemos pasar a un ordenador para que los vaya «digiriendo». En el caso de las sondas Voyager, sus palabras tenían una longitud de 18 bits, lo que quiere decir que estaban formadas por cadenas de 18 ceros y unos (ej.: 100111011001001101). Por tanto, la memoria principal del CCS tiene una capacidad de 73.728 bits, es decir, de unos 9,2 kB (kilobytes) cada una. O lo que hace un total de 18,4 kB contando la memoria de reserva. Por ponernos en contexto, cualquier imagen bajada de una web a tu ordenador puede ocupar varios cientos de kilobytes. Con 18,4 kB tal vez podríamos bajar un icono o miniatura muy básica. Si tu ordenador o teléfono móvil tiene una memoria de 8 GB (gigabytes), eso significa que posee una memoria casi un millón de veces superior a la instalada en el CCS de las Voyager. De hecho, cualquier mando a distancia de una cochera o de un pequeño juguete electrónico para bebés ya posee cientos o miles de veces la capacidad de las sondas Voyager.

Entonces, ¿cómo funcionaban con tan poca memoria? Tengamos en cuenta que esa memoria solo se encarga de almacenar comandos con órdenes muy concretas, con cosas como «A tal hora, dile a la cámara tal que apunte a este sitio y tome una imagen durante medio segundo» o «Mueve la plataforma 54º a la izquierda y 30º hacia abajo». Eso traducido en el lenguaje usado por las naves permite enviar cientos de comandos para cada sobrevuelo en muy poco espacio. Y, además, una vez realizada su función serán borrados para dejar sitio a los nuevos comandos que llegarán a la nave. Cada comando en cada memoria tenía una vida muy corta y se han reconfigurado y recargado en decenas de ocasiones. De todas formas, es evidente que la falta de espacio ha sido un problema durante toda la misión y uno de los mayores retos de los programadores. A veces se hacía muy complicado poder meter toda la cantidad de instrucciones necesarias en tan poco espacio. Por ejemplo, en el momento del lanzamiento solo quedaban dos palabras libres en la memoria, lo suficiente para un comando más.

Las memorias del CCS de la Viking, mientras eran sometidas a pruebas de vibración. Unas iguales se usaron posteriormente para las Voyager. Imagen: JPL/NASA

Aunque el FDS y el AACS tenían sus propias memorias redundantes, todas eran controladas por el CCS, sumando en total 69,6 kB de memoria para los tres ordenadores, incluyendo las memorias originales y las de reserva. Eso es el equivalente a una foto de mala calidad de cualquier página web actual. Con esa imagen ya llenarías todas las memorias de las sondas Voyager. Más adelante veremos cómo se gestionaban las fotografías que adquirían las sondas en los planetas y sus lunas, pero, como imaginarás, no se almacenaban en esas memorias.

Tras ver esto, otra cosa es evidente. Las naves no podían llevar programado todo lo que tenían que hacer durante la misión, sino que prácticamente vivían con los comandos necesarios para las siguientes semanas. Cada poco tiempo se les volvía a enviar otra tanda de comandos, para que pudieran realizar sus nuevas tareas, ya fuera durante un sobrevuelo o para descargar los datos almacenados. Para optimizar el trabajo, en cada memoria de la nave algo más de la mitad del espacio (2800 palabras) se reservaban para comandos que siempre se tendrían que usar de forma repetitiva. Los comandos para activar o desactivar instrumentos, comprobaciones de estado, puesta en marcha o parada de comunicaciones y similares siempre estaban disponibles. Y el resto de la memoria (unas 1290 palabras) se llenaba periódicamente con los nuevos envíos de comandos llamados *CCS loads* (o «cargas del CCS»). Todos los comandos están preparados en concreto para cada evento, para cada foto o para cada giro de la nave o su plataforma científica. Como curiosidad, las cargas de comandos para la sonda Voyager 1 siempre estaban identificadas con una letra «A» y para la Voyager 2 con la letra «B» como primer carácter de su nombre.

La velocidad de procesamiento

Si te has fijado, hasta ahora no hemos hablado de los «procesadores» de estos ordenadores. Y eso es básicamente porque no existían cuando se construyeron las sondas Voyager. Sus «procesadores» eran circuitos electrónicos con transistores que hacían todas las operaciones aritméticas necesarias para el funcionamiento de la nave, con base en la velocidad de su «reloj» principal, que era básicamente un contador que funcionaba en una cierta frecuencia. Su velocidad era de 4 MHz, pero el reloj del ordenador corría a tan solo 250 KHz.

Esto provocaba que una instrucción tardara unos 80 microsegundos en ejecutarse, lo que permitía una velocidad de procesado que rondaba las 8000 instrucciones (ciclos) por segundo. Increíblemente lentos si los comparamos con los procesadores actuales, que permiten muchos miles de millones de operaciones por segundo, pero mucho mejor que todas las sondas anteriores.

ATTITUDE AND ARTICULATION CONTROL SUBSYSTEM (AACS)

Es el subsistema encargado de mantener la orientación correcta de la sonda en el espacio, así como del guiado y apuntado de sus instrumentos. Es decir, que gestiona todo lo que tenga que ver con movimientos en la nave, ya sean giros, el uso de las toberas o movimientos de la plataforma de instrumentos. Cuando llega a la sonda un comando de este tipo, el CCS lo pasa a la memoria del AACS, quien se encargará de ejecutarlo cuando llegue el momento adecuado. Como ordenador principal del AACS se encuentra un dispositivo llamado HYPACE (Hybrid Programmable Attitude Control Electronics). Este componente fue desarrollado por la Office of Aeronautics and Space Technology de la NASA en 1972 y se implementó por primera vez en las sondas Voyager. HYPACE está formado por dos procesadores redundantes apoyados por dos memorias de 4096 palabras (4 kB) y 18 bits cada una, iguales que las usadas en los aterrizadores Viking en Marte. Como novedad, este dispositivo se basa en la llamada TTL (*transistor-transistor logic*), con circuitos integrados de media escala. Esto da como resultado un procesador bastante rápido para la época, con un ciclo cada 28 microsegundos. Parte de la memoria de HYPACE tiene almacenados algunos comandos especiales que sirven para gestionar la salud del AACS. Por ejemplo, el comando de HYPACE que se encargaba de realizar los «latidos» del AACS se conocía como *power code 37*. Y, en caso de detectarse un desastre total en el sistema, se enviaba al CCS una orden conocida como *power code 66*, también llamada *the omen* («el presagio»). Si recibía esta señal, el CCS debía guardar inmediatamente en la cinta de datos toda la información disponible en las memorias, llamada *disaster parameters*. De esta forma, los datos podrían ser enviados a la Tierra y los técnicos tendrían toda la información sobre lo sucedido.

Como curiosidad, la etapa STAR 37E que envió las Voyager hacia Júpiter no tenía un ordenador o un sistema de control de orientación propio, por lo que la sonda Voyager fue la encargada de gestionarlo. El control en tiempo real de la orientación de esta etapa era un proceso que necesitaba mucha velocidad de procesamiento. Pero, como ni HYPACE, ni CCS por sí solos tenían esa capacidad, las operaciones fueron compartidas entre ambos dispositivos durante el tiempo que duró el encendido del motor.

FLIGHT DATA SUBSYSTEM (FDS)

Es el ordenador que se encarga de gestionar todo aquello relacionado con los datos que se recogen o generan en la nave. Estos pueden ser los datos científicos adquiridos por los instrumentos, o bien los datos de la telemetría generada por los sensores y sistemas de la sonda, que indican su estado. Por tanto, una de sus funciones principales es la de recibir los comandos procedentes del CCS que van a ir a los instrumentos o a los sistemas de la nave. Tras recibir el comando, realiza la acción solicitada con el instrumento o con el subsistema indicado. Además, se ocupa de procesar todos los datos producidos por los instrumentos y los sensores, para redirigirlos hacia el CCS, que será el encargado de enviarlos hacia el sistema de comunicaciones, que a su vez los mandará hacia la Tierra.

Las Voyager tenían una gran cantidad de instrumentos que generaban un alto volumen de datos. Y además las fotos tenían una mayor calidad en comparación con otras misiones anteriores. Por tanto, las sondas necesitaban un sistema que funcionara más rápido y con una mayor tasa de procesamiento de bits que el CCS, ya que los datos científicos y las imágenes se tendrían que enviar casi siempre «en directo» hacia la Tierra, conforme se iban recogiendo. Así que el FDS fue diseñado desde cero para cumplir con los requisitos de esta misión, tanto de velocidad de procesamiento como de entrada y salida. El FDS tenía su propia memoria, formada por dos módulos CMOS de 8198 palabras (8 kB) de 16 bits, pero que eran gestionados por el CCS. Allí se almacenaban de forma permanente los comandos que las cámaras y otros instrumentos necesitan de forma rutinaria para funcionar, como el uso de filtros, tiempo de exposición, encendidos, apagados, etc.

El ordenador FDS de las Voyager. Imagen: JPL/NASA

Para poder gestionar sus datos, el FDS posee dos «procesadores», uno principal y otro de reserva. Sin embargo, se solían usar a la vez durante los sobrevuelos, ya que las necesidades de procesamiento de datos eran mayores que en otras fases de la misión. Para estos momentos, se ponía en marcha la rutina llamada *dual processor mode*. En este modo, el procesador principal se encarga de gestionar los datos científicos adquiridos por todos los instrumentos de la nave, excepto las imágenes de las cámaras ISS. Estas fotografías eran gestionadas directamente por el procesador secundario, para liberar de trabajo al principal. En caso de que uno de ellos fallara, el otro automáticamente se encargaría de realizar todo el trabajo, aunque a un menor ritmo. Para funcionar, el FDS necesita 14 W y tiene un peso total de 16,3 kg. Cada procesador consume tan solo 0,33 W y funciona con un voltaje de 10 V. Su velocidad de cálculo es de unas 80.000 palabras por segundo, unas 25.000 veces más lento que cualquier procesador de un teléfono móvil de gama media. La velocidad de entrada y salida de datos en el subsistema llegaba a los 115.000 bits/s.

La interconexión entre los tres ordenadores

El diseño de las sondas se encontró con un problema, tal vez el más complejo de todos. Hasta la fecha, todas las sondas enviadas al espacio contaban con un solo ordenador. Pero ahora las Voyager tendrían tres ordenadores independientes y aún no se había desarrollado ningún sistema estándar de comunicación entre ellos. Simplemente, nunca había hecho falta y no había una forma establecida de realizar la comunicación ni con *hardware*, ni con *software* de comunicaciones. Por tanto, el equipo de la misión tuvo que diseñar todo el sistema de interfaces de entradas y salidas, cableados y circuitos, así como los comandos para enviar y recibir órdenes. Y parece que no salió nada mal para ser la primera vez, ya que siguen funcionando en la actualidad.

LA CINTA GRABADORA

Una cosa que muchos astrotrastornados no saben es que casi toda la información y las imágenes obtenidas por las sondas Voyager se enviaban a la Tierra en directo, sin almacenar nada en la nave. Con eso corres un gran riesgo, ya que puedes perder los datos para siempre si las comunicaciones se interrumpían por un fallo o por una tormenta. ¿Y por qué hacían esto? Pues porque no había otra opción. Las capacidades de almacenamiento eran tan limitadas y tan lentas que lo mejor era enviar todo mientras se recogía. Cada foto y cada dato de todos los instrumentos se procesaba y la antena los enviaba a la Tierra usando la mayor velocidad disponible en ese momento. Sin embargo, en determinadas ocasiones las Voyager guardaban todos los datos adquiridos en la propia nave. Esto ocurría en situaciones como en los periodos de eclipses planetarios, en las maniobras de la nave o cuando la cantidad de datos adquiridos superaba a la capacidad de envío de la antena. El subsistema encargado de gestionar los datos y almacenarlos se conoce como Data Storage Subsystem (DSS), cuyo dispositivo principal es el Digital Tape Recorder (DTR), fabricado por la compañía Odetics. El DTR es un componente que contiene una cinta magnética que graba los datos de la sonda, ya sean fotos, telemetría o información del resto de instrumentos. Vamos, como las cintas de casete de antes, pero más profesionales, al estilo de las usadas en los estudios de grabación. Para su funcionamiento, un pequeño motor mueve una correa de transmisión que hace girar la cinta de una anchura de 1,3 cm y una longitud total de 328 m. La cinta posee ocho pistas independientes, pero solo se pueden leer o grabar en ellas de una en una. Cada pista podía almacenar hasta doce fotografías, por lo que el dispositivo tenía una capacidad teórica máxima de hasta 100 imágenes. Y eso era si no se grababa información de ningún otro instrumento, algo que casi nunca pasaba. La capacidad total en formato digital de la cinta es de unos 536 millones de bits, lo que son aproximadamente 64 MB. Si el disco duro de tu viejo ordenador tiene una capacidad de 500 GB, esto significa que puede almacenar lo mismo que unas 8000 sondas Voyager.

Grabadora DTR de las sondas Voyager. Imagen: JPL/NASA

El DTR podía funcionar a tres velocidades distintas, medidas por la cantidad de bits que podía leer o grabar por segundo. Se podían grabar datos a alta velocidad (115,2 Kbps), para los momentos en los que se recibían las imágenes de las cámaras. También se podían leer a media velocidad (21,6 Kbps) para su envío a la Tierra. Y también podía grabar y leer simultáneamente a baja velocidad (7,2 Kbps). Viendo estos datos, podemos intuir que el dispositivo era muy bueno grabando la información que llegaba de los instrumentos a alta velocidad, pero para leerla y transmitirla a la Tierra el ritmo era hasta cinco veces más lento (115 Kbps frente a 21 Kbps). Dada la duración de estas misiones, la cinta estaba diseñada para ser grabada y leída en numerosas ocasiones. De hecho, la empresa Odetics presumía de que el dispositivo resistiría sin problema hasta que su cinta hubiera girado hacia adelante y hacia atrás unos 4400 km, el equivalente a cruzar todos los Estados Unidos de lado a lado. Y más les valía, puesto que el DTR era de los pocos dispositivos de la nave que no tenía redundancia. Si se rompía, ya no se podría almacenar información en la nave. Por suerte, ambos dispositivos en las dos sondas no han fallado ni una sola vez y sus cintas siguen intactas, los motores giran y las cabezas lectoras siguen como el primer día. En la Voyager 2, el DTR fue desconectado hace unos años para ahorrar energía, pero en la Voyager 1 se sigue usando para enviar cada pocos meses la información almacenada del instrumento de plasma PWS.

Hablando con las sondas

Sin duda, las comunicaciones fueron uno de los mayores retos a los que se tuvieron que enfrentar los diseñadores de la misión. Nadie jamás se había comunicado con una sonda a tan larga distancia. Bueno, teníamos en ese momento a las Pioneer 10 y 11 en Júpiter y Saturno, pero la cantidad de datos que tendrían que enviar las Voyager era mucho mayor. De hecho, muchas de las técnicas e instalaciones que se iban a utilizar para comunicarse desde algunos planetas ni siquiera existían cuando las sondas fueron lanzadas. Veamos cómo los ingenieros lograron comunicarse con las Voyager y cómo los científicos recibieron sus esperados datos.

LA DEEP SPACE NETWORK (DSN)

Imaginemos que lanzamos una sonda hacia el espacio, alejándose de la Tierra a toda velocidad y aumentando su distancia cada día. Mientras tanto, nuestro planeta sigue girando sobre su eje y la antena que la sigue dejará de tener contacto con ella en algún momento. Durante las siguientes doce horas será imposible contactar con ella, hasta que el planeta haga otra media rotación y la sonda quede de nuevo en su campo de visión. Para evitar este tipo de interrupciones en las misiones interplanetarias, la NASA creó en 1963 la Deep Space Network (DSN). En ese año comenzó la instalación de antenas en tres puntos de nuestro planeta, separados de forma más o menos equidistante entre ellos. De esta manera, aunque nuestro planeta tenga la manía de girar, alguna de las antenas siempre tendrá a la vista la nave para llevar a cabo todas las comunicaciones necesarias. Esta mítica red es la encargada desde entonces del seguimiento de todas las sondas espaciales enviadas por la NASA y otras agencias al sistema solar.

A cada una de estas tres instalaciones se las conoce como Deep Space Communications Center (DSCC). Una de ellas se encuentra en Goldstone (California, Estados Unidos), otra en Canberra (Territorio de la Capital Australiana, Australia) y la tercera en Robledo de Chavela (Madrid, España). Sí, tenemos la enorme fortuna de contar con uno de estos envidiables centros de comunicaciones en España. Si tienes ocasión, no dejes de pasarte por su centro de visitantes y de admirar con la boca abierta sus gigantescas antenas. Si sufres de astrotrastorno, estar cerca de su enorme y mítica antena DSS-63 de 70 m y oír los ruidos que produce te pondrá los pelos de punta.

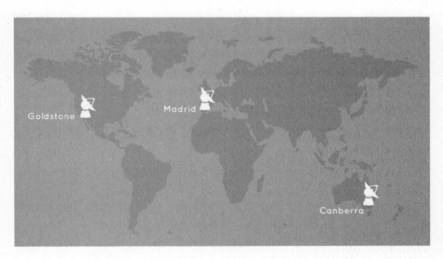

Tres complejos de antenas distribuidos por el planeta permiten un seguimiento de 24 horas de cualquier sonda. Imagen: NASA

En el momento del lanzamiento de las sondas Voyager, cada uno de los centros contaba con tres antenas: una antena principal con una parábola de 64 m de diámetro y otras dos antenas de 26 m. Estos diámetros aseguraban las comunicaciones con ambas naves en

Júpiter y Saturno, pero más allá era imposible. Las antenas de 64 m tenían transmisores de 100 kW y todas las antenas de 26 m transmitían a una potencia de 20 kW. Cada centro está gestionado por un organismo a las «órdenes» del JPL, que se encarga del personal y de gestionar la instalación y sus antenas:

- En Goldstone contaban con 280 ingenieros, técnicos y programadores trabajando en el momento del lanzamiento, pertenecientes al JPL y a la empresa Bendix Field Engineering Corporation. Gestionaban la antena DSS-14 de 64 m y las antenas DSS-12 y DSS-15 de 26 m, estando esta última preparada solo para recibir datos.

- En Canberra tenían 150 empleados que manejaban la antena DSS-43 de 64 m, así como las antenas DSS-42 y DSS-45 de 26 m, operadas por el JPL y el Australian Department of Science.

- Y en Robledo de Chavela, cerca de Madrid, un total de 200 empleados trabajaban en este complejo dirigidos por el JPL y el Instituto Nacional de Técnica Aeroespacial (INTA), controlando la antena DSS-63 de 64 m y las antenas DSS-61 y DSS-65 de 26 m.

Los últimos años de la década de los setenta fueron muy complejos para la DSN. En esa época, además de tener que dar soporte a dos nuevas misiones de espacio muy profundo, debían seguir prestando servicio a las Pioneer 10 y 11, las Viking 1 y 2 (orbitadores y aterrizadores) y en breve se sumarían las dos misiones Pioneer Venus. Y a esas sondas había que añadir una decena más de satélites y sondas científicas más cercanas en órbitas heliocéntricas. En estas últimas décadas la DSN ha crecido y se ha modernizado en numerosas ocasiones. En la actualidad, el complejo de Goldstone tiene operativa la antena DSS-14 de 70 m (ampliada en 1988) y las antenas DSS-24, DSS-25 y DSS-26 de 34 m. En Camberra opera la antena DSS-43 de 70 m (ampliada en 1987) y las antenas DSS-34, DSS-35 y DSS-36 de 34 m. Por último, en Robledo de Chavela funciona la antena DSS-63 de 70 m (ampliada en 1987) y las antenas DSS-65, DSS-54, DSS-55, DSS-56 y DSS-53 de 34 m.

MISSION CONTROL AND
COMPUTING CENTER (MCCC)

Todas las comunicaciones realizadas desde y hacia las antenas de la DSN son dirigidas en el Mission Control and Computing Center (MCCC) del JPL en Pasadena, California. Desde este centro se envían todos los comandos necesarios a las Voyager y también se reciben todos los datos que envían las dos naves. Para la transmisión de los datos, en los años setenta se usaban indistintamente varios sistemas de comunicaciones por microondas, cable o satélite, hasta las tres estaciones de comunicaciones de la DSN. En las primeras horas de la misión, también se usaban otras redes de antenas que pertenecían al Eastern Test Range de la Fuerza Aérea (AFETR) y a la Spaceflight Tracking and Data Network (STDN) de la NASA. Todo ese entramado de comunicaciones pertenecía a una red mayor llamada NASCOM, usada por la NASA para coordinar todas sus instalaciones en el mundo y gestionada por el centro espacial Goddard. Debemos tener en cuenta que estamos en una época muy anterior a la implantación de internet y entidades como la NASA debían establecer sus propias redes telefónicas y de comunicaciones.

Todas las comunicaciones realizadas entre las sondas y la Tierra durante el lanzamiento y la separación del módulo de propulsión se llevaron a cabo mediante las redes de antenas de la AFETR y la STDN. Estas redes usan antenas más pequeñas y con mayor capacidad de movimiento y seguimiento de objetos cercanos, ya que están preparadas para comunicaciones con satélites que giran en las cercanías de la Tierra. Para tener la seguridad de que las señales se iban a recibir correctamente en momentos tan delicados, la NASA preparó varios aviones del tipo ARIA (Advanced Range Instrumented Aircraft) como refuerzo. Además, el barco de comunicaciones USNS Vanguard ayudaría a captar las señales de las sondas de forma redundante. Una hora después de lanzamiento, la DSN ya se hizo cargo de las comunicaciones hasta el día de hoy.

En el momento del lanzamiento de la misión, el MCCC ocupaba dos edificios completos en el JPL. Esto incluía varias salas con ordenadores para el procesamiento de las imágenes y los datos, así como otros para su almacenamiento. En otras plantas se encontraban el laboratorio de procesamiento de imágenes, el centro de comunicaciones y la propia sala de control de la misión. Otras zonas alojaban a todos los equipos encargados de controlar diversos sistemas de las sondas, además de las comunicaciones. Entre ellos estaban los programadores, los controladores, encargados de la navegación y los distintos equipos de los instrumentos de ambas naves. En los momentos más álgidos de la misión durante los sobrevuelos de Júpiter y Saturno, llegaron a trabajar más de 350 personas en el proyecto Voyager.

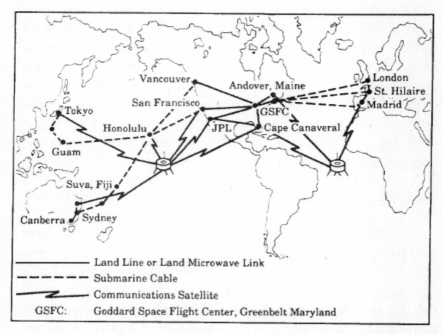

Sistema global de comunicaciones NASCOM de la NASA en los años setenta, usado tanto para misiones tripuladas como para satélites y sondas. Imagen: JPL/GSFC/NASA

PREPARADOS PARA CUALQUIER CATÁSTROFE

Las misiones de las sondas Voyager eran tan importantes que nada podía quedar al azar. Absolutamente nada. Cuando se diseñó la misión se pensó en cualquier escenario posible. Cualquier cosa que pudiera salir mal o cualquier evento catastrófico que tuviera una probabilidad mayor al 1 % de producirse era tenido en cuenta y planificado. De hecho, había especial preocupación porque se produjeran incendios en los edificios clave, fallos eléctricos o incluso terremotos durante las fechas más importantes en los sobrevuelos. Debemos tener en cuenta que el JPL está en California, por tanto, se estimaba que había una probabilidad del 2 % de que ocurriera un terremoto grave en un determinado año. Para evitar que una catástrofe afectara a las misiones, unos meses antes de los sobrevuelos de cada uno de los planetas, el JPL preparaba un fichero con el listado completo de instrucciones necesarias para ese evento. Este fichero y sus copias eran enviados físicamente a todas las estaciones de la DSN para ser usados en caso de catástrofe en el MCCC. Así, el JPL se aseguraba de que se pudiera cumplir con la misión, incluso si el propio JPL ya no existía.

PLANIFICAR, PLANIFICAR Y PLANIFICAR

El éxito de una misión interplanetaria depende mucho más del trabajo que no se ve, que del más evidente. El más evidente es la propia sonda con su antena, sus instrumentos, el sistema de energía y sus ordenadores. Toda la cacharrería que compone una sonda y de cuyo buen funcionamiento depende el éxito de una misión. Pero mucho más importante que todo eso es el trabajo previo de planificación. Cientos de personas que trabajan durante años para preparar al milímetro un sobrevuelo y que piensan en todas las cosas que pueden salir mal. Personas que coordinan los distintos equipos de los instrumentos para que todos puedan adquirir buenos datos científicos. Y las que trabajan para que esos datos puedan llegar a nuestro planeta o las que programan los comandos que activarán cada sensor y cada motor en el momento adecuado. Y, por supuesto, las que colocan a la sonda en el lugar exacto en el momento adecuado. Sin esa monumental tarea de planificación y coordinación una sonda tendría muy poco éxito. Y a eso hay que añadir otro grupo de personas que coordinan el tiempo de uso de las antenas de la DSN. Para poder enviar nuevos comandos y para realizar la descarga de datos, hay que programar los días y las horas exactas en las cuales se pueden usar las antenas. Y esa agenda hay que pasársela a los programadores para que los comandos que le indican a las Voyager cuándo deben enviar los datos contengan esa información. Un buen sobrevuelo es siempre el resultado de años de preparación y de una perfecta planificación.

¿CÓMO SE LES DICE A LAS SONDAS LO QUE TIENEN QUE HACER?

Las primeras sondas enviadas al espacio tenían ordenadores muy rudimentarios y se enviaban al espacio con muchas de las órdenes ya programadas para realizar sus tareas. Las sondas de la serie Mariner del JPL fueron las primeras que ya permitían enviar comandos a la nave para cambiar, modificar o añadir nuevas tareas. La primera sonda en hacer un uso intensivo de esta característica fue la Mariner 10, que sobrevoló Venus y posteriormente Mercurio en tres ocasiones. Esta misión fue todo un banco de pruebas para el JPL, que adquirió toda la experiencia necesaria para poder desarrollar las misiones de las sondas Viking y Voyager, entre otras.

Así que, cuando las sondas Voyager 1 y 2 fueron enviadas al espacio, no contenían toda la información necesaria para llevar a cabo su misión. De hecho, no llevaban ni los comandos necesarios para el primero de los sobrevuelos en Júpiter. Pero es que tampoco llevaban la información necesaria para trabajar durante los primeros meses de la fase de crucero. Las sondas Voyager siempre llevan en cada momento la información necesaria para funcionar unas pocas semanas o meses. Y esto se hacía así por dos motivos fundamentales. El primero y más evidente es la falta de espacio de almacenamiento en las naves, ya que, como hemos visto, sus memorias eran muy limitadas. El segundo motivo era que la mayoría de las actividades para realizar en los siguientes meses se estaban diseñando todavía. Hay que entender que muchas cosas se iban descubriendo sobre la marcha, como nuevas lunas o anillos. Incluso había que esperar a conocer con precisión la posición exacta de la sonda y el planeta. Así que cada nueva carga de datos le daba una nueva lista de tareas a cada sonda para un cierto tiempo. A veces eran tareas para algunas semanas y otras solo para unos pocos días, sobre todo durante los sobrevuelos, que eran fases más complejas. Luego, si querías que la sonda siguiera haciendo sus cositas espaciales, tenías que seguir alimentándola con nuevos comandos y nuevas cargas de información.

Planificar las operaciones de una sonda es una tarea muy compleja. Debemos saber que nuestra sonda llegará un determinado día, en una cierta hora, minuto y segundo a encontrarse con un cuerpo celeste. También tenemos que conocer el ángulo que tendrá de acercamiento a cada uno de esos cuerpos celestes. Y con eso se planificarán los ángulos de giro de las cámaras y del resto de instrumentos, que irán variando cada minuto. También tendremos que preparar el minuto y el segundo exactos en el que tendrán que realizarse las observaciones y las mediciones. Y, si ya controlamos la distancia a cada planeta o satélite en todo momento, podemos decir que ya tenemos preparado al milímetro el guion completo del sobrevuelo. Todos estos detalles los desarrollaba el llamado «equipo de la nave» (*spacecraft team*), encargado de establecer la secuencia de operaciones completa. Y eso también incluía detallar qué tobera se iba a encender, en qué momento y durante cuánto tiempo. Miles de operaciones de navegación para el mantenimiento de la propia sonda o para realizar observaciones. Un trabajazo que duraba años.

Bien, pues una vez finalizada la secuencia, ahora hay que contárselo todo a la sonda para que lo ejecute como un buen robot obediente. Y, para ello, tendremos que codificarlo en instrucciones que los ordenadores de las Voyager sean capaces de entender. Todas las operaciones detalladas eran pasadas al llamado «equipo de secuencias» (*sequence team* y *on-board software design team*), que convertía todas esas tareas en instrucciones y comandos que fueran entendibles por las sondas. Para ello usaban el lenguaje ensamblador y el lenguaje de programación Fortran 5, aunque posteriormente se hicieron en Fortran 77 y actualmente con algo del lenguaje C. Una vez preparados los comandos, el equipo de secuencias creaba las llamadas «cargas CCS» (o *CCS loads*), que contenían todo el conjunto de instrucciones que la sonda tendría que ejecutar durante las siguientes semanas. Para la sonda Voyager 1, el nombre de la carga empezaba por una «A» y para la Voyager 2 con una «B». Así teníamos cargas llamadas A205 o B921, que serían identificadas fácilmente por los ingenieros y los controladores.

Además, cada carga CCS contiene numerosos subprogramas llamados «enlaces» (*links*). Un enlace es un conjunto de instrucciones necesarias para completar una tarea, formada por dos palabras. La primera palabra indica el evento que tendrá lugar y la segunda indica el momento en el que se activará. Así, un enlace indicaría cómo obtener una fotografía durante el sobrevuelo de una luna, el encendido de una cierta tobera en un cierto instante o la calibración de algún instrumento. Cada enlace recibe un nombre, siguiendo una convención para que los ingenieros también pudieran reconocerlos al hablar de ellos. Su nombre se forma con las iniciales de los instrumentos y cuerpos celestes implicados. De esta manera, la primera letra designa el instrumento o sistema implicado y la segunda letra hace referencia al objeto que iba a estudiar, siendo cada una de estas letras específica para cada sobrevuelo. El resto de las letras o números describen brevemente la actividad que realizar. De esta manera teníamos el enlace VSZOOM para las imágenes vidicón de Saturno con alta resolución, UJAURORA para la búsqueda de auroras en Júpiter con el espectrómetro ultravioleta o RJDISK para la observación del disco del planeta Júpiter en el infrarrojo.

Tras ser revisados varias veces y probados en el ordenador de simulaciones (Capability Demonstration Laboratory), los comandos estaban casi listos. Ahora tendrían que ser transformados, para dejar de ser un código de programación y convertirse en una enorme cadena de ceros y unos. Finalmente, esa secuencia de dígitos binarios era retransmitida por los responsables de comunicaciones hacia uno de los centros de la red de antenas de la DSN. Ya en la sala de computación del centro de la DSN encargado, los datos eran modulados e «introducidos» en la señal de radio. La señal con toda la información se enviará hacia la sonda que corresponda, en la siguiente sesión de comunicaciones.

Con todo esto, es fácil imaginar que el proceso de cargar nuevos comandos se convirtió en algo muy rutinario para estas sondas. De hecho, antes de que la sonda Voyager 1 llegara a su primer encuentro en Júpiter, ya había recibido 18 cargas de comandos completas. Y estas cargas habían llevado nuevas instrucciones y además se habían reprogramado sus tres ordenadores por completo. No había llegado al primer planeta y la sonda ya era completamente distinta a la que despegó, con muchas mejoras introducidas. Durante el resto de la misión entre Saturno y Neptuno, la rutina era enviar nuevas tandas de comandos cada tres meses en las fases de crucero. Y, durante cada fase de acercamiento y encuentro planetario, se enviaban una decena de nuevas cargas. Todas estas cargas de datos eran recibidas en la nave a través de la antena principal HGA, enviadas al ordenador principal CCS y posteriormente redirigidas al FDS si se trataba de comandos para los instrumentos o al AACS si eran relativos a la orientación de la nave o de la plataforma científica. Ya solo había que esperar a obtener los datos científicos y que se enviaran sin incidencias hasta la Tierra.

¿QUÉ SON LA BANDA S Y LA BANDA X?

Cuando describimos la antena de las sondas Voyager, hablamos de que en sus comunicaciones usan algo llamado «banda S» y «banda X». ¿Qué significan? Veámoslo brevemente. Sabemos que dentro del amplio espectro electromagnético se encuentra lo que conocemos como el «rango visible», que nos permite contemplar con nuestros ojos todo lo que nos rodea. Si nos movemos en el espectro hacia regiones más energéticas nos iremos adentrando en el espectro ultravioleta, los rayos X y los rayos gamma. Pero si desde el espectro visible nos vamos hacia regiones menos energéticas nos encontramos con los infrarrojos. A continuación, estaría el amplio espectro de radio, que incluye el rango de las microondas, las frecuencias EHF, SHF, UHF, VHF y muchos otros rangos de frecuencias menores.

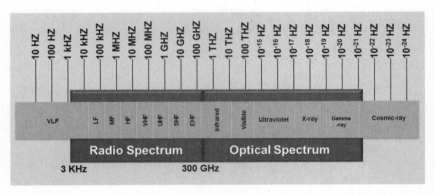

El espectro electromagnético al completo. Hacia la derecha aumentan la energía y la frecuencia mientras la longitud de onda se hace más pequeña. Imagen: NASA

Dentro de ese espectro de radio, tenemos tres rangos que nos interesan y que son:

- UHF en las frecuencias de los 0,3 GHz a los 3 GHz.
- SHF en las frecuencias de los 3 GHz a los 30 GHz.

– EHF en las frecuencias de los 30 GHz a los 300 GHz.

Para las comunicaciones por satélite alrededor de nuestro planeta y con las sondas espaciales, las mejores frecuencias son todas las que van de 1 GHz a los 40 GHz. Es decir, que ocupan parte de la UHF, toda la SHF y parte de la EHF. Esa franja especial de 1 a 40 GHz se subdivide en otras «bandas» menores llamadas L, S, C, X, Ku, K y Ka. Para nuestras sondas Voyager nos interesan solo dos:

– La banda S, que va de los 2 GHz a los 4 GHz.

– La banda X, que va en el rango de los 8 GHz a los 12 GHz.

En todas sus comunicaciones entre nuestro planeta y las sondas, se usan las frecuencias de los 2,2 GHz (dentro de la banda S) y la de los 8,4 GHz (dentro de la banda X). De ahí que hablemos de esas dos bandas, ya que tanto las antenas como los receptores y emisores están preparados para dichas frecuencias.

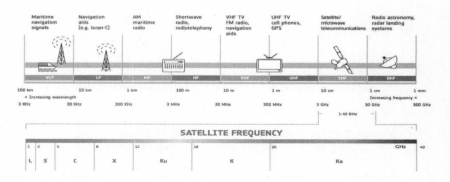

Esquema de las frecuencias de radio y sus distintas regiones y bandas. Las sondas Voyager usan en sus comunicaciones las bandas S y X. Imagen: ESA

Cada tipo de banda tiene sus propias ventajas e inconvenientes. Por ejemplo, la banda X permite el envío de una mayor cantidad de información y tiene un haz más concentrado. Pero también es más sensible a las interferencias y las pérdidas debido a las lluvias y las tormentas. La banda S envía menos información, pero permite una mejor recepción con inclemencias meteorológicas y su haz es más ancho en situaciones de pérdida de orientación. Si tienes antena parabólica en casa, lo normal es que recibas las señales del satélite a través de la banda Ku, que si te fijas está más allá de la banda X. Por tanto, permite enviar mucha información (muchos canales en HD o 4K), pero, si llueve fuerte o hay tormenta, se suele perder la señal momentáneamente. Tú te pierdes el final de un capítulo de tu serie favorita y la Voyager pierde unas fotos o parte de los datos de un instrumento.

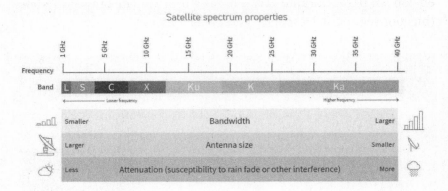

Propiedades de las bandas del espectro. A mayor frecuencia, se necesitan antenas más pequeñas, pero tienen mayor sensibilidad a las interferencias por causas meteorológicas. Imagen: ESA

¿CÓMO SE ENVÍAN LAS SEÑALES DESDE LA TIERRA Y CÓMO SE RECIBEN EN LA SONDA?

Tu emisora de radio favorita emite su programación en una cierta frecuencia, por lo que, si quieres escucharla, tienes que sintonizarla correctamente en tu receptor de radio. Pues lo mismo ocurre en el espacio, ya que las antenas de la DSN y las sondas usan, como hemos visto, unas determinadas frecuencias para comunicarse en los dos sentidos. En telecomunicaciones se usa una señal llamada «portadora» en una determinada frecuencia, para establecer la comunicación o para la navegación. A su vez, esta portadora contendrá la llamada señal «subportadora», que es la que contiene realmente toda la información con los comandos o los datos. Como todo este tema es bastante complejo, de momento sabiendo esto tenemos suficiente. Las señales se envían desde las antenas de la DSN a las sondas usando la banda S. Para la Voyager 1 se usa la frecuencia de los 2,114 GHz (2.114,676697 MHz) y para la Voyager 2 se usa la frecuencia de los 2,113 GHz (2.113,312500 MHz). Dada la gigantesca distancia a la que se encuentran ambas naves, el tamaño relativamente pequeño de sus antenas y la limitada capacidad de procesamiento de sus ordenadores, la velocidad de envío debe ser lenta. Por eso, todos los datos se envían sin parar durante varias horas a un ritmo de tan solo 16 bps (bits por segundo). Despacito y con buena letra.

Instalaciones de la DSN en Robledo de Chavela. Imagen: Pedro León.

Una vez que las señales de radio que contienen los comandos han atravesado los millones de kilómetros entre la Tierra y la sonda, serán captadas por la antena principal HGA. Allí las señales son rebotadas hacia el subreflector, donde serán captadas por receptor de radio principal en banda S. Y hay otro de reserva, por supuesto, que permanece apagado. Todo el equipamiento para la recepción y envío de señales (Communications Subsystem) se encuentra alojado en las bahías n.º 1, 9 y 10. Este receptor principal se encarga de sacar la señal subportadora que contiene los comandos del «interior» de la señal portadora principal. Luego la manda al dispositivo llamado CDU (Command Detector Unit). Como su propio nombre indica, este aparato se encarga de analizar la señal para extraer los comandos y convertirlos en un formato digital que entienda la nave. De ahí se pasan al ordenador central CCS, que se encarga de secuenciarlos correctamente y enviarlos, como ya hemos visto, al dispositivo correspondiente. Fin del viaje de ida.

Y AHORA ¿CÓMO SE ENVÍAN LOS DATOS Y LA TELEMETRÍA A LA TIERRA?

Las sondas Voyager tenían unos recursos de memoria, de capacidad de manejo de datos y de envío de información muy limitados. Por tanto, la gestión de estos recursos y su coordinación con las necesidades de cada instrumento y las presiones de sus equipos eran un enorme reto durante toda la misión. Y más, por supuesto, durante los sobrevuelos, en los que cada equipo quería prioridad total para su instrumento. El señor Ed Stone fue el gran director de orquesta de toda una jauría de científicos que querían exprimir al máximo sus instrumentos. Para cada sobrevuelo era necesaria una minuciosa preparación y eso le suponía un dolor de cabeza, ya que tenía que encajar todas las observaciones en la planificación general de la nave. El equipo de las cámaras siempre quería obtener una gran cantidad de imágenes. Eso está muy bien, pero ocuparía buena parte del tiempo de funcionamiento del ordenador FDS y de la capacidad de la grabadora DTR o del envío de datos. Pero el resto de los equipos también querían realizar sus propias mediciones durante los acercamientos y los sobrevuelos. Así que, con unos recursos tan limitados en la nave, se tenían que preparar turnos de funcionamiento, con instrumentos que no fueran muy demandantes al mismo tiempo. Ed Stone siempre escuchaba a todas las partes y valoraba el interés científico de cada observación. De esta manera, siempre se realizaba la mayor parte de las observaciones propuestas y, en caso de conflicto, se ejecutaba la de mayor interés para el conjunto de la misión.

Cuando llegaba el encuentro, una perfecta coreografía de instrumentos funcionando en orden permitía la recepción de todos los datos en directo en nuestro planeta. Por supuesto, era vital tener un cálculo muy preciso de las cantidades de datos que generaba cada instrumento en cada momento. No produce la misma cantidad de datos el magnetómetro, que un espectrómetro o que las cámaras ISS. Si la cámara estaba trabajando y enviando sus datos a nuestro planeta a través del FDS, otros instrumentos podían usar la cinta grabadora DTR para almacenar su información. La idea siempre fue exprimir al máximo los recursos disponibles en la nave. Cada dato adquirido en cada instrumento era procesado por el FDS, que lo enviaba al sistema de comunicaciones de la nave. Allí se modulaban para ser introducidos en la señal portadora, se amplificaba la señal y se enviaban por la antena HGA en banda X. Tras atravesar el vacío del espacio, eran recibidos por las antenas de la DSN en la Tierra. Fin del viaje de vuelta.

LA POTENCIA DE ENVÍO

La sonda tiene un objetivo fundamental, que es la obtención de imágenes y datos científicos con sus instrumentos. Por tanto, una operación vital es enviar toda esa información a nuestro planeta para que pueda ser analizada por los hambrientos científicos y disfrutada por toda la humanidad. La velocidad a la que una sonda puede enviar sus datos depende de tres factores: la distancia a nuestro planeta, el tamaño de las antenas (en la Tierra y en la sonda) y, por último, la potencia con la que se emite la señal desde la sonda. Contra el primer factor poco podemos hacer. Conforme la distancia de la sonda hasta la Tierra se hace mayor, la potencia de la señal disminuye. Esto está regido por la ley de la inversa del cuadrado: el doble de distancia implica la mitad de la intensidad. Por tanto, tendremos que bajar la velocidad de la comunicación para no perder los datos al aumentar el ruido de la señal. En el segundo factor sí que podemos intervenir, por lo que las sondas llevan las antenas fijas más grandes usadas hasta la fecha en una misión espacial. Como hemos visto, con un diámetro de 3,6 m tenían el máximo tamaño que era posible meter dentro de la cofia del cohete. Y, para el tercer factor, las sondas llevan unos amplificadores de alta potencia que permiten emitir la señal con más fuerza. La antena de alta ganancia HGA de las Voyager proporciona una ganancia de 47 dBi en la banda X, lo cual es equivalente a multiplicar por 50.000 los 20 W de potencia de la señal, llegando a una potencia efectiva (Equivalent Isotropically Radiated Power o EIRP) de 1 MW.

Cada Voyager lleva cuatro transmisores de radio. Dos de los transmisores trabajan en la banda S (uno principal y otro de reserva) y otros dos lo hacen en la banda X (principal y reserva). Para emitir, la sonda Voyager 1 usa en banda S la frecuencia de los 2,296 GHz (2.296,481481 MHz) y en banda X la frecuencia de los 8,420 GHz (8.420,432097 MHz). Por su parte, la Voyager 2 usa en banda S la frecuencia de los 2,295 GHz (2.295,00 MHz) y en banda X la frecuencia de los 8,415 GHz (8.415,00 MHz).

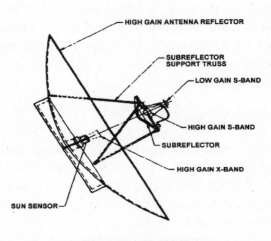

VOYAGER HIGH GAIN ANTENNA

Esquema de la antena principal de las Voyager. Imagen: JPL/NASA

Un transmisor de banda S y los dos de banda X usan unos amplificadores llamados TWTA (Traveling Wave Tube Amplifiers). En banda S el amplificador puede transmitir con una potencia de 9,4 W o 28,3 W, lo que permite un ritmo más bajo o más alto en el envío de los datos. En banda X puede emitir a 12 W o 21,3 W, también para tener un ritmo más bajo o más alto de envío de datos. Durante la fase de lanzamiento y los primeros 80 días de vuelo, las sondas usaron la antena de baja ganancia (LGA) en banda S, tanto en alta como en baja potencia, debido a la cercanía de nuestro planeta. Desde el día 81 de vuelo hasta la actualidad, siempre se ha usado la gran parabólica de la antena de alta ganancia (HGA), en banda X casi todo el tiempo. Esta banda se usó en su versión de baja potencia durante las fases de crucero y en alta potencia durante los sobrevuelos y en el envío de datos almacenados en la misión interestelar. Para ser enviados a la Tierra, todos los datos pasan por el TMU (Telemetry Modulation Unit), que prepara la señal con los datos que serán enviados a nuestro planeta en una señal subportadora.

Una vez que las sondas llegaron a Júpiter, las señales enviadas por la banda X fueron recibidas en las antenas de 64 m de la DSN. La velocidad lograda llegó a unos más que decentes 115,4 Kbps, necesarios para poder cubrir las necesidades de todos los instrumentos. Sin embargo, para los siguientes sobrevuelos, la distancia sería mucho mayor y, por tanto, las velocidades exponencialmente menores. Eso es un gran problema, ya que no se podrían obtener tantos datos como en Júpiter. Como era de esperar, el JPL tenía un plan para compensar eso y que veremos más adelante.

VELOCIDADES DE ENVÍO

Como hemos comentado, las sondas disponen de distintos «modos» para el envío de información y telemetría a la Tierra. De esta manera pueden usar el ritmo alto (*high rate*) o el ritmo bajo (*low rate*), en función de la potencia del amplificador seleccionado. En la banda S, el ritmo bajo se usaba solamente para enviar datos de ingeniería a tiempo real en los encuentros planetarios, con una velocidad de solo 40 bps. Sin embargo, la banda X podía enviar información a ritmo alto y bajo. Durante las fases de crucero, la banda X transmitía en ritmo bajo a velocidades entre los 10 y los 2560 bps para enviar los datos de los instrumentos científicos. Ya en los encuentros planetarios, se activaba el ritmo alto para mandar información a velocidades entre los 7200 y los 115.200 bps. Esto permitía enviar las imágenes en tiempo real junto al resto de datos de los instrumentos.

En la actualidad y durante toda la fase interestelar (VIM), las sondas envían sus datos de forma continua a 160 bps, usando la banda X en ritmo bajo. Cuando es necesario enviar los datos almacenados en la cinta magnética DTR, se usa la banda X en ritmo alto. Esto permite alcanzar velocidades entre los 1400 y los 7200 bps. En los últimos años, dada la gran distancia a ambas naves, las velocidades de envío son siempre de 1400 bps. Además, es necesario el uso simultáneo de varias antenas de 34 m del mismo complejo para poder captar la muy débil señal.

Table 3-2. Typical Voyager telecom configurations.

Mission phase	Transmitter power S	X	Antenna	Ranging S	X	Subcarrier freq (kHz) S	X	Link data rates and coding S (bps)	X (bps)	RFS tracking configuration
Launch	Low	Off	LGA	Off	Off	22.5	Off	1200[a]	Off	One-way
First 80 days	High	Off	LGA	Off	Off	22.5	Off	10–2560[a]	Off	Two-way coherent
Planetary cruise	Off	Low	HGA	Off	On	Off	22.5	Off	10–2560[a]	Two-way coherent
Planetary playback	Low	High	HGA	On	On	22.5	360	40[c]	7.2 k–115.2 k[b]	Two-way coherent
VIM cruise	Off	Low	HGA	Off	Off	Off	22.5	Off	160[b]	One-way
VIM playback	Off	High	HGA	Off	Off	Off	22.5	Off	1.4 k–7.2 k[b]	One-way

[a] Convolutionally coded.
[b] Convolutionally coded with Golay or Reed-Solomon.
[c] Uncoded.

Tabla con los distintos modos de operación en las comunicaciones de las Voyager en todas las fases de su misión. Imagen: JPL/NASA

DISTRIBUCIÓN Y ALMACENAMIENTO DE LOS DATOS RECIBIDOS

Todos los datos recibidos en el complejo de antenas de la DSN son enviados al JPL y grabados en el centro de control MCCC. Allí, un equipo de 55 ingenieros y técnicos trabajaban en el procesamiento, almacenamiento y distribución de los datos. Las fotografías se enviaban directamente al Multimission Image Processing Subsystem (MIPS), donde se descomprimían y se procesaban para obtener la mejor imagen posible. Estas imágenes eran posteriormente enviadas a las pantallas de la sala de control o impresas en papel fotográfico. En función de la velocidad de llegada de los datos, el tiempo de lectura para cada imagen oscilaba entre los 48 segundos (recibidas a 115,2 Kbps) y los 480 segundos (recibidas 21,6 Kbps). Los datos de todos los instrumentos se guardaban en los llamados Experiment Data Records (EDR), que contenían todos los datos científicos y de ingeniería de cada instrumento. Estos EDR eran los dispositivos con los que posteriormente trabajaban los equipos de cada instrumento para analizar los datos recibidos. Otra grabación llamada Supplementary Experiment Data Record (SEDR) contenía las mejores estimaciones de las condiciones en las cuales se obtuvieron los datos, algo necesario para comprenderlos y analizarlos. Los primeros equipos que recibían todos los datos eran los de control de misión, el de navegación y el de la nave. Todos ellos tenían prioridad y podían ver en sus pantallas los principales indicadores del estado de salud de las sondas y los datos más importantes de la telemetría.

LAS TEMIDAS INTERFERENCIAS

Cuando las sondas mandan los datos a casa, las señales pueden llegar con interferencias a las antenas de la Deep Space Network por diversos motivos. La causa más astronómica es nuestro Sol. Cuando una misión es de larga duración, la Tierra prosigue su órbita alrededor de nuestra estrella mientras la sonda se aleja. Por tanto, en algún momento nuestro planeta estará en el lado opuesto del Sol respecto a la sonda, por lo que nuestra estrella estará situada entre nosotros y nuestra querida nave. Para esos periodos, la actividad en la sonda se programa con antelación, para que las comunicaciones durante esos días sean las mínimas posibles. De esta manera, se evitan problemas que no podrían ser resueltos con celeridad debido a las malas comunicaciones. De hecho, este sistema se sigue usando para todas las misiones que están funcionando en Marte. Cuando el Sol está muy cerca del planeta rojo (visto desde la Tierra), la actividad de las misiones se reduce al mínimo e incluso durante algunos días no se realizan comunicaciones de ningún tipo.

Otra causa natural de interferencias son las tormentas eléctricas en nuestro planeta. Si durante una de las sesiones de comunicación el complejo de antenas está bajo una tormenta o una lluvia intensa, la señal se ve seriamente afectada, sobre todo en banda X. Dadas las enormes distancias, hay muchas ocasiones en las que no se puede aplazar el envío de señales hasta que pase la tormenta. Como una vez enviados los datos hacia la Tierra ya no hay vuelta atrás, si sobre la antena encargada de recibirlos se forma una tormenta, los datos pueden perderse parcial o totalmente. Por este motivo, cuando las sondas mandan datos grabados, no los borran inmediatamente de su memoria. Solo cuando en la sala de control se comprueba su perfecta recepción, se programa un comando para la siguiente sesión que le indicará a la nave que proceda a borrarlos. Por desgracia, eso es algo que no se puede hacer cuando los datos se envían «en directo» y no quedan almacenados en ningún sitio. Y, como ha ocurrido en más de una ocasión, esos datos se pierden para siempre.

Y, cómo no, la tercera posibilidad son interferencias producidas por causas humanas. Imaginemos una antena de la DSN apuntando al cielo comunicándose con una Voyager. En ese instante se cruza por delante un satélite orbitando la Tierra. Si sus señales son emitidas en una frecuencia cercana a la utilizada por la Voyager, podría provocar interferencias y perjudicar en la recepción de la señal. Tanta era la preocupación por ese problema que, durante los sobrevuelos de los planetas, la NASA informaba a la US State Office sobre las frecuencias y periodos de tiempo más críticos. Esta oficina se comunicaba con el resto de los países para que no usaran esas frecuencias en sus satélites, al menos durante ciertos periodos de tiempo, para no interferir en la señal. Sorprendentemente, todos los países con satélites operativos en esos momentos cumplieron las normas. Incluso la URSS colaboró siempre por el bien de la ciencia.

Y por último una curiosa y triste anécdota. Durante el sobrevuelo de Urano a finales de enero de 1986, el JPL solicitó a la NASA que aplazara durante unos días el lanzamiento del transbordador Challenger en su misión STS-51L. El problema era que la fase de encuentro cercano con el planeta se produciría en las mismas fechas que el despegue. Por tanto, el JPL pensaba que podrían llegar a producirse interferencias entre las señales y las demandantes comunicaciones del transbordador. El sobrevuelo de Urano estaba previsto para el 24 de enero y el lanzamiento del Challenger estaba programado inicialmente para el 20 de enero. Por tanto, durante el sobrevuelo de Urano, el Challenger ya estaría en órbita. Para sorpresa del JPL, la propuesta fue rotundamente denegada por la NASA, sobre todo debido a las presiones de la Casa Blanca. Esta era una misión con un gran interés mediático, debido a la presencia de una maestra en el transbordador, y todo el país estaba pendiente. El final de la historia ya lo conocemos todos. Por diversas causas el lanzamiento fue aplazado unos días hasta el 28 de enero. Y esa presión por lanzar a toda costa acabó con el terrible accidente del Challenger y la pérdida de la vida de sus seis astronautas y la maestra Christa McAuliffe. En ese momento, la atención de la prensa pasó instantáneamente desde el JPL en California al Kennedy Space Center en Florida. El sobrevuelo de Urano fue el menos seguido y comentado por la prensa de todo el proyecto Voyager. Las merecidas portadas para el histórico encuentro con Urano fueron sustituidas por las del trágico y evitable accidente.

CORRECCIÓN DE ERRORES Y CODIFICACIÓN DE LOS DATOS

Supongamos que enviamos unos datos desde la sonda a nuestro planeta. La señal enviada con una minúscula potencia de tan solo 21 W llegará muy debilitada y podría ser recibida en las antenas de la DSN con interferencias. Esto provocaría la pérdida de una parte de los datos y se recibirán imágenes con fallos o valores erróneos de los instrumentos científicos. Cuando esos bits en forma de ceros y unos llegan a la Tierra, ¿cómo podemos saber que realmente salieron así de la nave y algunos no han sido modificados por el camino? ¿Cómo podemos asegurar que los valores son correctos? Para evitar la pérdida de datos, o al menos para avisar de que los datos recibidos no son los originales, existen diversos métodos usados habitualmente en las comunicaciones informáticas. Estos métodos son los llamados «códigos convolucionales» y de «corrección de errores», que se usan desde hace décadas y hoy los usamos en todos nuestros dispositivos. Estos códigos usan distintos algoritmos para producir unos bits «extra» a partir de los datos originales recogidos por la sonda, que son llamados «bits» o «códigos de paridad». Si al llegar la información a nuestro planeta los datos originales no producen esos mismos bits extra, sabremos que se ha producido algún fallo en la transmisión. Pero, claro, esto tiene un coste, ya que hay que mandar muchos más bits a nuestro planeta.

Una vez que el ordenador FDS (Flight Data Subsystem) recibe los datos procedentes de los instrumentos científicos, se encarga de formatearlos y dejarlos preparados para que sean convertidos en señales de radio que se envían a la Tierra. Para mandar esa información se usa un código convolucional conocido como «algoritmo de Viterbi». Además, también se usa un sistema de codificación llamado «algoritmo de Golay», que añade 3600 bits extra por cada 3600 bits de datos científicos. Es decir, que por cada bit de información lleva otro bit que confirma su valor. Esto permite mucha seguridad en el envío, ya que estadísticamente solo se recibirán 5 bits erróneos por cada 100.000 correctos. Pero tiene el enorme problema de que estamos enviando un 100 % más de datos, el doble de bits de los necesarios.

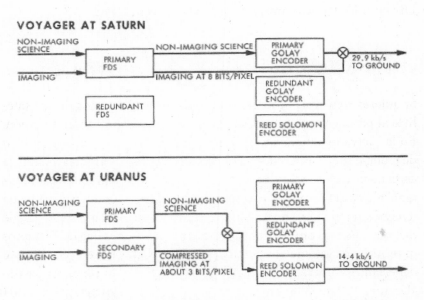

En Júpiter y Saturno, todos los datos se codificaron con el algoritmo de Golay, como vemos en la parte superior del esquema. Sin embargo, desde el encuentro con Urano, todos los datos se codificaron por Reed-Solomon, que era mucho más eficiente. Imagen: JPL/NASA

En Júpiter y Saturno la velocidad de envío de datos era alta y no había mucho problema en usar este sistema. Pero para los sobrevuelos de Urano y Neptuno eso sería un gran inconveniente, ya que la velocidad de descarga iba a ser mucho menor. Por consiguiente, era necesario implementar un nuevo sistema que enviase una menor cantidad de datos extra que el algoritmo de Golay. A este nuevo sistema se le conoce como «algoritmo de Reed-Solomon». Este algoritmo solo añade 1 bit extra por cada 5 bits de información, por lo que solo aumenta el total de datos en un 20 %. Y, además, su tasa de fallo es de solo 1 bit erróneo por cada millón de bits correctos. El problema era que, a pesar de ser muy prometedor, todavía estaba en fase experimental. Nadie lo usaba y, por tanto, las antenas de la

NASA no lo tenían implementado. Aun así, se instalaron codificadores para el algoritmo Reed-Solomon en ambas sondas, con la esperanza de que, si llegaban a Urano en 1986, se pudieran usar para poder enviar mucha más información. *Spoiler*: se usaron. Y eso que en teoría no podían llevar nada para ser usado más allá de Saturno. Otro punto para Casani y su equipo rebelde del JPL.

NAVEGANDO EN EL VACÍO DEL ESPACIO

Si quieres sobrevolar con éxito un planeta o sacar fotos de sus satélites al paso, es imprescindible saber dónde estás con total precisión. En la Tierra lo tenemos fácil. Y no hablo ahora con el uso del GPS o de Google Maps. Me refiero a que siempre tenemos alguna referencia cercana que nos indica dónde estamos, como un edificio, una montaña o una señal por la carretera. Sin embargo, en el espacio... no tenemos referencias, no hay nada. Si nos acercamos a Urano, ¿a qué distancia nos encontramos? ¿Cuánto nos queda para llegar? ¿Estamos unos miles de kilómetros por arriba o por debajo de la trayectoria que deberíamos llevar? Allí no tenemos indicadores ni señales al estilo «Urano a 120.000.000 km. Salida 467 U». ¿Os imagináis que la sonda hace toda su secuencia de fotos y luego nos damos cuenta de que había sobrepasado el planeta un rato antes? ¿O que las fotos salen parciales porque la nave no estaba donde creía estar? Por tanto, se han tenido que desarrollar distintos métodos para saber en qué lugar exacto se encuentra una nave espacial en cada momento. Las sondas Voyager contaban con un equipo de navegación que usaba todas las técnicas disponibles a su alcance para conocer con gran exactitud su lugar en el espacio en cada instante. Esta información era vital para programar con precisión las maniobras de corrección de trayectoria y sobre todo los sobrevuelos de los planetas y sus satélites.

Una manera clásica de conocer la velocidad de una sonda es usando el efecto Doppler. Recordemos que ese es el efecto que percibimos cuando un tren, una moto o un camión se acerca hacia nosotros y al sobrepasarnos cambia de forma notable la frecuencia del sonido que oímos. Pues ese mismo efecto se produce en las frecuencias de radio, respecto a un objeto que se mueve respecto a nosotros. Si una sonda emite una señal en una determinada frecuencia, pero se está alejando de nosotros a toda velocidad, la frecuencia que nos llega será un poco diferente. Se puede decir que la frecuencia que recibimos se ha desplazado un poco. Conociendo la diferencia entre ambas frecuencias, es posible averiguar su velocidad. La magia de la ciencia. Para ello usamos una técnica llamada *one-way tracking* («seguimiento en una dirección»). Con este método, el dispositivo de la Voyager conocido como USO (Ultra Stable Oscillator) emite una señal a una frecuencia conocida muy estable, durante un periodo de tiempo predeterminado. Para las Voyager, normalmente se hace en banda S a 2295 MHz o en banda X a 8418 MHz, durante un intervalo de entre un segundo y diez minutos. Mientras tanto, en la Tierra se recibe la señal y se analiza, para detectar con qué frecuencia llega. Viendo la diferencia en la frecuencia, conoceremos con precisión la velocidad a la que se aleja. Ya tenemos un dato importante, pero con esto todavía no sabemos la distancia a la que se encuentra.

Si queremos saber a qué distancia está la sonda de nosotros, existe otro método llamado *coherent two-way tracking* («seguimiento coherente en dos direcciones»), que también es usado habitualmente en las misiones espaciales. Imaginemos que se envía una señal con una frecuencia concreta hacia la sonda Voyager 1. Esta sonda recibe la señal, la analiza y la devuelve (de ahí lo de *two-way*, ida y vuelta), cambiando su frecuencia a otra muy concreta en función de la recibida (de ahí lo de *coherent*). Con esto hemos logrado dos cosas. La primera es que, al medir el tiempo de ida y vuelta de la señal, podemos saber la distancia exacta a la que se encuentra la nave en ese momento, ya que conocemos la velocidad de la luz. Por otro lado, como la sonda se aleja, la frecuencia a la que nos llega la señal será distinta a la frecuencia con la que salió de la sonda. Midiendo esa diferencia podremos saber a qué velocidad se está alejando de nosotros en ese momento. Pero no nos olvidemos de que la Tierra está girando sobre sí misma y alrededor del Sol, por lo que todos estos movimientos tendrán que ser tenidos en cuenta a la hora de hacer los cálculos más precisos.

Cuando las sondas se encuentran muy lejos de nuestro planeta, también se usa otro método llamado *three-way tracking* («seguimiento en tres direcciones»), consistente en el uso simultáneo de dos o más estaciones en la Tierra. Si sabemos que el tiempo de respuesta de la señal desde la sonda es muy largo, es probable que el complejo que envió la señal ya no pueda seguir a la sonda. Por tanto, otro complejo se hará cargo de la recepción de la señal y estará sincronizado con la antena inicial para determinar el tiempo transcurrido.

Y, por supuesto, en la propia sonda se usa la llamada «navegación óptica», consistente en la obtención de imágenes durante el acercamiento al planeta o el satélite. Esto nos permitirá conocer la distancia en función del tamaño con el que aparece el objeto en la fotografía. Además, con imágenes de larga exposición se pueden ver algunas estrellas alrededor del planeta, lo que nos permitirá conocer de forma bastante exacta la posición de la sonda en el espacio.

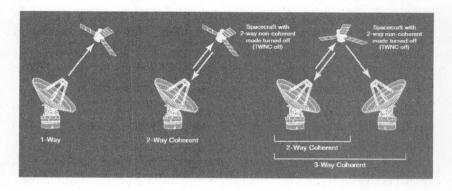

Tres de los modos de comunicación de las sondas, usados para conocer su distancia y su velocidad. Imagen: NASA

Los instrumentos científicos de las Voyager

En este capítulo vamos a ver los componentes más importantes de toda la sonda: sus instrumentos. Está claro que una nave espacial por sí misma no hace descubrimientos ni hace ciencia. Para poder analizar su entorno, necesitamos ponerle sensores y detectores por todas partes para que hagan la ciencia. Que la ciencia no se hace sola. Y, en realidad, todos los componentes y técnicas que hemos visto en otros capítulos solo tienen el objetivo de conseguir que estos instrumentos estén funcionando en las inmediaciones de los planetas y sus lunas. Los instrumentos de cualquier misión son muy complejos, con detalles y fundamentos que quedan fuera del alcance de este libro. Por tanto, nos centraremos en conocer sus características principales, su funcionamiento básico y sus objetivos. Lo primero que tendremos en cuenta es que en una sonda no puedes poner todos los instrumentos que quieras, ni siquiera los que necesitas. En cualquier nave que envíes al espacio, no te puedes pasar de unos ciertos límites para tus instrumentos. Tienes dos restricciones principales, como son el peso y el consumo energético. Más tarde también puedes tener problemas de espacio o de necesidades de procesamiento de datos, pero son más solucionables. Así que haces una lista de tus prioridades científicas, ves cuántos instrumentos puedes montar y finalmente tienes tu nave cargadita de juguetes científicos para estrenar.

Así que, nada más aprobarse el proyecto MJS 77 a mediados de 1972, el JPL hace una convocatoria llamada Announcement of Flight Opportunity para recibir propuestas de instrumentos que vuelen en las dos sondas. Con una comunidad científica muy interesada en estudiar mundos desconocidos, se reciben en pocos meses un total de 77 propuestas de universidades, de la industria y de otros centros de la NASA. Tras su revisión se aprueban nueve propuestas de instrumentos para las sondas y 19 solicitudes de participación en los equipos. Aunque posteriormente se añadirían otros experimentos como el de radioastronomía y el de ciencia de radio. Sin tiempo que perder, para la Navidad de 1972 los investigadores principales de los instrumentos seleccionados se reúnen por primera vez con Edward Stone en el JPL.

Entre los instrumentos que lleva una sonda espacial, siempre encontraremos dos grandes grupos. Por un lado están los «sensores remotos», que son aquellos instrumentos que obtienen sus resultados observando de lejos sus objetivos. En este grupo podemos meter las cámaras fotográficas, los espectrómetros de infrarrojos y ultravioleta, así como los fotopolarímetros. Básicamente todo lo que son cámaras en distintos rangos del espectro. Y por otro lado están los «sensores *in situ*», que analizan físicamente su entorno, detectando campos o partículas. En este otro grupo estarían instrumentos como los magnetómetros, los detectores de rayos cósmicos, así como los sensores de partículas y plasma. Todos los instrumentos científicos que llevan las sondas Voyager tienen un consumo total de 108 W y son los siguientes:

Remotos:
- Imaging Science Subsystem (ISS).
- Infrared Interferometer Spectrometer and Radiometer (IRIS).
- Ultraviolet Spectrometer (UVS).
- Photopolarimeter Subsystem (PPS).

In situ:
- Plasma Science (PLS).
- Cosmic Ray Subsystem (CRS).
- Low-Energy Charged Particles (LECP).
- Plasma Wave Subsystem (PWS).
- Magnetometer (MAG).
- Planetary Radio Astronomy (PRA).
- Radio Science (RS).

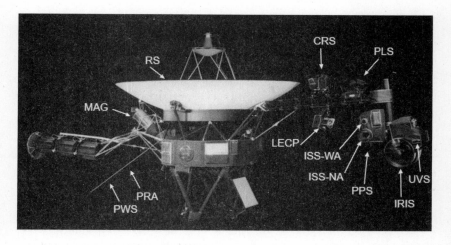

Esquema con la localización de todos los instrumentos
científicos de las Voyager. Imagen: JPL/NASA/Pedro León

La situación de cada instrumento en la sonda no es al azar. El
magnetómetro está situado en un gran brazo extensible para alejar
los sensores de las interferencias producidas por la propia sonda. El
experimento de ciencia de radio usa la antena HGA y el de radioastronomía y el de ondas de plasma usan sus propias antenas extensibles. Sin embargo, la mayor parte de ellos están situados en el llamado «brazo de ciencia» (Science Instruments Boom). Este brazo
se encuentra situado en el lado opuesto del brazo del generador de
radioisótopos para evitar en lo posible su radiación. A lo largo de
él se encuentran el detector de rayos cósmicos, el de plasma y el de
partículas energéticas. Todos ellos además en una disposición que
les permita obtener el mejor rendimiento a lo largo del viaje. Ya en
el extremo del brazo se encuentra la conocida como «plataforma
de escaneo», que contiene todos los instrumentos remotos y que,
como hemos visto, son básicamente cámaras. Como todas necesitan ser orientadas hacia el cuerpo celeste que tengan que observar,
esta plataforma se puede mover libremente en dos ejes, evitando de
esta manera que la sonda tenga que girarse durante las observaciones y pueda mantener su antena orientada hacia la Tierra. Ahora que
conocemos de forma general la carga científica de las Voyager, veamos cada instrumento con detalle.

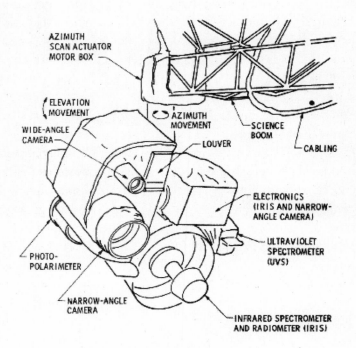

Esquema de la plataforma de escaneo de las sondas Voyager, con todas las cámaras de la nave. Imagen: JPL/NASA

IMAGING SCIENCE SUBSYSTEM (ISS)

Seamos sinceros. De todos los instrumentos que puede llevar una sonda, las cámaras son siempre el dispositivo que más nos gusta. Como se suele decir, más vale una imagen que mil palabras. O que una gráfica. Bueno, está claro que la ciencia de una sonda espacial es mucho más que sus fotografías. Y, por supuesto, el resto de los instrumentos son imprescindibles para cumplir con los objetivos de una misión y para comprender mejor lo que vemos en las imágenes. Pero el poder de inspiración, de sorpresa y de belleza que tiene una fotografía es insuperable. Para la increíble aventura que tenían que realizar las Voyager, los ingenieros prepararon las mejores cámaras que jamás habían volado en una sonda. Vale, que son terriblemente malas en comparación con lo que tenemos 50 años después. Pero para su época eran de tecnología punta y un gran avance respecto a sus antecesoras. Y no solo en la calidad de imagen, sino en la cantidad y variedad que podían obtener. Por poner un ejemplo relacionado, las imágenes de Júpiter y Saturno obtenidas por las sondas Pioneer 10 y 11 fueron realizadas con un fotopolarímetro. Este instrumento no es una cámara, sino que mide la intensidad de la luz y las imágenes se iban formando en el sensor gracias al giro de la sonda. Ni que decir tiene que la calidad de las fotografías era muy baja, pero al menos pudimos echarles un primer vistazo a esos planetas.

Los objetivos de las cámaras de las Voyager eran muy ambiciosos. Entre ellos estaban el estudio en detalle de las atmósferas de Júpiter y Saturno, sus movimientos y estructuras, así como los anillos. Además deberían mostrarnos la superficie de los satélites y su geología, sus tamaños, rotaciones y eclipses. Hasta ese momento, las únicas imágenes que teníamos eran las obtenidas por las Pioneer y por los observatorios terrestres. Con su poca calidad, solo podíamos saber cómo eran estos planetas a grandes rasgos, pero no teníamos imágenes detalladas de sus atmósferas ni tampoco teníamos ni idea de cómo eran sus satélites. Incluso los planetas Urano y Neptuno, junto a su corte de satélites, eran simples puntos de luz. En resumen, no teníamos ni la más remota idea del aspecto del sistema solar exterior.

Ya que las nuevas sondas eran del tipo Mariner, los ingenieros sacaron del cajón los planos del sistema de cámaras de la más reciente, la sonda Mariner 10, que en esos momentos estaba recibiendo los últimos retoques. Para ahorrar tiempo y dinero, muchos de sus ingenieros fueron trasladados al nuevo proyecto y se decidió usar las mismas cámaras, pero introduciendo algunas mejoras. En los dos años transcurridos la tecnología había avanzado y se modificaron algunos componentes para que se pudieran obtener fotografías en unas condiciones de iluminación mucho peores. Tengamos en cuenta que la Mariner 10 haría sus fotos en los planetas más cercanos e iluminados por el Sol, mientras que las MJS 77 lo harían en los mundos más lejanos y oscuros. Realmente oscuros. Y esa era la mayor preocupación para el equipo de imagen.

Las cámaras «visibles» de las Voyager iban en asiento preferente, en la plataforma de escaneo del brazo de ciencia, formando un instrumento llamado Imaging Science Subsystem (ISS). El dispositivo está formado por una pareja de teleobjetivos (o telescopios), con cámaras fotográficas incorporadas. Aunque en los documentos de la época se las llamaba «cámaras de televisión», dado que para obtener las imágenes usaban el mismo dispositivo que estas. Eran con diferencia el instrumento más pesado, ya que entre ambas cámaras llegaban a un peso total de 38 kg. Y de consumo tampoco se quedaban atrás, ya que gastaban un total de 42 W. Toda la electrónica fue construida por la compañía Xerox Corporation y el sistema de captación de imágenes vidicón fue construido por la empresa General Electrodynamics Corporation. Bradford A. Smith, de la Universidad de Arizona, fue el principal investigador de este instrumento.

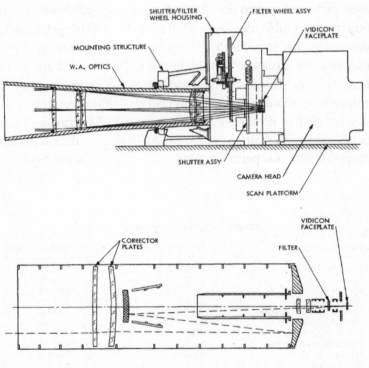

Esquema de las dos cámaras del instrumento Imaging
Science Subsystem de las Voyager. Imagen: JPL/NASA

La primera cámara es conocida con el nombre de ISS-WA (de *wide angle* o «gran angular») y es la cámara que obtiene una menor resolución, con un mayor ángulo o campo de visión. Consta de un telescopio de 60 mm de apertura y 200 mm de longitud focal. Como datos más técnicos, podemos añadir que tiene una focal f/3.5 y su campo de visión es de 56 x 56 mrad. Digamos que a 1000 km de distancia, una imagen cubre un campo de 56 x 56 km. Su sensibilidad a la luz está en el rango visible entre los 4000 y los 6200 ángstroms. La segunda cámara es llamada ISS-NA (de *narrow angle* o «ángulo estrecho»), siendo esta la encargada de obtener imágenes de alta resolución y posee un ángulo de visión más estrecho. Por tanto, se puede decir que es la que tiene más *zoom*. Su telescopio catadióptrico tipo Cassegrain tiene una apertura de 176 mm y 1500 mm de longitud focal. Entre otras características, el telescopio tiene una focal f/8.5 y su campo de visión es de 7,4 x 7,4 mrad. En este caso, a 1000 km de distancia, una imagen cubre un campo de 7,4 x 7,4 km. La sensibilidad de la cámara se centra en el visible, desde los 3200 hasta los 6200 ángstroms. Como se destaca en los informes de la época, es una cámara que permite leer los titulares de las noticias de un periódico a un kilómetro de distancia. Al estar situadas dentro de un mismo compartimento en la plataforma de escaneo, ambas cámaras apuntaban siempre al mismo sitio y trabajaban de forma complementaria. Mientras la cámara de campo estrecho permitía observar con el máximo detalle, la cámara de campo ancho nos permitía conocer el entorno de esa región.

Imaging Science Subsystem Characteristics

Characteristic	Narrow angle camera	Wide angle camera
Focal length	1499.125 mm[a]	201.568 mm[a]
Focal number	F/8.5[a]	F/3.5[a]
Field-of-view	7.5×7.5 mrad	55.6×55.6 mrad
T/Number[b]	T/11.83[a]	T/4.17[a]
Nominal Shutter operation	0.005 to 15.36 sec	0.005 to 15.36 sec
Active Vidicon Raster	11.14×11.14 mm	11.14×11.14 mm
Scan lines per frame	800	800
Picture elements per line	800	800
Pixels per frame	640 000	640 000
Bits per pixel	8	8
Bits per frame	5 120 000	5 120 000
Nominal frame times	48 to 480 sec.	48 to 480 sec
Video baseband	7.2 kHz	7.2 kHz
Video sampling frequency	14.4 kHz	14.4 kHz
Angle subtended by scan line	9.25 μrad	69.4 μrad
Nyquist Frequency	32 line pairs/mm	32 line pairs/mm
Resolution 10% Modulation at	36 line pairs/mm	36 line pairs/mm

[a] Actual data from prototype camera systems.
[b] T/Number – An effective F/number which includes obscuration and transmission losses.

Tabla con las características principales de los dos telescopios y cámaras del instrumento ISS. Imagen: JPL/NASA

¿Cómo funcionaban las cámaras? Una vez que la luz de un planeta o una luna atravesaba las lentes de los teleobjetivos, lo primero que se encontraba era con una rueda de ocho filtros. Para cada fotografía, los científicos decidían cuál de los filtros iban a usar, ya que el más adecuado variaba según el objetivo y su posible composición. Cada uno de esos filtros tiene la particularidad de dejar pasar solo una cierta longitud de onda de la luz (de un determinado «color») y bloquea el resto. Y esto nos permite detectar la presencia de ciertos elementos en el cuerpo celeste y conocer su composición. Dentro de la rueda tenemos siempre un filtro «claro», que deja pasar toda la luz sin filtrar. Además, ambas cámaras tienen en común los filtros claro, violeta, azul, naranja y verde. La cámara estrecha ISS-NA tiene también un filtro ultravioleta, así como el claro y verde por duplicado. Y, por su parte, la cámara ancha ISS-WA tenía otros filtros específicos para el sodio-D y dos más para el metano (CH_4).

Como las cámaras tienen una apertura fija, una vez superado el filtro, la luz seguía su recorrido hasta topar con un obturador, que permitía variar la exposición de la cámara. El tiempo de exposición podía ir desde un mínimo de 0,005 segundos hasta los quince segundos en el «modo fijo». Si era necesario, las cámaras permitían otros tiempos mucho mayores, de hasta 61 segundos (y múltiplos de esa cantidad) en el modo de «larga exposición». Estas grandes exposiciones fueron diseñadas durante el transcurso de la misión hasta Urano y añadidas en la configuración de la cámara. Esto fue imprescindible para lograr el éxito de la sonda Voyager 2, ya que la luz llega muy débil a planetas como Urano y Neptuno, con una iluminación hasta 36 veces menor que en Júpiter. Esa falta de luz obligaba a realizar largas exposiciones, que permitieran captar los pocos fotones presentes en el exterior del sistema solar. Pero, calculando que incluso estos cambios serían insuficientes, los ingenieros añadieron un preamplificador a la cámara que mejoraba la relación señal-ruido más 100 veces respecto a la Mariner 10. Recordemos que oficialmente las sondas no iban a funcionar más allá de Saturno, por lo que buena parte de estos trabajos fueron realizados de forma muy discreta por el equipo de la misión. Otro cambio *made in Casani*.

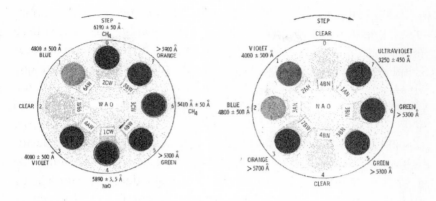

TABLE IV
Spectral Filters

Filter name	Characteristic	Effective wavelength[a]	Filter factor
Narrow angle camera			
Clear	Broadband	4970 Å	1
Violet	Wideband, centered at 4000 Å	4160 Å	7.4
Blue	Wideband, centered at 4800 Å	4790 Å	3.5
Orange	Cut-on at 5700 Å	5910 Å	7.0
Green	Cut-on at 5300 Å	5660 Å	3.3
Ultraviolet	Wideband, centered at 3250 Å	3460 Å	46
Wide angle camera			
Clear	Broadband	4700 Å	1
Violet	Wideband, centered at 4000 Å	4260 Å	7.2
Sodium-D	7 Å narrowband, centered at 5890 Å	5890 Å	250
Green	Cut-on at 5300 Å	5600 Å	3.5
Methane (Uranus)	Narrowband, centered at 5410 Å	5410 Å	40
Orange	Cut-on at 5900 Å	6050 Å	15
Methane (J-S-T)	Narrowband, centered at 6190 Å	6184 Å	60
Blue	Wideband, centered at 4800 Å	4760 Å	3.1

[a] Calculated using a typical vidicon, Jupiter spectral radiance and the prototype component calibrations.

Tabla de los filtros de las cámaras ISS-NA y ISS-WA, con sus características, longitudes de onda y factor de filtrado. Imagen: JPL/NASA

EL SISTEMA VIDICÓN

Una vez que la luz había sobrepasado el obturador, finalmente llegaban al sensor electrónico que recogía la imagen para almacenarla. Este novedoso sistema para obtener las imágenes era conocido como «vidicón», un «tubo de cámara» basado en el funcionamiento de las cámaras de televisión de la época.

Cuando los fotones procedentes de un cuerpo celeste lograban sobrepasar las lentes, el filtro y el obturador, la imagen óptica quedaba grabada en la «placa objetivo». Esta placa es un sensor de 1 cm^2 hecho de sulfuro de selenio, un material fotoconductor que reacciona a la luz recibida. La placa contiene un total de 800 filas y 800 columnas, formadas por píxeles o puntos sensibles a la luz. Por tanto, hay unos 640.000 píxeles en total en la placa. Cada uno de esos píxeles queda cargado eléctricamente en mayor o menor medida, en función de la cantidad de luz recibida. Si un píxel recibe mucha luz, queda completamente cargado. Si recibe poca luz, el píxel se quedará con poca carga o incluso vacío. Tras finalizar la captura completa de la imagen, un haz de electrones realiza un escaneo lento pasando por cada uno de los 800 píxeles de cada una de las 800 líneas. Este escaneo lento tarda unos 48 segundos en recorrer todos los píxeles y su objetivo es conocer cuánta luz había captado cada uno de ellos. Por cada uno de estos píxeles se genera un valor, que indica un cambio de voltaje dentro de un rango de 256 voltajes posibles. Si el píxel había recibido poca luz, estaría vacío de carga y el cambio de voltaje era pequeño, por tanto, representaría un píxel casi «negro». Si había recibido mucha luz, el píxel estaría cargado y el cambio de voltaje sería mayor, indicando que estamos ante un píxel de color «blanco». Después, el valor de estos voltajes es almacenado en las memorias de las sondas y tras ser enviados a la Tierra se podían reconstruir las imágenes a partir de estos datos. Para ello, cada cambio de voltaje de cada píxel se traducía en un nivel de gris diferente para la imagen. De esta manera, se podían utilizar hasta 256 niveles de grises distintos para componer todos los píxeles de una fotografía. Con esto, ya sabemos cómo se creaban las imágenes de las Voyager, al menos en blanco y negro.

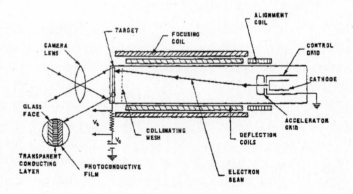

Esquema del sistema vidicón de las cámaras ISS. Tras pasar la lente del dispositivo, la luz llegaba al sensor (*photoconductive film*), donde los píxeles se cargaban eléctricamente en función de la intensidad de la luz recibida. Luego un haz de electrones (*electron beam*) los iba recorriendo y convirtiéndolos en datos digitales. Imagen: JPL/NASA

Pero te estarás preguntando: ¿por qué se usaban exactamente 256 valores? Pues te lo voy a explicar aunque no te lo estuvieras preguntando. Imagina que tienes 1 bit en la memoria de la nave, así que puedes tenerlo con dos posibles valores, que puede ser un 0 o un 1 (y pensemos que dos valores es equivalente a 2^1). Si tienes 2 bits de memoria, puedes tener cuatro posibles valores que pueden ser 00, 01, 10 y 11 (y cuatro valores es equivalente a 2^2). Si seguimos añadiendo bits, al llegar a 8 vemos que se pueden representar 256 valores diferentes, como, por ejemplo, 01110101, que es solo una de las 256 posibilidades (ya que $256 = 2^8$). De esa forma, si el valor cada píxel de la imagen lo guardamos en una memoria de 8 bits, podemos tener representada una escala completa de 256 tonalidades de grises, desde el blanco al negro. Por tanto, cada fotografía de las Voyager estará formada por 640.000 píxeles, con 8 bits para cada uno de ellos que representan su valor de gris. Esto nos da un peso total para cada imagen de 5.120.000 bits, lo que son unos 640 Kb por cada fotografía, unos 0,64 MB. Con más de 5 millones de bits para enviar a nuestro planeta con cada imagen y teniendo una velocidad de transmisión de 115.200 bits/s en Júpiter, una fotografía tardaba unos 45 segundos en transmitirse a la Tierra. Y este tiempo hay que tenerlo muy en cuenta a la hora de escanear y procesar cada imagen, ya que no se podía realizar otra nueva hasta finalizar el envío de la anterior.

EL LENTO ESCANEO DE LAS IMÁGENES

Como hemos visto, el proceso de «lectura» de las imágenes del sensor de 800 x 800 píxeles le llevaba a la Voyager unos 48 segundos en completarlo. Aunque, como veremos, a veces era necesario un proceso más lento, con la cámara realizando el escaneado en 96, 144, 240 o incluso 480 segundos. Tras este proceso, comenzaba un complejo procedimiento para «limpiar» el sensor y dejarlo listo para la siguiente fotografía. Este ciclo duraba otros 48 segundos y sometía al sensor a catorce intensos flujos de luz que saturaban por completo los píxeles, eliminando cualquier imagen residual que pudiera tener. Este modo de lectura de imágenes cada 48 segundos es compatible con el ritmo de transmisión de 115.200 bits por segundo que se usaba en Júpiter. De esta forma, no se «acumulaban» los datos en la memoria ni se tenían que almacenar en la cinta DTR.

Cuando la distancia a la Tierra se hizo mayor, la señal que se recibía de las Voyager era más débil, lo que obligaba a enviar sus imágenes más despacio. Por eso se prepararon modos de escaneos del sensor más lentos, de hasta 480 segundos de duración. Esto evitaba tener que andar almacenando las imágenes en la sonda y agotar rápidamente la capacidad de la cinta grabadora DTR. Por ejemplo, para transmitir imágenes desde Saturno era necesario hacerlo a una velocidad de unos 44.800 bps, por lo que se tuvo que triplicar el tiempo de lectura de cada imagen hasta los 144 segundos (*3:1 low scan*). Si hubiésemos mantenido en Saturno el escaneo de las imágenes con una duración de 48 segundos, no habría dado tiempo a enviar la imagen antes de comenzar a obtener la siguiente fotografía. Por esta razón, se tuvo que bajar el ritmo de escaneado conforme la Voyager visitaba un nuevo planeta más lejano, con velocidades de lectura mucho más lentas. Siguiendo este proceso, la mayoría de las imágenes de las sondas Voyager fueron enviadas a la Tierra «en directo». Como hemos visto, solo se almacenaban en la grabadora cuando se producían eclipses con los planetas, cuando la nave realizaba alguna maniobra de giro o cuando los datos de otros instrumentos tenían prioridad.

INFRARED RADIOMETER, INTERFEROMETER AND SPECTROMETER (IRIS)

Como parte de su instrumentación científica, las sondas Voyager portaban dos espectrómetros, uno infrarrojo y otro ultravioleta. Recordemos que un espectrómetro es un dispositivo que analiza la luz en un cierto rango de frecuencias y eso nos permite conocer la composición del objeto observado, por lo que cualquier sonda que se precie llevará alguno. El espectrómetro infrarrojo IRIS de las sondas Voyager tenía numerosos objetivos. Entre ellos estaba el estudio de la proporción entre la energía emitida y absorbida por un cuerpo para saber si desprende más energía de la que recibe. Además, tenía que medir las abundancias de hidrógeno y helio, así como descubrir la estructura térmica de las atmósferas. Para lograr sus objetivos, IRIS se encuentra situado en la plataforma de escaneo y utiliza un telescopio Cassegrain de 51 cm de diámetro para captar la imagen térmica. En su interior podemos encontrar un complejo sistema formado por tres instrumentos, como su propio nombre indica: un radiómetro, un interferómetro y un espectrómetro. Como espectrómetro del infrarrojo cercano, es capaz de detectar el calor y la energía emitida por los cuerpos, permitiéndonos conocer su temperatura y composición. Como interferómetro del infrarrojo medio, nos permite conocer la composición de las atmósferas y superficies de las lunas y los planetas. Y, como radiómetro, nos indica la cantidad de luz reflejada en el infrarrojo, pero también en visible y ultravioleta. Las dos regiones del espectro infrarrojo abarcadas por IRIS van de los 2,5 a los 50 µm y de los 0,3 a los 2 µm. Su peso total es de 20 kg y consume 14 W, de los cuales 8 W son usados por los calentadores del instrumento. Su investigador principal fue Rudolf A. Hanel, del Goddard Space Flight Center de la NASA.

Distintas regiones del espectro infrarrojo: lejano, termal, medio y cercano.
Imagen: NASA

Como curiosidad, cuando en 1974 se decidió internamente que las sondas Voyager continuarían su viaje hasta Urano y Neptuno, el equipo de IRIS comprobó que su instrumento no podría trabajar bien en esas condiciones tan frías y distantes. Por tanto, propusieron a la NASA trabajar en paralelo en otro instrumento IRIS mejorado (MIRIS), que sustituiría al original. A comienzos de 1977 el instrumento MIRIS estaba finalizado, pero durante las pruebas surgieron numerosos problemas que no fueron sencillos de resolver. La NASA esperó hasta el mes de julio, pero, viendo que no estaría listo a tiempo, decidió instalar el instrumento original IRIS en ambas Voyager. Como sabemos, las sondas fueron lanzadas en agosto y septiembre de ese mismo año y no fue hasta octubre cuando el instrumento quedó listo y superó todas las pruebas. Por desgracia, sin más misiones al espacio profundo, el instrumento MIRIS se quedó sin volar guardado en un almacén.

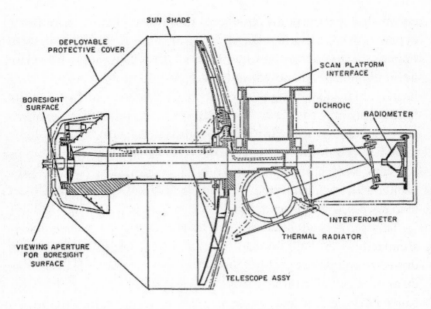

Esquema general del instrumento IRIS de las Voyager. Imagen: JPL/NASA

Labels in figure:
SUN SHADE
DEPLOYABLE PROTECTIVE COVER
SCAN PLATFORM INTERFACE
BORESIGHT SURFACE
DICHROIC
RADIOMETER
VIEWING APERTURE FOR BORESIGHT SURFACE
INTERFEROMETER
THERMAL RADIATOR
TELESCOPE ASSY

ULTRAVIOLET SPECTROMETER (UVS)

El segundo espectrómetro de la Voyager era el UVS. Entre los principales objetivos de este espectrómetro ultravioleta estaban conocer la composición de las atmósferas planetarias y los anillos, la distribución de elementos en función de la altura y descubrir rayos y auroras. Para ello, el instrumento identificaría los iones y átomos presentes en las atmósferas planetarias usando lo que se conoce como «absorción atómica». Cuando la luz del Sol choca con los átomos y moléculas de una atmósfera, estas absorben ciertas frecuencias de la luz. Lo que hace el UVS es básicamente buscar la ausencia de luz en determinadas frecuencias ultravioletas y así conocer qué compuestos las han absorbido, dando con ello prueba de su presencia. El rango de frecuencias en el que trabaja UVS va de los 40 nm a los 180 nm (de 400 a 1800 ángstroms). Un espejo fijo se encarga de reflejar la luz hasta el espectrómetro, que tiene un campo de visión de 0,9º x 0,1º y es capaz de realizar mediciones simultáneas en 128 longitudes de onda diferentes. El instrumento pesa 4,5 kg y consume 2,5 W.

Su investigador principal fue A. Lyle Broadfoot, de la University of Southern California. Una vez finalizaron los sobrevuelos planetarios, fue usado durante muchos años para el estudio de estrellas y galaxias lejanas.

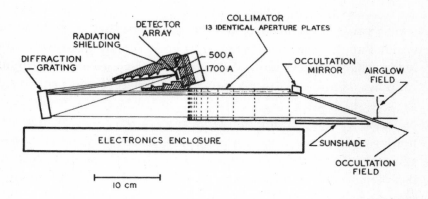

Esquema del espectrómetro ultravioleta UVS. Imagen: JPL/NASA

PHOTOPOLARIMETER SUBSYSTEM (PPS)

Los cuerpos celestes nos proporcionan una gran cantidad de información acerca de su composición, simplemente si analizamos cómo se refleja la luz en ellos. Para conocer sus características, las sondas Voyager portan un fotopolarímetro, un dispositivo que analiza la intensidad de la luz que recibe. Su principal objetivo era estudiar el tamaño, la forma, el albedo y la distribución de las partículas que forman los anillos de Saturno, cuya luz llegaba polarizada al instrumento. Gracias al descubrimiento de los anillos de Júpiter y a la ampliación de la misión, el PPS de la Voyager 2 acabó estudiando con detalle los anillos de todos los planetas visitados. Además, sirvió para medir la composición y texturas de las superficies de muchas de las lunas sobrevoladas, así como las atmósferas planetarias. El instrumento también está situado en la plataforma de escaneo, al final del brazo de los instrumentos científicos. Consta de un telescopio Cassegrain de 15 cm de apertura, dotado de una rueda de polarización, una rueda de filtros y un detector. Esto permitía seleccionar la longitud de onda que analizar, abarcando ocho de ellas entre los 235 y los 750 nm. En total pesa 4,4 kg y consume 2,4 W. El investigador principal fue Charles F. Lillie, del Laboratory for Atmospheric and Space Physics (LASP) de la Universidad de Colorado. Posteriormente el cargo pasó a Charles W. Hord.

Por desgracia, el instrumento PPS de la sonda Voyager 1 falló justo antes de llegar a Júpiter, por lo que no registró ningún dato de utilidad. Los problemas surgieron en el conjunto de ruedas de filtros, que permitían modificar el color y la polarización. La gran cantidad de radiación unida a un uso excesivo llevaron al atasco de la rueda de polarización y posteriormente al atasco de la rueda de filtros de colores. Después de numerosos intentos y tras enviar múltiples comandos, las ruedas siguieron sin funcionar. Finalmente tuvo un fallo eléctrico que lo inutilizó por completo, por lo que se decidió apagarlo el 29 de enero de 1980. Con esto tuvo el dudoso honor de convertirse en el primer instrumento apagado en el proyecto Voyager. Por su parte, el de la sonda Voyager 2 funcionó sin muchos problemas durante el sobrevuelo de Júpiter. Sin embargo, quedó seriamente dañado por la radiación y operó de manera parcial en el sobrevuelo del resto de los planetas. Fue apagado el 3 de abril de 1991, tras concluir la fase planetaria de la misión.

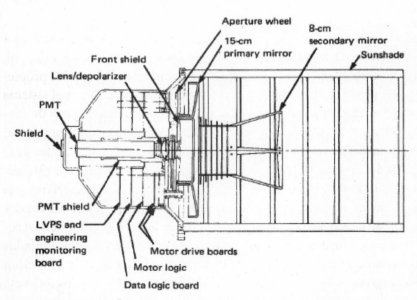

Esquema del fotopolarímetro PPS de las Voyager. Imagen: JPL/NASA

Fotografía del instrumento PLS de las Voyager. Imagen: JPL/NASA

PLASMA SCIENCE (PLS)

El espacio entre los planetas no está completamente vacío, sino que contiene partículas ionizadas que proceden en su mayoría del Sol, pero también de otras estrellas. Para comprender mejor las propiedades y características de este plasma que se desplaza por el sistema solar, el instrumento PLS se encuentra situado en el brazo de instrumentos de ciencia. Entre sus objetivos científicos está también el estudio de las magnetosferas de los planetas y determinar las propiedades del viento solar a distintas distancias de nuestra estrella. Otros objetivos incluyen la medición de los iones interestelares y el estudio de la interacción del plasma existente entre los planetas y algunas de sus lunas, como en el caso de Ío en Júpiter. Este instrumento está formado por un conjunto de cuatro detectores llamados «copas de Faraday», que miden corrientes de iones y electrones en el rango de energías entre los 10 eV (electrón-voltios) y los 5959 eV. Tres de las copas miran en la dirección del viento solar y sirven para conocer su velocidad, temperatura, densidad, flujo y presión dinámica. La cuarta copa está orientada hacia un lateral y se usó durante los encuentros planetarios para la detección de electrones. En total tiene un peso de 10 kg y un consumo de 8,3 W. Fue construido en el Massachusetts Institute of Technology (MIT) bajo la coordinación de Herbert Bridge, que también fue su primer investigador principal. En la actualidad ese puesto lo ocupa John Richardson, ya que el instrumento continúa funcionando en la Voyager 2. Sin embargo, fue desconectado el 1 de febrero de 2007 en la Voyager 1, debido a la degradación de sus componentes. Además del PLS, los otros dos instrumentos de las Voyager con sensores de partículas son el Low-Energy Charged Particles (LECP), que busca partículas de mayor energía que las del PLS y coincide parcialmente con las energías del Cosmic Ray Subsystem (CRS).

COSMIC-RAY SUBSYSTEM (CRS)

Los rayos cósmicos son partículas cargadas (iones) y extremadamente energéticas que penetran continuamente en nuestro sistema solar y se mueven a velocidades de entre el 10 % y el 99 % de la velocidad de la luz. Entre los objetivos del CRS se encuentran la medición del espectro de energías de los electrones y de los núcleos de rayos cósmicos, así como analizar la composición de dichos rayos. Además, tenía que realizar estudios de los isótopos en el entorno magnético de los planetas y determinar las características de las partículas energéticas en función de la distancia al Sol. La misión principal para este instrumento comenzaría una vez sobrevolado Saturno, cuando los efectos del Sol son menos notables. Para ello usa diversos telescopios, de los cuales cuatro son de baja energía (LET A, B, C y D) para los rayos cósmicos y cubren el rango entre los 0,5 y los 9 MeV (megaelectronvoltios) por cada núcleo. Otros dos son de alta energía (HET-I y HET-II) y cubren el rango entre los 4 y los 500 MeV/núcleo. Por su parte, el telescopio para los electrones (TET) detecta el rango entre los 3 y los 110 MeV. El peso total del instrumento ronda los 7,5 kg y usa 5,2 W de potencia. Su investigador principal original fue Rochus E. Vogt, del California Institute of Technology. A pesar de numerosos problemas y del fallo de algunos telescopios, este instrumento aún sigue funcionando en ambas sondas.

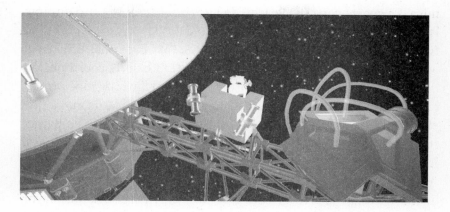

Instrumento CRS en el brazo de ciencia de la Voyager. Imagen: JPL/NASA

LOW ENERGY CHARGED PARTICLE (LECP)

El tercer instrumento encargado de la detección de partículas energéticas es el llamado Low Energy Charged Particle (LECP). Su objetivo es el estudio de la composición y características de las partículas cargadas de baja energía, procedentes de las magnetosferas planetarias. También debía averiguar su interacción con los satélites y anillos, tanto para las partículas procedentes del viento solar como las de los rayos cósmicos, así como sus comportamientos en el límite del sistema solar. Para llevar a cabo todas estas tareas, se encuentra situado en el brazo de instrumentos y consta de una plataforma rotatoria con ocho posiciones. Durante sus operaciones, pasa de una a otra posición en un periodo programable de entre 48 segundos y 48 minutos. Para funcionar, cuenta con dos detectores. Uno de ellos es un analizador de partículas de baja energía que mide electrones del rango entre los 15 KeV (kiloelectronvoltios) y 1 MeV, así como iones en el rango entre los 15 KeV y los 160 MeV. El segundo detector es un telescopio para partículas de baja energía que trabaja en el rango entre los 0,15 MeV/núcleo y los 10 MeV/núcleo. El peso total del instrumento es de 7,5 kg y consume casi 4 W de energía. El principal investigador es Stamatios Mike Krimigis, del Applied Physics Laboratory de la Universidad Johns Hopkins. Durante la última década y también durante los próximos años, el LECP ha obtenido y obtendrá datos únicos y de enorme valor para conocer el plasma y las partículas en el borde de terminación, la heliopausa y en el medio interestelar. Por suerte, el instrumento sigue funcionando a la perfección en ambas sondas.

Instrumento LECP de las sondas Voyager. Imagen: JPL/NASA

PLASMA WAVE SUBSYSTEM (PWS)

El PWS tiene como objetivo medir la densidad del plasma en el medio interplanetario, en las cercanías de los planetas y en las interacciones con sus satélites y la magnetosfera. Para conocer sus características, el instrumento PWS está formado por dos antenas extensibles de diez metros cada una, colocadas en forma de «V» y que también son llamadas «orejas de conejo». Estas antenas son compartidas con el equipo del experimento de radioastronomía PRA. Para realizar su labor, sus detectores miden los campos eléctricos en un rango de frecuencias entre los 10 Hz (hercios) y los 56 kHz. Tiene un peso de 1,4 kg y consume entre 1,4 W y 18 W, en función del modo de operación. En la actualidad, este instrumento sigue funcionando con total normalidad en ambas sondas Voyager. Fue construido y diseñado por la Universidad de Iowa y su principal investigador fue inicialmente Frederick L. Scarf de la compañía TRW. En la actualidad está dirigido por Bill Kurth.

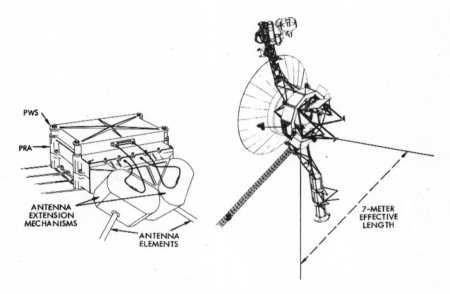

Las dos antenas de los instrumentos PRA y PWS, junto a los compartimentos donde se aloja toda la electrónica de ambos subsistemas. Imagen: JPL/NASA

MAGNETOMETER (MAG)

Con el principal objetivo de conocer el interior de los planetas analizando sus campos magnéticos, el JPL dotó a las sondas Voyager de un instrumento llamado Magnetometer (MAG), capaz de medir la intensidad y estructura de dichos campos. Además, permitiría estudiar la interacción del planeta con sus satélites, así como el campo

magnético interplanetario e interestelar. Para sus estudios, las sondas llevan cuatro magnetómetros de tres ejes, que permiten conocer
la intensidad y la dirección de los campos hasta en 17 ocasiones por
segundo. Dos de ellos sirven para la medición de campos débiles y
se encuentran a lo largo de un brazo extensible de trece metros, uno
a media altura y otro en el extremo. De esta manera, logran evitar
las interferencias de los campos magnéticos producidos por los sistemas e instrumentos de la propia nave. Estos sensores miden campos
magnéticos en el rango entre los 0,002 gamma y los 50.000 gamma.
Esto último equivale a medio gauss, la fuerza del campo magnético
en la superficie de la Tierra. Los otros dos magnetómetros están diseñados para medir campos más intensos y se encuentran en la parte
inferior del brazo, pegados a la sonda. Estos miden fuerzas de campos magnéticos entre los 12 gamma y los 2.000.000 gamma (unos 20
gauss). El peso total de estos magnetómetros es de 5,5 kg y consumen
un total de 3,2 W. Su investigador principal fue Norman Ness, del
Goddard Space Flight Center de la NASA. Ambos magnetómetros
continúan funcionando en la actualidad en las dos sondas Voyager.

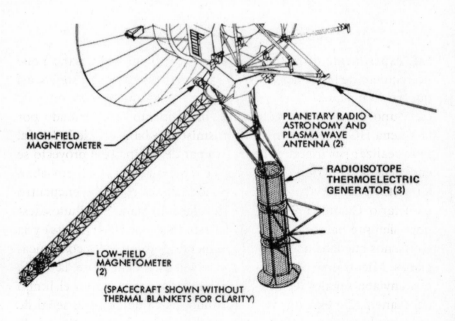

Localización de los magnetómetros en el brazo extensible
de este instrumento. Imagen: JPL/NASA

PLANETARY RADIO ASTRONOMY (PRA)

Los planetas Júpiter y Saturno emiten en diversas frecuencias de radio, que son detectables desde muchos millones de kilómetros a la redonda. Además, del análisis de las ondas de radio emitidas por los planetas, el instrumento puede estudiar sus campos magnéticos, la interacción con sus satélites, los rayos en las atmósferas y diversos fenómenos relacionados con el plasma. Para detectar todo eso, el PRA usa las dos antenas de diez metros de longitud que comparte con el experimento PWS. También consta de un receptor de radio que trabaja entre los 20 kHz y los 40,5 MHz, en dos bandas independientes. El peso total del instrumento es de 7,66 kg y necesita 7 W para funcionar. El instrumento PRA fue desconectado en la Voyager 1 el 15 de enero de 2008 y en la Voyager 2 se apagó el 21 de febrero de ese mismo año, en ambos casos para ahorrar energía. Fue diseñado y construido por la Universidad de Colorado y su principal investigador fue James W. Warwick.

RADIO SCIENCE (RS)

Este experimento de las sondas Voyager es un poco peculiar, ya que no requiere de la presencia de ningún instrumento en la sonda, así que no lo busques en los gráficos que muestran las posiciones de cada uno de ellos. En realidad, el instrumento está formado por la antena HGA de 3,66 m y el transmisor en banda X de la sonda. Para realizar sus investigaciones, un par de equipos del proyecto se encargaban de analizar las señales de radio que las sondas enviaban a nuestro planeta y cómo se veían modificadas con cada encuentro planetario. Cuando una sonda sobrevolaba un planeta, minutos después siempre pasaba por detrás de este (visto desde la Tierra) y la sonda nos quedaba oculta temporalmente, perdiendo las comunicaciones. Mientras se producía el inicio y el final del eclipse, la sonda nos enviaba señales de radio a través de la atmósfera en el limbo del planeta. De esta forma, analizando los cambios en la señal de radio recibida, se podían deducir muchas de las características de la atmósfera planetaria. Esto se usó en todos los planetas, pero también en el intrigante Titán. Mientras tanto, el segundo equipo se encargaba de medir los cambios de la frecuencia de la señal durante los sobrevuelos. Viendo sus variaciones, se podía conocer con precisión la posición de la nave y medir con exactitud los campos gravitatorios. Y con toda esa información se podían deducir las masas de los planetas y sus lunas. Por supuesto, los anillos de los cuatro planetas también fueron estudiados utilizando esta técnica, lo que sirvió para conocer sus estructuras, masas y distribuciones. Su investigador principal fue Von R. Eshleman, del Center for Radar Astronomy de la Universidad de Standford.

Esta es una muestra más de la asombrosa capacidad de la nave y de los equipos de científicos, que podían obtener información muy valiosa de cada sobrevuelo. Y todo ello sin añadir ningún nuevo instrumento, simplemente analizando la señal de radio que ya nos enviaban las sondas Voyager y traducir sus modificaciones en valiosos datos científicos.

Los lanzamientos en el cohete Titan IIIE

EL TITAN IIIE, UN MISIL RECONVERTIDO EN COHETE

Para conocer bien la historia de las sondas Voyager, es importante conocer algunas cosas básicas sobre el cohete que las llevó hasta el espacio. Sin entrar mucho en los detalles técnicos, veremos sus características principales. Todo esto nos servirá también para comprender algunos de los incidentes que ocurrieron en los primeros instantes, ya que su viaje pudo terminar en tragedia antes de que llegara a comenzar la misión. Con los cálculos de Flandro en la mano, era evidente que haría falta un potente cohete para enviar las sondas al espacio. Una vez finalizado el diseño de la MJS 77, su peso total rondaría las dos toneladas. De esa cantidad, unos 800 kg pertenecen a la sonda y los otros 1200 kg corresponden al llamado «módulo de propulsión», que le daría el empuje final a la nave.

Durante los años sesenta, la NASA había enviado al espacio numerosas sondas espaciales a bordo del modesto Atlas Centaur. Sin embargo, con la retirada del Saturno V y con la construcción en los años setenta de sondas de mayor tamaño, la NASA se quedó sin cohetes potentes para lanzar grandes sondas al espacio. Dada la necesidad de contar con un cohete más poderoso para lanzar las nuevas misiones, tuvo que contratar a la Fuerza Aérea su cohete Titan

III. Eso sí, realizando algunas modificaciones importantes para que tuviera una mayor potencia. Este refuerzo del Titan III llegó de la mano de una etapa superior, conocida como Centaur. Esta nueva combinación lo convirtió en el cohete más potente de la década. El nuevo cohete se llamaría Titan IIIE (Titan-Centaur), una sucesión de cohetes líquidos y criogénicos con dos motores sólidos a los lados que aumentaban su potencia para elevar mayores cargas. Todo esto le permitiría enviar sondas que escaparan de la gravedad terrestre y se quedaran en órbita alrededor del Sol o rumbo a otros planetas.

Este peculiar cohete realizó tan solo siete lanzamientos entre 1974 y 1977, desde el complejo LC-41 de Cabo Cañaveral. El Titan IIIE Centaur es una de esas variantes de cohetes que, a pesar de su corta vida, tuvo una gran importancia en la exploración espacial. El primer vuelo de prueba sirvió para comprobar su funcionamiento en general y acabó en desastre, debido al fallo de una turbo bomba del tanque de oxígeno líquido. Sin embargo, los seis siguientes lanzamientos fueron un éxito y permitieron realizar su misión a las sondas Helios-A, Helios-B, Viking 1, Viking 2 y las Voyager 2 y Voyager 1. Tras estos dos últimos lanzamientos fue retirado del servicio, ya que era demasiado caro y la NASA lo apostaría todo al transbordador espacial. Para la sonda Voyager 2, se usó el cohete Titan IIIE con el número de serie 23E-7 y con la etapa superior Centaur TC-7. Y, para la sonda Voyager 1, se usó el cohete Titan IIIE con número de serie 23E-6 y como etapa superior la Centaur TC-6.

Lanzamiento (hora UTC)	Código Titan/ Centaur	Misión
11 febrero 1974, 13:48:02	23E-1 / TC-1	Sphinx (falló)
10 diciembre 1974, 07:11:02	23E-2 / TC-2	Helios-A
20 agosto 1975, 21:22:00	23E-4 / TC-4	Viking 1
9 septiembre 1975, 18:39:00	23E-3 / TC-3	Viking 2
15 enero 1976, 05:34:00	23E-5 / TC-5	Helios-B
20 agosto 1977, 14:29:44	23E-7 / TC-7	Voyager 2
5 septiembre 1977, 12:56:01	23E-6 / TC-6	Voyager 1

Listado de todos los lanzamientos del cohete
Titan IIIE. Tabla: elaboración propia

LAS ETAPAS DEL COHETE TITAN IIIE

En la descripción de cualquier cohete, de sus etapas y sus motores, siempre hay una gran cantidad de datos que para muchas personas pueden ser extraños o complicados. Sin embargo, toda esa información es una magnífica forma de aprender muchos de los aspectos básicos de la física y la astronáutica. En esta sección he intentado poner solo aquellos datos más básicos, como sus alturas, anchuras y pesos. Además veremos el combustible usado, el modelo de motor y la potencia generada, para que puedas conocer un poco mejor este extraordinario cohete. La unidad que nos dice cuánta potencia posee el motor de un cohete es el newton (N), que es una unidad de medida de fuerza. La definición nos dice que un newton es «la fuerza aplicada durante un segundo a un objeto con una masa de un kilogramo, para que obtenga una velocidad de un metro por segundo». Como las fuerzas ejercidas por un cohete son enormes, necesitaremos usar sus múltiplos, siendo los más frecuentes el kilonewton (kN) para los 1000 newtons y el meganewton (MN) para el millón de newtons. Para hacernos una idea, una persona media ejerce sobre el suelo una fuerza de unos 600 N. En la vida diaria, estas unidades son muy utilizadas en la construcción, en la manufactura de productos y en los equipos de escalada para conocer la resistencia a las fuerzas de los distintos materiales.

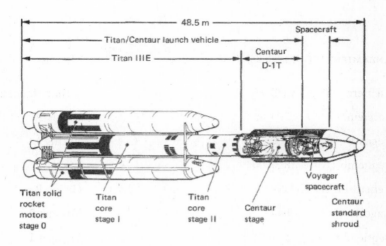

Esquema general del cohete Titan IIE. Podemos ver sus etapas, la etapa superior Centaur y la sonda Voyager dentro de la cofia. Imagen: NASA

Fotografía del cohete Titan IIIE que lanzó la sonda Viking 2 en 1975. Podemos ver acoplado un «pequeño» tanque rojo llamado TVC en uno de los cohetes sólidos. Son curiosas las inscripciones debajo del nombre del complejo de lanzamiento, indicando los despegues realizados desde esa plataforma. Imagen: NASA

El Titan IIIE tenía su plataforma de lanzamiento en el Complejo 41 de la entonces llamada Cape Kennedy Air Force Station. Su altura total llegaba a los 48,8 m, con 3,05 m de diámetro y un peso de 633 toneladas. El aspecto del Titan IIIE era muy llamativo, ya que en su parte superior tenía una enorme cofia de casi 18 m de altura y 4,2 m de diámetro. Esta cofia no solo envolvía a la sonda Voyager durante el lanzamiento, sino que también cubría la etapa superior Centaur.

Comenzaremos por la llamada «etapa 0», que era la encargada de proporcionar todo el empuje inicial para el despegue. Esta etapa estaba formada por dos cohetes de combustible sólido, acoplados en los laterales de la etapa central del Titan IIIE. Ambos estaban formados por la unión de cinco segmentos y tenían una altura total de 25,9 m, con un diámetro de 3,05 m. Su peso conjunto era de 227 toneladas y proporcionaban un empuje de 5,3 MN (meganewtons) cada uno durante 117 segundos, separándose del cohete central cinco segundos después de agotarse. El combustible utilizado era una mezcla de aluminio en polvo como combustible y perclorato de amonio como oxidante, usando PBAN (polibutadieno acrilonitrilo) como aglutinante.

Este cohete tenía una característica bastante curiosa y que tal vez hayas visto en algunas fotografías de otros modelos. Como muchos motores de combustible sólido, la tobera por la que salen los gases expulsados era fija, por lo que no podía moverse para cambiar la trayectoria del cohete. Por tanto, para poder variar el rumbo durante el vuelo, fue necesario idear un ingenioso sistema. Cada cohete sólido llevaba acoplado en su parte inferior un enorme depósito rojo llamado Thrust Vector Control (TVC). Este depósito tiene 6,7 m de largo, 1 m de diámetro y contiene 3822 kg de óxido nitroso y otros 288 kg de nitrógeno líquido. De la parte inferior del depósito sale un conducto que se dirige hacia la tobera y que la rodea por completo. En su recorrido alrededor de la tobera se encontraban un total de 24 válvulas controladas electrónicamente. Cuando se hacía necesario inclinar el cohete y modificar el rumbo, algunas de las válvulas se abrían en una determinada parte de la tobera, provocando un empuje de 489 kN en esa zona. Esto provocaba un desequilibrio que forzaba un cambio en el ángulo de empuje de hasta cinco grados. De esta manera, se lograba orientar el cohete durante la fase de ascenso hasta conseguir la trayectoria deseada.

La parte central entre los dos cohetes sólidos estaba ocupada por la llamada «etapa 1», que tenía 19,2 m de altura y 3,05 m de diámetro. Su peso rondaba las 124 toneladas y proporcionaba 2,3 MN de empuje durante 146 segundos. Como curiosidad, esta primera etapa central no se encendía en el momento del despegue, sino a varios kilómetros de altura a los 112 segundos de vuelo, dejando todo el empuje inicial en los cohetes sólidos. Diez segundos después de encenderse se separaban los cohetes sólidos ya agotados. Todo el empuje lo proporcionaba utilizando dos motores llamados LR87-11. El propelente usado es una mezcla al 50 % de hidracina y dimetilhidrazina asimétrica como combustible (Aerozine 50) y tetróxido de dinitrógeno (N_2O_4) como oxidante. Ambos compuestos eran enviados al motor y al entrar en contacto ardían espontáneamente (son del tipo llamado «hipergólicos»).

Cuando ya llevaba un poco más de cuatro minutos de vuelo, le tocaba el turno a la etapa 2, que se enciende tras el agotamiento y separación de la «etapa 1». Esta etapa tiene un único motor llamado LR91-11 y es muy similar a los de la primera etapa, funcionando con la misma mezcla de Aerozine 50 y N_2O_4. En conjunto tiene 7 m de altura y también 3,05 m de diámetro. Su peso total supera las 33 toneladas, proporcionando 449 kN durante 210 segundos. Justo después del encendido de esta etapa, unos dispositivos pirotécnicos abrían la cofia en dos, dejando expuestas a la etapa Centaur y la sonda Voyager.

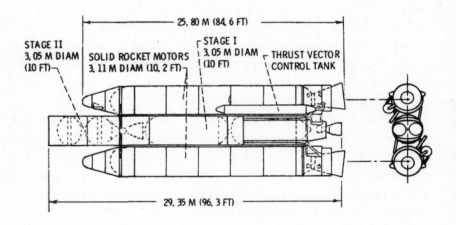

Esquema de las tres etapas de un cohete Titan IIIE. Podemos ver el tanque llamado Thrust Vector Control Tank, que servía para controlar la orientación de los cohetes sólidos. Imagen: NASA

A los ocho minutos de vuelo y una vez finalizado el trabajo de la segunda etapa, pasamos a la etapa 3, formada por un cohete Centaur D-1T. Las Centaur son una familia de etapas usadas en numerosos cohetes desde 1962 y cuya especialidad consiste en ser la última y más superior de las etapas. Diez segundos después de la separación de la etapa 2, la Centaur se encenderá por primera vez durante 103 segundos. Esto la dejará junto a la sonda en una órbita estable alrededor de la Tierra, conocida como «órbita de aparcamiento», a unos 167 km de altura. Un segundo encendido de la etapa Centaur tiene lugar 43 minutos más tarde, con una duración de unos 337 segundos. Esta ignición hará que la etapa y la sonda salgan de la órbita terrestre para poner rumbo al espacio exterior. Ese instante marca el inicio del viaje hacia Júpiter. Marca el inicio del Grand Tour.

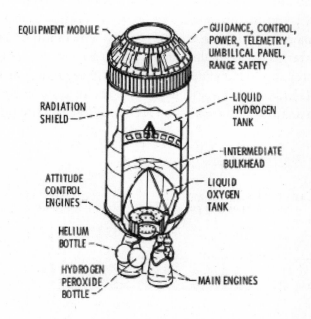

Esquema general de una etapa Centaur D-1Y. Imagen: NASA

Esta etapa posee un sistema electrónico de control y guiado que se encarga de gestionar todo el cohete Titan IIIE y sus primeras etapas durante todas las fases del lanzamiento. Es básicamente el cerebro del cohete, que como es lógico suele estar en la última etapa disponible. Una de sus principales tareas es la de determinar en cada momento la posición y velocidad del Titan IIIE. Si hay discrepancias, envía comandos para aumentar o disminuir la potencia o para cambiar el ángulo de vuelo. Todo ello lo realiza controlando muchas veces por segundo los tiempos, consumos, presiones, sensores, orientaciones, aceleraciones y telemetrías. Para su cometido cuenta con un ordenador digital (Digital Computer Unit) modelo Teledyne Ryan con 16.384 palabras de memoria, lo que vienen a ser unos 16 kB de RAM. Funciona de forma coordinada con una unidad de referencia inercial de Honeywell y diversos módulos electrónicos. La etapa

Centaur tiene un total de 9,60 m de altura, 3,05 m de diámetro y pesa 15,9 toneladas. Usa hidrógeno líquido como combustible criogénico y oxígeno líquido como oxidante. Su empuje lo proporcionan dos motores modelo RL10A-3, que dan un empuje en el vacío de 66,7 kN cada uno, con un periodo de encendido total de hasta 470 segundos.

Justo encima de la etapa Centaur tenemos un adaptador en forma de cono, encargado de anclar el cohete al módulo de propulsión de las Voyager. Este cono tenía un diámetro de 1,60 m y una altura de 76 cm, con un peso total de tan solo 36 kg. Una vez terminado el trabajo de la etapa Centaur, este adaptador tenía una serie de explosivos en su parte superior que permitirían la separación de los dos módulos de la sonda Voyager.

Cuando vemos cualquier foto o esquema de las sondas Voyager, siempre aparece con unos soportes que salen de su parte inferior. Estos soportes la unían al «módulo de propulsión», cuyo tanque de combustible lo podemos ver envuelto en aislantes plateados. En la lona inferior se encontraría el motor Star 37E. Esta fotografía pertenece a los ensayos de encapsulado del modelo de pruebas. Imagen: JPL/NASA

Y por último llegamos a la que podríamos llamar 'Etapa 4', también conocida como «módulo de propulsión». Esta fue la etapa final, encargada de dar el empuje definitivo a las sondas Voyager hacia Júpiter. Sin embargo, es un módulo que estaba integrado con la sonda, por lo que era considerado parte de esta y no formaba parte del cohete Titan IIIE. Este sencillo cohete estaba formado por un tanque de combustible cilíndrico de 99 cm de diámetro y 89 cm de altura, con un peso en vacío de 43 kg. En su interior portaba 1039 kg de hidracina, que se quemaban rápidamente en la tobera de un motor Star 37E durante 42 segundos. Esto proporcionaba un empuje de 68 kN y añadía una velocidad extra a la sonda de 2 km/s, imprescindibles para llegar hasta el planeta gigante. Si este motor no hubiera funcionado o se hubiera apagado antes de tiempo, las sondas Voyager jamás habrían llegado a sus destinos. Su misión habría sido dar vueltas al Sol para siempre, en una órbita entre la Tierra y un poco más allá de Marte.

Alrededor del tanque cilíndrico podemos apreciar cuatro estructuras metálicas con dos motores de hidracina cada una, que se encargaban de mantener la orientación del conjunto módulo-sonda durante el breve pero brutal encendido. Cada pareja de toberas estaba formada por un motor de 444,8 newtons, que controlaba la orientación en los sentidos de «cabeceo» y «guiñada». El otro motor más pequeño, de 22,2 newtons, controlaba la orientación en el sentido del «alabeo». Con pequeños encendidos de estas toberas se evitaba que la nave se desviara de su rumbo. Como curiosidad, la hidracina para estos motores no venía del módulo de propulsión al que estaban acoplados, sino del depósito de hidracina de la propia sonda Voyager. Y, por cierto, la sonda Voyager técnicamente se llamaba «módulo de misión». El módulo de propulsión se encontraba unido a la sonda Voyager mediante una estructura formada por ocho tubos de aluminio. Una vez que el módulo de propulsión agotaba su combustible en menos de un minuto, unos dispositivos pirotécnicos se activaban y separaban este módulo de la sonda, que ahora ya podía continuar su vuelo en solitario.

LA PIROTECNIA

Un cohete Titan IIIE es una bomba volante. Pero no solo por la gran cantidad de propelentes que porta, sino por los cientos de explosivos que lleva repartidos por todas y cada una de las etapas. Básicamente, un cohete es equivalente a poner en órbita la mascletá de las Fallas de Valencia. Podemos encontrar dispositivos pirotécnicos en las estructuras de tubos y soportes que unen los cohetes sólidos con la etapa central, en la estructura que une la primera etapa con la segunda y en la que une la segunda con la etapa Centaur. Y, por supuesto, los tenemos por decenas en las dos mitades de la cofia, así como en la unión de la etapa Centaur con el módulo de propulsión. Tampoco nos olvidamos de los presentes en los tubos que unen el módulo de propulsión con el módulo de misión (la sonda Voyager). Y en los anclajes que mantenían plegados los brazos del generador nuclear RTG y la plataforma de ciencia a la sonda durante el lanzamiento. Todas y cada una de estas estructuras se separaban mediante decenas o cientos de diminutos explosivos. Estos se encargaban de romper los tornillos y los soportes que las mantenían unidas, permitiendo el desprendimiento de las etapas agotadas o de la apertura de los brazos de la sonda. Bueno, la colección se completa con otros explosivos que son necesarios para activar las baterías del módulo de propulsión y para encender los cohetes sólidos de la etapa 0. Incluso había otros para sellar los conductos de hidracina que van del módulo de misión al de propulsión. Por no hablar de los que se necesitaban para quitar las cubiertas que protegían instrumentos de las Voyager como el radiómetro y el espectrómetro interferómetro infrarrojo (IRIS). Todos ellos debían detonarse con una potencia muy justa y bien medida para romper el anclaje, pero que no dañara ninguna otra parte de la sonda o del cohete. Todo un despliegue de pirotecnia quirúrgica.

PERFIL DEL LANZAMIENTO

Para dejar a las sondas Voyager en un rumbo correcto, el cohete tenía que realizar una coreografía perfecta que implicaba seis encendidos de motores, teniendo que funcionar cada uno de ellos a la perfección. Primero se encendían las etapas sólidas laterales, luego la etapa 1, más tarde la etapa 2, posteriormente la etapa Centaur en dos ocasiones y finalmente el módulo de propulsión. Esta es la secuencia completa de los eventos principales durante ambos lanzamientos:

- Cuando la cuenta atrás llega a cero, los cohetes sólidos laterales hacen ignición y elevan al Titan IIIE sobre la plataforma de lanzamiento.

- A los 111 segundos (1 min, 51 s) de vuelo, se enciende el motor de la primera etapa central a 41 km de altura. Seis segundos más tarde se apagan los cohetes sólidos una vez que se han agotado y unos instantes más tarde se separan para ahorrar peso.

- A los 255 segundos (4 min, 15 s) se apaga la primera etapa tras un encendido de 144 segundos, a 113 km de la superficie. Un segundo más tarde se separa la primera etapa y se enciende la segunda.

- A los 266 segundos (4 min, 26 s) se produce la separación de la cofia, que deja a la Voyager y la etapa Centaur expuestas a la tenue atmósfera, a una altura de 119 km.

- Cuando se cumplen los 464 segundos de vuelo (7 min, 44 s) se apaga y separa la segunda etapa tras un encendido de 208 segundos, a 167 km de altura.

- Unos instantes más tarde, a los 481 segundos de vuelo, se enciende por primera vez la etapa Centaur (MES, Main Engine Start), con una ignición de 103 segundos a 169 km de altura.

- Cuando se apaga la etapa Centaur (MECO, Main Engine Cutoff), llevamos 584 segundos de vuelo (9 min, 44 s) y el conjunto Centaur/Voyager queda situado en una órbita de aparcamiento provisional alrededor de la Tierra a 169 km de altura. Como podemos comprobar, la etapa Centaur no ha elevado la sonda, sino que se ha encargado de imprimirle más velocidad y «circularizar» la órbita.

- El conjunto Centaur/Voyager girará alrededor de nuestro planeta durante 43 minutos y un segundo, hasta llegar al punto correcto desde donde deberá poner rumbo a Júpiter. En esta fase su altura bajará hasta los 157 km.

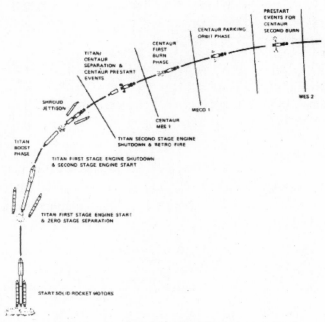

Esquema de las primeras fases del lanzamiento hasta la llegada a la órbita de aparcamiento. Imagen: NASA

– Cuando se cumplen 52 minutos y 45 segundos de vuelo, la etapa Centaur realiza su segundo y último encendido para salir de la órbita terrestre, comenzando a escapar por fin de la gravedad de nuestro planeta. Este segundo encendido durará 337 segundos (5 min, 37 s), hasta que la Centaur detecte que ha adquirido el rumbo correcto, viajando a unos 8 km/s respecto a nuestro Sol y apagándose a unos 335 km de altura.

– Dos minutos y 50 segundos más tarde, los dispositivos pirotécnicos separarán la etapa Centaur del módulo de propulsión de la sonda Voyager, el cual hará ignición unos quince segundos tras esta separación. Tras 45 intensos segundos, el motor Star 37E del módulo de propulsión se apagará. Esto habrá añadido otros 2 km/s de velocidad a la sonda Voyager, que serán imprescindibles para poder llegar hasta Júpiter. En ese momento la sonda se encuentra ya a 1219 km de nuestro planeta.

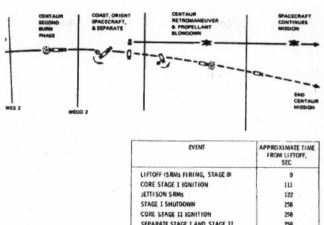

EVENT	APPROXIMATE TIME FROM LIFTOFF, SEC
LIFTOFF (SRMs FIRING, STAGE 0)	0
CORE STAGE I IGNITION	111
JETTISON SRMs	122
STAGE I SHUTDOWN	258
CORE STAGE II IGNITION	258
SEPARATE STAGE I AND STAGE II	259
JETTISON SHROUD	270
STAGE II SHUTDOWN	467
SEPARATE TITAN AND CENTAUR	473
CENTAUR MAIN ENGINE START, MES 1	483
CENTAUR MAIN ENGINE CUTOFF, MECO 1	613
CENTAUR MAIN ENGINE START, MES 2	2413
CENTAUR MAIN ENGINE CUTOFF, MECO 2	2725
SPACECRAFT SEPARATION	2956

Etapas finales del lanzamiento hasta la separación
de la sonda. Imagen: NASA

– Unos once minutos más tarde, a unos 7414 km de altura, la sonda Voyager sella los conductos que llevan la hidracina desde el módulo de misión (la sonda) hacia las toberas de orientación del módulo de propulsión. Instantes después, una serie de dispositivos pirotécnicos se encargan de separar físicamente ambos módulos para siempre. Gracias a unos sistemas de muelles, la separación se lleva a cabo a un ritmo de 61 cm/s, garantizando que no colisionarán en las horas posteriores.

– Minutos más tarde comienza una coreografía. Primero la sonda se gira para apuntar la antena a nuestro planeta. Posteriormente la Voyager desplegará todos sus apéndices, como su brazo RTG, el brazo de ciencia, el brazo del magnetómetro y las antenas de plasma y radio.

Tienes disponible una tabla resumen con todos los eventos del lanzamiento en el apéndice 4.

TÚ A URANO Y YO A TITÁN. INTERCAMBIO DE SONDAS DE ÚLTIMA HORA

Para el proyecto Voyager no se construyeron dos sondas en el JPL, sino tres naves completas:

- La VGR77-1, que era el modelo para realizar las pruebas y conocido como Proof Test Model. Sobre este modelo se realizaron las simulaciones y los ensayos más duros. Esto permitió un ahorro de tiempo y se evitó realizar todas las pruebas en las otras sondas que debían volar.

- La VGR77-2, que sería la primera sonda en ser lanzada en un trayecto más largo para realizar la misión que podría sobrevolar hipotéticamente Urano y Neptuno. La conoceríamos como Voyager 2.

- Y la VGR77-3, que sería la segunda sonda en ser lanzada en una trayectoria más corta y veloz. Tras llegar la primera a Júpiter y Saturno, sería desviada para un sobrevuelo de Titán. Su nombre sería Voyager 1.

En los primeros días de agosto de 1977 ambas sondas estaban ya terminadas y siendo sometidas a numerosas pruebas en cabo Cañaveral. Pero durante estos test aparecieron problemas en los ordenadores AACS y FDS de la sonda VGR77-2, que tenía que ser lanzada en primer lugar el 20 de agosto. Visto el alcance del problema en los dispositivos electrónicos, se concluyó que harían falta varias semanas para arreglarlo, por lo que no daría tiempo a lanzar la misión. En lugar de aplazarla, se optó por una solución más radical: las dos sondas que iban a volar serían intercambiadas. Las misiones se mantendrían, con la primera sonda con una misión ampliable a Urano y Neptuno y la segunda sonda más veloz que sobrevolaría Titán. Por tanto, ahora las sondas habían intercambiado el orden:

- La nave VGR77-3 ahora se lanzaría primero, en una misión que podría ampliarse y que conocemos actualmente como Voyager 2.

- Y la nave VGR77-2, que se lanzó más tarde y que finalizaría su misión planetaria sobrevolando Titán. La Voyager 1 para los amigos.

En principio el cambio no suponía mayor problema, ya que ambas sondas eran completamente idénticas. Excepto por el hecho de que la VGR77-2 tenía unos RTG más cargados para poder usar más energía en Urano y Neptuno. Así que también tuvieron que intercambiarse los RTG entre sí, para que la primera misión lanzada tuviera los generadores más potentes. Y, como el amplificador del sensor solar, el codificador Reed-Solomon y el preamplificador de las cámaras fueron implementados en ambas naves, no tuvo que intercambiarse nada más. Ya nadie ocultaba que el objetivo de Urano era real y los propios *press kits* del JPL así lo indicaban. Las sondas ya estaban construidas y nadie las iba a parar.

Encapsulación de la sonda Voyager 2 el 8 de agosto de 1977. Imagen: KSC/NASA

Días más tarde, la VGR77-3 (ahora Voyager 2) tenía los RTG más potentes y estaba ya lista para ser acoplada al cohete Titan Centaur 7. Tras concluir todas las nuevas pruebas y chequeos el 7 de agosto, al día siguiente se procedió a envolver a la sonda con su cofia. Unas nuevas pruebas realizadas con la sonda ya guardada en la cofia mostraron que había problemas eléctricos en el instrumento LECP (Low Energy Charged Particle). Así que la nave tuvo que ser sacada de la cofia para corregir el fallo, que fue solucionado colocando una simple toma de tierra al instrumento. Por segunda vez, el 10 de agosto se procedió a encapsular definitivamente a la Voyager 2. El 11 de agosto la sonda se trasladó por fin a la Torre de Lanzamiento 41 de cabo Cañaveral, donde fue colocada en la parte superior del cohete Titan IIE (TC-7) a 48 m de altura. Finalmente, el 15 de agosto se procedió sin incidentes al ensayo de la cuenta atrás. Todo quedó listo para el lanzamiento, programado para el 20 de agosto.

LOS LANZAMIENTOS Y LA FASE DE CRUCERO INICIAL

Bueno, vamos a ir lanzando ya las sondas, que con la tontería se nos va a pasar la ventana de lanzamiento. Cuando pensamos en las sondas Voyager, generalmente suponemos que la parte más peligrosa de sus misiones fueron los largos años de frío vuelo por el vacío entre los planetas del sistema solar. O quizás al atravesar el cinturón de asteroides, al acercarse al dañino entorno de radiación de Júpiter o incluso al acercarse a los anillos de Saturno. Sin embargo, la realidad es que estuvimos a punto de perder a las dos sondas Voyager durante la fase de lanzamiento. A pesar de unos despegues (casi) perfectos, se rozó la tragedia tanto con la Voyager 2 como con la Voyager 1. *Pa* habernos *matao*.

Los planes indicaban que, unas horas después del lanzamiento, las naves ya debían tener desplegados todos sus mástiles y plataformas, manteniendo una orientación estable y comenzar la fase de crucero inicial. Esta nueva fase abarca los primeros 95 días de vuelo, durante los cuales se tendrían que comprobar todos los sistemas e instrumentos de las sondas. La Voyager 2 estuvo en esta fase hasta mediados del mes de noviembre y la Voyager 1 hasta principios de diciembre de 1977. En esta sección vamos a ver sus lanzamientos y los incidentes más importantes que ocurrieron en los primeros meses de vuelo.

LANZANDO PRIMERO LA VOYAGER 2

Desde la Torre de Lanzamiento 41, la primera sonda en emprender su viaje fue la Voyager 2 (n.º de serie VGR77-3), cuyo despegue se produjo el 20 de agosto de 1977 a las 10:29:44 EDT (hora local de Florida, las 14:29:44 UTC). La ignición ocurrió cinco minutos después de abrirse su ventana de lanzamiento, en el primer día de los 30 disponibles para enviarla al espacio. La cuenta atrás solo tuvo que detenerse durante unos segundos, unos cinco minutos antes del despegue, para comprobar el estado de una válvula del cohete.

Instante del lanzamiento de la sonda Voyager 2. Ese momento marcaba el comienzo del Grand Tour, la aventura de exploración espacial más grande de la historia. Imagen: KSC/NASA

CAOS TOTAL EN LA VOYAGER 2.
EL PROBLEMA DE LOS GIROSCOPIOS

Tras un lanzamiento inicial perfecto a bordo del cohete Titan IIIE, los problemas comenzaron tan solo 16 segundos después del apagado del módulo de propulsión. La telemetría recibida en la sala de control indicaba que se había producido un fallo en el giroscopio B de la sonda, que se había saturado. Se dice que un giroscopio se satura cuando la nave gira a un ritmo más elevado de lo que puede soportar o está programado. Además, el ordenador principal del AACS se había reiniciado y estaba encendiendo otro giroscopio de reserva, según indicaba la telemetría. Por si fuera poco, esta telemetría llegaba incompleta a la Tierra y no se tenían todos los datos, por lo que no se podía averiguar qué estaba pasando. La incertidumbre en los miembros del equipo iba creciendo y las caras reflejaban que algo no iba bien. Hay que tener en cuenta que, durante los primeros 80 días de la misión, las comunicaciones se realizaban con la antena de baja ganancia en la banda S. Es decir, que la sonda tenía una mayor tolerancia a perder la orientación y aun así mantener las comunicaciones. Por tanto, si la telemetría no llegaba es que la sonda estaba girando mucho más allá de lo esperado. Como declararon algunos responsables de la misión un tiempo después, en ese momento pensaban que habían perdido la sonda. Incluso hubo un instante en el que los responsables quisieron reiniciarla, pero con eso se corría el riesgo de que perdiera la orientación y no encontrara de nuevo el Sol. En ese momento, Chris Jones, el responsable del sistema de protección contra fallos, se opuso firmemente. Él era el único que pensaba que la sonda estaba bien y que solo había que darle algo de tiempo para que recuperara la normalidad.

A las 19:00 UTC la señal comenzó por fin a llegar fuerte y estable, para alivio de todos. En ese momento se le envió un comando para que se descargara toda la telemetría que se había almacenado en la cinta grabadora y así esclarecer la situación de la nave. Los datos recibidos revelaron una gran sorpresa, ya que demostraban que el ordenador de la sonda había actuado como se esperaba durante todo momento. ¿Qué había pasado entonces? El análisis completo de la telemetría mostró que, durante la fase de lanzamiento con el cohete Titan IIIE, el giroscopio principal se había saturado, por lo que el ordenador AACS pasó a uno de reserva. Y poco después el propio procesador del AACS pensó que él mismo era el causante de los problemas y se apagó, quedando encendido el de reserva, tal y como estaba previsto en esas situaciones. Como sabemos, la Voyager 2 tiene tres giroscopios y cada uno está preparado para trabajar en dos ejes, por lo que entre dos de ellos podían mantener la orientación de la nave en el espacio. Durante el despegue estaban activos los giroscopios B y C. Pero, ante la saturación del B, el ordenador dejó activos el A y el C. Pero, como el sistema seguía saturado, puso en modo activo al A y al B, momento en el cual el problema desapareció. Por tanto, en ese instante, para el ordenador el culpable parecía ser el giroscopio C. Sin embargo, desde que la sonda volvió a la estabilidad, el giroscopio C volvió a funcionar con normalidad, para sorpresa de todos. Semanas más tarde y tras analizar con detalle los datos, se llegó a una asombrosa conclusión.

Durante el ascenso inicial, el cohete Titan IIIE realiza una maniobra de giro sobre su eje para reorientarse camino a la órbita. Pero, claro, esta maniobra no la tenía prevista la Voyager 2 y no la supo interpretar. Durante su misión, la sonda iba a realizar giros sobre sí misma mucho más lentos que el rápido giro que había experimentado en el cohete. Como los giroscopios de la Voyager 2 no estaban programados para girar a esa velocidad, simplemente se saturaron. Eso provocó el reinicio del ordenador AACS y el encendido alternativo de los otros giroscopios. Como todo esto ocurrió en el proceso de configuración inicial de las toberas, la secuencia de activación quedó interrumpida y a medio hacer. Si a eso le añadimos una brusca separación de la etapa de propulsión que provocó un giro en la sonda, además del despliegue de los brazos que provocaron diversas inestabilidades, el caos estaba asegurado. Y, por si fuera poco, el ordenador recibió dos veces la orden de configurar las toberas, lo que retrasó toda la recuperación de los sistemas afectados. En realidad la sonda actuó correctamente en cada momento, intentando establecer la normalidad por sí misma y salir de una situación para la que no había sido programada. Al principio los ingenieros no sabían qué estaba pasando, ya que no habían tenido en cuenta el movimiento del cohete, y esta fue la primera señal de que había que darse un tiempo para conocer su funcionamiento real. Su complejidad era muchísimo mayor que todas las anteriores y sería necesario un periodo de pruebas en el que los equipos de navegación se irían familiarizando con la autonomía de la nave y adaptándose a sus particularidades.

Ya a las 20:00 UTC el sensor solar localizaba nuestra estrella y la sonda quedaba perfectamente estabilizada en dos de sus ejes. Este proceso, que en circunstancias normales habría llevado cinco minutos, había tardado más de tres horas. Y no fue hasta el 24 de agosto cuando la Voyager 2 logró encontrar a la estrella Canopus con sus sensores estelares. Ese día, por fin se logró por primera vez que la nave quedara completamente estabilizada en sus tres ejes, tras cuatro días de incertidumbres.

EL PROBLEMA DEL BRAZO DE CIENCIA

Por si todos estos problemas fueran pocos, en esos caóticos momentos también estaba programado el despliegue del brazo de ciencia de la Voyager 2 con todos sus instrumentos. Sin embargo, pasaban las horas y no llegaba la señal que confirmara que el proceso se había completado, ni siquiera que se hubiera anclado correctamente en su posición final. Con un brazo a medio desplegar y sin anclar, no solo se perdería una buena parte de los instrumentos del brazo, sino que la estabilidad de la propia nave estaba en peligro. Entre las opciones planteadas en los primeros instantes estaba que hubiera fallado el sensor que tenía que confirmar el despliegue y que el brazo realmente estuviera bien. Con una tolerancia a la desviación de hasta $0,05°$ respecto a la posición anclada, era posible que el brazo ya se encontrara en la posición correcta. Para comprobar que estaba bien desplegado, el equipo debía encontrar una manera sencilla e ingeniosa de averiguarlo. Doce horas después del lanzamiento se procedió a encender el instrumento de plasma que está en la plataforma para realizar mediciones del viento solar. Ya que se conoce la dirección que lleva el viento solar, cualquier desviación de las mediciones respecto a lo esperado indicaría que el brazo no estaba desplegado del todo. Los datos obtenidos indicaron sin lugar a duda que al brazo le faltaban todavía $2°$ más para llegar a su posición final. En los días siguientes se siguieron analizando los datos y la telemetría. Además, se usó la cámara de ángulo ancho para obtener fotografías del campo de estrellas visible y así conocer con más detalle la desviación exacta del brazo, ya que nos mostraría un campo estelar ligeramente distinto al esperado.

Vistos los problemas con la Voyager 2, el 22 de agosto los técnicos deciden sacar la sonda Voyager 1 de la cofia del cohete para realizar ajustes sobre ella y reforzar su brazo. En un par de días se añadieron cinco muelles que aumentarían la fuerza ejercida durante el despliegue y asegurar de esta manera el bloqueo en la posición correcta. Aunque inicialmente estaba previsto lanzar la Voyager 1 a finales de agosto, estos trabajos desplazaron la fecha de lanzamiento hasta la primera semana de septiembre.

Para realizar un último intento de anclar el brazo, los ingenieros diseñaron una imaginativa y desesperada maniobra. El plan sin fisuras era el siguiente. El día 26 de agosto la Voyager 2 obtendría tres fotografías de un campo de estrellas visible, con su cámara colocada en un determinado ángulo. Horas después realizaría una maniobra especial y más tarde volvería a obtener otras tres imágenes del mismo campo de estrellas. De esta forma se podría comprobar si la posición de las estrellas había cambiado, lo que indicaría que el brazo se había anclado. ¿Y en qué consistía esa maniobra especial? Pues era del tipo «sujétame el cubata», pero en plan JPL. Para ello la sonda dejó de seguir a la estrella Canopus y quedó liberada en el eje de giro de alabeo, lo que le permitiría rotar en el eje que atraviesa su antena. Entonces se encendió una tobera para hacer girar a la nave lo más rápido posible en ese eje. Una vez adquirida la velocidad de giro deseada, se procedería a la expulsión de la cubierta protectora de la cámara IRIS a través de varios explosivos. Esto provocaría un impulso extra y una sacudida del brazo, que tal vez forzara la apertura al completo de la bisagra, lo que permitiría anclarla con la clavija de bloqueo. Tras un primer intento abortado ese día, la maniobra especial pudo ser ejecutada tres días más tarde. Las imágenes obtenidas demostraron que el brazo estaba ahora a solo 0,06° de su posición prevista, pero seguía sin estar fijado. Había funcionado, pero poquito. A pesar de seguir sin bloquear, los análisis parecían indicar que el brazo era lo bastante estable como para poder trabajar con él. A partir de ahora, el frío lo iría bloqueando cada vez un poco más, evitando que se produjeran balanceos que pudieran desestabilizar la nave al mover la plataforma de escaneo de los instrumentos.

El 28 de agosto, se tenía que haber realizado en la Voyager 2 la primera maniobra de corrección de la trayectoria (TCM) hacia Júpiter, de las cuatro previstas antes de llegar al planeta. Sin embargo, debido a los problemas surgidos se decidió cancelarla hasta al menos el 11 de octubre, una vez que se resolvieran todos sus problemas. Ahora la prioridad era su hermana, así que, para concentrarse en el lanzamiento de la Voyager 1, los ingenieros colocaron a la Voyager 2 en fase de hibernación el 2 de septiembre. Con los comandos enviados, se le ordenaba que funcionara al mínimo hasta el 20 de septiembre. Todas las operaciones en la nave serían grabadas en la cinta de datos y posteriormente enviadas a nuestro planeta. Mejor no arriesgarse.

Y finalicemos con una curiosidad. Debido a la especial configuración de la trayectoria de la Voyager 2, durante sus primeros días de vuelo la nave tenía un rumbo que la llevó un poco por el interior de la órbita terrestre alrededor del Sol. Es decir, que estaba más cerca del Sol que nuestro planeta. El 29 de agosto la nave llegó a su máximo «acercamiento» a nuestra estrella, lo que provocó un pequeño aumento de las temperaturas que no supuso ningún problema. Y menos con tanto giro. Tras unos ajetreados primeros nueve días de vuelo, la Voyager 2 estaba ya como quien no quiere la cosa, a ocho millones de kilómetros de la Tierra, viajando a 10 km/s respecto a nuestro planeta y por fin de forma estable.

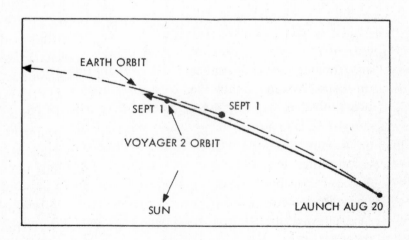

Durante tres semanas, la sonda Voyager 2 estuvo algo más cerca del Sol que la Tierra, dadas las características de su órbita. Imagen: JPL/NASA

AHORA LE TOCA EL TURNO A LA VOYAGER 1, Y POR POCO LA PERDEMOS TAMBIÉN

Antes de acabar la jornada del 29 de agosto, la Voyager 1 fue de nuevo encapsulada en el centro espacial, tras finalizar las tareas de refuerzo del brazo de ciencia. Posteriormente fue sometida de nuevo a los test eléctricos y al día siguiente la colocaron encima del cohete Titan IIIE. El lanzamiento de la sonda Voyager 1 tuvo lugar el 5 de septiembre de 1977 a las 08:56:01 EDT (12:56:01 UTC), 16 días después de su hermana. Y, aunque gracias al aprendizaje forzoso del anterior lanzamiento no sufrió los mismos problemas, también estuvo muy cerca de terminar en fracaso, aunque por diferentes razones.

En pleno lanzamiento, los datos de telemetría que llegaban a la sala de control durante el encendido de la segunda etapa y tras el primer apagado de la etapa Centaur eran muy preocupantes. Todo indicaba que la segunda etapa del Titan IIIE no había proporcionado todo el empuje necesario debido a una mala mezcla del combustible. Por tanto, durante la separación, la etapa Centaur se había quedado aproximadamente un kilómetro por debajo del lugar previsto y con una velocidad de 600 km/h menor de la esperada. Los sensores de la Centaur habían detectado esta falta de aceleración y para compensar realizó un primer encendido más largo de lo habitual. De esta manera podría apagarse a la altura y a la velocidad prevista, pero a costa de gastar 545 kg de combustible más de lo esperado inicialmente. Las caras en la sala de control eran un poema, puesto que no estaba claro si la Centaur tendría ahora suficiente combustible para finalizar por completo su segundo encendido. Un drama. Cuando llegó el momento de la verdad, la etapa Centaur se encendió por segunda vez. Debido a que había gastado más combustible en el primer encendido, en esta segunda ignición pesaba menos de lo esperado y finalizó su segundo encendido ahorrando unos 140 kg de combustible. Esto salvó la misión, ya que, tras la separación de la sonda Voyager junto a su módulo de propulsión en la órbita correcta y con la velocidad adecuada, el equipo comprobó aterrado que solo había sobrado combustible para 3,5 segundos de impulso más. Si la etapa hubiera necesitado unos segundos más para llegar a la altura necesaria, la Voyager 1 jamás habría podido llegar a Júpiter y se habría perdido la misión. Pero eso no es todo. Si ese problema hubiera surgido durante el lanzamiento de la Voyager 2 unas semanas antes, la etapa Centaur se habría quedado sin combustible mientras intentaba dejar la sonda en la trayectoria correcta. En ese lanzamiento, el encendido de la Voyager 2 tuvo una mayor duración debido a la órbita que necesitaba adquirir, por una posición menos favorable de Júpiter y la distinta configuración de su vuelo. Hasta el orden en el que se eligieron los cohetes salvó la misión.

Lanzamiento de la sonda Voyager 1 el 5 de
septiembre de 1977. Imagen: KSC/NASA

Segundos después de la separación de la Centaur, hacía ignición el motor Star 37E del módulo de propulsión durante 42 segundos. Esto proporcionaría a la Voyager 1 los 2 km/s de velocidad extra que necesitaba para poder llegar hasta Júpiter. Durante el encendido, las toberas encargadas de mantener la orientación correcta gastaron solo 2 kg de hidracina frente a los 14 kg previstos, por lo que la sonda Voyager 1 dispondría de 12 kg más de combustible para realizar todas las maniobras de su misión. Unos minutos después la Voyager 1 ya había adquirido al Sol, quedando fijada su orientación en dos ejes. Pocas horas después se fijaba la orientación en el tercer eje con la adquisición de Canopus como estrella de referencia. La telemetría y descarga de datos funcionó correctamente durante las primeras fases de vuelo. Lección aprendida. Más tarde, toda la secuencia de eventos de despliegue ocurrió tal y como estaban previstos. El brazo del generador RTG, el brazo de ciencia y el del magnetómetro se desplegaron una hora tras el lanzamiento y las antenas del sistema de radioastronomía y del sistema de plasma PWS otra hora más tarde. Los instrumentos fueron encendiéndose uno por uno sin incidencias, menos el fotopolarímetro, que se mantuvo apagado para evitar que quedara dañado por el reflejo de la luz de la Luna, ya que la sonda pasó a tan solo 92.000 km de distancia. Por poco, pero ya teníamos a las dos sondas alejándose para siempre de nuestro planeta. El Grand Tour seguía adelante.

EL CASO DE LAS TOBERAS

Sin ningún incidente destacable, unos días después del lanzamiento finalizaron las pruebas iniciales y de comunicaciones con la Voyager 1. De esta manera, el JPL ya tenía luz verde para realizar la primera TCM, dividida en dos encendidos que se realizarían el 11 y el 13 de septiembre. Pero, claro, la suerte no dura para siempre. El análisis de la telemetría y la medición de la distancia a la nave indicaban que algo no había ido del todo bien en esa doble maniobra. Los datos mostraban que se habían ganado 2,45 m/s en el primer encendido y 10,11 m/s en el segundo. Así que el cambio de velocidad total proporcionado por esa maniobra fue de 12,56 m/s, un 20 % menor al esperado. Pero la telemetría también indicaba que los motores habían estado funcionando todo el tiempo planeado y que la hidracina utilizada había sido la prevista. Entonces, ¿qué había pasado? Tras numerosas teorías se concluyó que los motivos fueron varios. La principal causa era que los gases que salían de las toberas estaban chocando con las estructuras de soporte inferiores y por tanto se perdía efectividad. Estas estructuras habían mantenido unida a la sonda con el módulo de propulsión y ahora estaban en el camino de los gases de las toberas. Sin embargo, esto no explicaba toda la falta de velocidad detectada, ya que los cálculos previos indicaban que esto provocaría una pérdida de solo el 7 % en el empuje. Tras analizar otros datos, se comprobó que el efecto de la presión del viento solar estaba siendo mayor del esperado. Y, ¡ojo!, la puesta en marcha y la parada de la cinta grabadora de datos, así como el movimiento de la plataforma de escaneo, estaban afectando también, al cambiar un poco la orientación de la nave.

Por tanto, se pusieron en marcha algunas medidas que se aplicarían en las siguientes maniobras. Entre ellas estaban la detención del movimiento de la cinta de datos durante el encendido de las toberas y la modificación de la orientación de la nave para tener menos presión de viento solar. Y, claro, había que encender durante más tiempo las toberas. Esto último era lo peor, ya que provocaría un gasto de combustible que no estaba previsto inicialmente. Así que el equipo de navegación tuvo que ponerse a diseñar una estrategia para ahorrar combustible durante el resto de la misión. De nuevo, había que volver a reinventar la misión para hacer frente a cosas que no estaban en los planes. La nueva estrategia consistía en aplazar un poco las siguientes TCM programadas para que la sonda estuviera más cerca del planeta y así tuviera un poco más de velocidad. Por ejemplo, si la Voyager 2 realizaba su TCM unos once días después de sobrevolar Júpiter, en lugar de los 70 días previstos, la maniobra lograría ahorrar casi 9 kg de hidracina. Con este sistema, el ahorro sería prácticamente el mismo que el combustible extra que necesitaría gastar con las TCM. Finalmente, el 29 de octubre la Voyager 1 realizó con éxito su segunda TCM para corregir algunos pequeños errores en el lanzamiento y para compensar la falta de velocidad de la primera maniobra.

UNA PRIMERA FOTOGRAFÍA PARA LA HISTORIA

Pocos días después de despegar, la sonda Voyager 1 ya había obtenido su primera imagen histórica. El día 18 de septiembre, la sonda adquirió una secuencia de fotografías del sistema Tierra-Luna en color, que fueron enviadas a la Tierra entre el 7 y el 10 de octubre. Estas fueron las primeras imágenes obtenidas en las que ambos mundos aparecían juntos. Una foto icónica.

El día 18 de septiembre la sonda Voyager 1 se encontraba a una distancia de 11,6 millones de kilómetros de nuestro planeta. Ese día giró sus cámaras para obtener una serie de fotografías de la Tierra y la Luna. Por primera vez en la historia, ambos mundos aparecían en la misma imagen. Bueno, en dos de ellas, puesto que no cabían en el campo de la cámara y se tomó un pequeño mosaico. El brillo de la Luna fue aumentado posteriormente porque era demasiado oscura. Imagen: JPL/NASA

LA VOYAGER 2 SIGUE CON SUS ACHAQUES

El 23 de septiembre, cuando la Voyager 2 llevaba poco más de un mes de misión, sufrió un fallo en el ordenador principal del FDS (Flight Data Subsystem) y toda la telemetría llegaba incompleta a la Tierra. De los 243 valores que se suelen adquirir habitualmente de telemetría, solo se recibían 228 de ellos. Tras barajar muchas opciones, se decidió realizar un reseteo del ordenador el 10 de octubre que no sirvió para mucho, ya que seguían produciéndose los mismos errores. Esto indicaba que el circuito que gestionaba esos sensores había fallado definitivamente. De todas formas, en el JPL estaban tranquilos. De los quince valores perdidos, algunos solo sirvieron durante el lanzamiento, otros eran redundantes y otros se podían deducir con combinaciones de los datos que seguían llegando correctamente. Solo unos pocos valores tenían realmente trascendencia para conocer el estado de algunos componentes de la nave. Por tanto, era un problema menor y se decidió seguir usando el mismo ordenador, aceptando la pérdida de estos sensores.

Y ahora voy a ser sincero. La verdad, siempre había pensado que las sondas Voyager eran casi perfectas y que apenas tuvieron unos pocos incidentes durante su misión. Sin embargo, mientras leía la documentación para este libro, descubrí que ambas sondas habían sufrido más de un centenar de incidentes de este tipo desde sus inicios. Desde sensores que fallaban, filtros atrancados, componentes cortocircuitados y circuitos degradados. Lo más sorprendente de todo es que el equipo de la misión logró solucionar casi todos los problemas. En ocasiones se pasó a usar sistemas de reserva, a veces se reutilizaron otros sistemas y otras veces simplemente trabajando con lo que quedaba en funcionamiento en ese componente. A día de hoy me sigue pareciendo increíble que fueran capaces de llegar a Júpiter, por lo que pensar que han funcionado cinco décadas es una locura. Vaya pedazo de naves y vaya formidables equipos.

LA VOYAGER 2 COMIENZA SUS MANIOBRAS

Recordemos que la primera TCM de la Voyager 2 había sido aplazada en agosto por los problemas en la nave, pero finalmente tuvo lugar el 11 de octubre. Para compensar la conocida pérdida de eficacia observada en la Voyager 1, se aumentó la duración y se le imprimió un giro en el eje de cabeceo para compensar la presión solar. Los datos mostraron que tras la maniobra se adquirió la velocidad deseada, con una desviación de tan solo un 1 %. Gracias a esto, la nave tenía ya la trayectoria correcta para sobrevolar Ganimedes a 60.000 km de distancia. Ese encuentro tendría lugar el 9 de julio de 1979, un año, ocho meses y 28 días más tarde. Incluso después de tantos años siguiendo misiones espaciales, me sigue maravillando que se calculen con tanta precisión los sobrevuelos que ocurrirán muchos años en el futuro a miles de millones de kilómetros de distancia. Incluso conociendo el minuto y los segundos exactos en los que se producirá el encuentro, la distancia a la que ocurrirá y el hemisferio que será visible para la nave. Como siempre, la «magia» de la ciencia. El 31 de octubre se hizo una maniobra de giro para minimizar el efecto de la presión del viento solar hasta colocarla en una posición de vuelo «al revés». Para mantenerla estable, la estrella de referencia pasó de Canopus a Deneb. Otra manera de reinventar la misión en pleno vuelo debido a las circunstancias.

EL DÍA QUE EL JPL TUVO DOS NUEVAS ANTENAS

Un poco de cotilleo y salseo. El 27 de octubre, el príncipe Carlos, que era por aquel entonces el eterno heredero al trono británico, hizo una visita al JPL. Dentro del plan del recorrido de las instalaciones estaba la sala de control de las Voyager. Así que el equipo organizó la visita y le prepararon un teléfono para que pudiera enviar un comando a la sonda Voyager 1. El comando seleccionado es conocido como DC-2A, que permite medir la distancia hasta la sonda en un determinado momento usando el efecto Doppler. Vamos, que le prepararon algo que no pudiera causar mucho destrozo. Por tanto, una vez en el centro de control, el príncipe Carlos habló por teléfono con el operador de las antenas en Canberra (Australia), al que comunicó el comando que había que mandar. Dada la distancia a la que se encontraba la sonda Voyager 1 en ese momento respecto a las dos antenas del JPL, las señales tardaron dos minutos y medio en ir y otros tantos en volver. A los cinco minutos y con puntualidad británica, apareció el aviso en la consola confirmando el éxito de la operación. La pantalla indicaba que la sonda estaba a unos 46 millones de kilómetros. *God save the JPL!*

El 27 de octubre el príncipe Carlos visitaba el JPL y se fue tras comprobar que las Voyager estaban muy lejos y que no quedaba té en la cafetería. Dicen las malas lenguas que el príncipe Carlos recibió directamente las señales de telemetría de las sondas sin la ayuda de las antenas de la DSN. En la imagen está junto a Bruce Murray, director del JPL. Imagen: JPL/NASA

EL CAOS DE LA FASE DE CRUCERO HASTA JÚPITER

En los primeros días de diciembre de 1977, ambas sondas estaban ya en la fase de crucero hacia Júpiter y con la antena de alta ganancia apuntando definitivamente hacia la Tierra. El objetivo principal de esta fase era estudiar el medio interplanetario y preparar el encuentro con Júpiter. Aunque, en realidad, estuvo más centrado en mantener con vida a las dos sondas. Veamos algunos de los eventos más importantes, así como los incidentes más destacados y cómo el equipo de la misión se las ingenió para resolverlos.

EL CASO DEL FOTOPOLARÍMETRO RESUCITADO

En el mes de octubre, la rueda del polarizador del fotopolarímetro PPS ya había comenzado a dar problemas con algunos atascos. Por los datos recibidos, el problema parecía estar provocado por el fallo de un chip que controlaba el movimiento. Y en diciembre también empezó a fallar el motor de pasos de la rueda de filtros. Las ruedas de este instrumento tenían un total de 40 combinaciones posibles y cada 24 segundos se podía cambiar a otra posición para analizar la luz y conocer su intensidad y polarización. Sin embargo, este atranque dejaba al instrumento sin funcionalidad y tras varias pruebas se le dio por perdido. De forma inexplicable, en enero de 1978 comenzó a funcionar con total normalidad y el fotopolarímetro pudo volver a trabajar. Sabíamos que las Voyager podían tomar decisiones por su cuenta, pero no que se curaban solas.

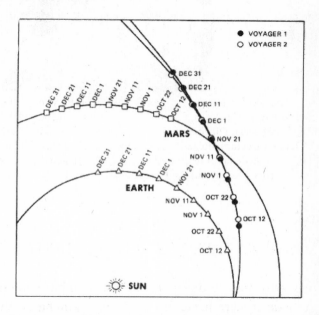

El gráfico del adelantamiento. Tras superar la órbita de Marte a finales de noviembre, la Voyager 1 superó a la Voyager 2 el 15 de diciembre, a 127 millones de kilómetros de nuestro planeta. Imagen: JPL/NASA

EL CASO DE LA SONDA QUE ADELANTÓ POR LA DERECHA

Hacia finales de noviembre, ambas sondas habían superado la órbita de Marte, aunque ninguna de ellas se acercó ni remotamente al planeta rojo. La Voyager 1 lo dejó a 139 millones de kilómetros y la Voyager 2 a más de 137 millones de kilómetros. Eso no daba ni para una fotito lejana. Y, aunque la sonda Voyager 1 fue lanzada 16 días más tarde que la Voyager 2, llevaba una mayor velocidad tras el lanzamiento. Así que el 15 de diciembre se produjo el esperado adelantamiento, cuando las sondas estaban a una distancia de 127 millones de kilómetros de la Tierra. A partir de ese momento, la Voyager 1 siempre llevaría la delantera y fue dejando muy atrás a la Voyager 2, llegando a Júpiter cuatro meses antes que ella.

EL CASO DE LA PLATAFORMA ATASCADA

El 23 de febrero de 1978 surge un gran problema. La plataforma de escaneo de la sonda Voyager 1 se queda atascada en el eje de azimut, el que permite moverla hacia los laterales. Al ser la plataforma encargada de apuntar las cámaras hacia Júpiter y sus lunas durante el sobrevuelo, el resultado de la misión corría grave peligro. Por tanto, esto pasó a ser la prioridad número uno para todos los equipos del JPL. Durante varios días se planificaron pruebas para comprobar el alcance del problema y buscar posibles soluciones. Esta plataforma tiene diversas velocidades de giro para su funcionamiento: 0,0052°; 0,0833°; 0,333° y 1° por segundo. Esas velocidades harían que la plataforma tardara entre unas 20 horas y unos seis minutos en realizar un hipotético giro de 360°.

El 17 de marzo se realizó la primera prueba, que consistió en mover la plataforma a muy baja velocidad, a tan solo 0,0052 grados por segundo. Tras el test solo se había movido +1,5° desde la posición de atranque, muy lejos de lo programado. El 23 de marzo se preparó una segunda prueba, que logró un movimiento de +9° en azimut y +3° en elevación. Tras varios días de pequeños movimientos, los controladores optaron por dejarla parada en una posición que fuera útil para el sobrevuelo de Júpiter, en 235° azimuth y 115° de elevación. Así, al menos podrían obtener algunas fotografías en el caso de que no se volviera a mover. El problema era que, en buena parte de la secuencia de imágenes previstas, la plataforma tenía que moverse y pasar numerosas veces por esa temida posición. Como la zona del engranaje donde se producía el atasco estaba situada en 45° azimuth y 193° elevación, se evitó pasar por ella en las pruebas para que no volviera a atrancarse. La teoría más extendida era que un pequeño fragmento de teflón o de plástico de una bobina estaba bloqueando algunos dientes del engranaje. En pruebas realizadas con la sonda de reserva, se pudo comprobar que, si el mecanismo se seguía usando con normalidad, el fragmento se rompería sin dañar nada. El 31 de mayo y el 2 de junio se realizaron nuevas pruebas de movimiento en la Voyager 1. En ambos casos, se pasó por encima de la zona crítica y finalmente se logró la liberación del engranaje, sin que se volvieran a producir más incidentes en el movimiento de la plataforma. Hay testimonios que afirman que el suspiro de alivio se oyó hasta en Canberra.

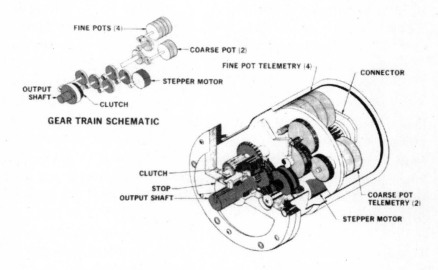

Engranajes de los motores de la plataforma de escaneo de las Voyager. Imagen: JPL/NASA

EL CASO DE LA FALTA DE PERSONAL

El 1 de marzo de 1978, el JPL toma la radical decisión de suspender temporalmente todas las actividades en ambas sondas, menos las esenciales. ¿Qué había pasado para tomar esa decisión tan drástica? Pues que la situación en las Voyager y los equipos había llegado ya al límite. La cantidad de problemas era tan grande que casi todos los esfuerzos se centraban en arreglar y comprender las sondas, en lugar de preparar el encuentro con Júpiter. Además, el personal en muchas áreas era claramente insuficiente para atender a dos naves independientes y estaban completamente agotados tras muchos meses sin descanso. La preparación de la secuencia de experimentos que tendrían que llevarse a cabo en Júpiter no progresaba y cada vez quedaba menos tiempo. Y el atranque en la plataforma, un fallo en una maniobra y la pérdida de sensibilidad de un instrumento fueron las gotas que colmaron el vaso. Con unas sondas mucho más complejas de lo habitual, con cientos de actividades de ciencia que programar en el crucero y con decenas de problemas que solucionar, el equipo estaba agotado. Por tanto, el JPL tuvo que contratar a más personal para hacer frente a todos los problemas y poder llegar preparados hasta Júpiter. Para mediados del mes de abril se habían incorporado decenas de nuevos técnicos que permitieron afrontar todas las tareas pendientes y con ello asegurar el éxito de la misión.

EL TERRIBLE CASO DEL FALLO EN EL RECEPTOR PRINCIPAL DE LA VOYAGER 2

Esta es una historia de mala suerte, de buena suerte, de mala planificación y de buena planificación. Lo tiene todo y por muy poco estuvo a punto de provocar la pérdida definitiva de la Voyager 2, en buena parte por culpa de la falta de personal que hemos visto anteriormente. El 5 de abril de 1978 se recibe una telemetría crítica en las antenas de la DSN que hace saltar todas las alarmas. Los datos indicaban que el ordenador principal CCS había colocado a la sonda Voyager 2 en un modo contra fallos, a la espera de órdenes desde la Tierra. Algo grave había ocurrido. La telemetría mostraba que la sonda había pasado automáticamente del receptor de radio principal al secundario, al no recibir nuevas órdenes ni comandos durante siete días seguidos. Desde el principio de su misión las Voyager estaban programadas para actuar de esa manera, puesto que tantos días sin recibir comandos solo podía ser interpretado por la nave como un fallo en su receptor de radio principal. Sin embargo, las comunicaciones con ambas sondas eran frecuentes y diarias. ¿Qué estaba pasando? La realidad era muy triste, ya que había tantos problemas por resolver en la Voyager 1 y tantas tareas por programar que se habían olvidado durante siete días de enviarle algún comando a la Voyager 2. Y esta, al no recibir nada desde nuestro planeta, pensó que el receptor de radio principal estaba fallando y pasó al de reserva. Sin embargo, la nueva telemetría recibida indicaba que este receptor de reserva tenía un fallo en un condensador debido a un cortocircuito.

Con este problema, la sonda no sería capaz de fijar la frecuencia en la cual recibe la señal desde la Tierra. Y, efectivamente, ahora la sonda ya no respondía a los comandos enviados. Así que nos encontramos con la peor situación posible: una nave espacial que viaja sin receptores de radio. Por suerte, la sonda estaba programada para volver de nuevo al receptor principal en el caso de que no recibiera órdenes durante doce horas en el de reserva. Por lo que, pasado ese tiempo, lo volvió a activar. Para alivio de todo el mundo, desde ese momento la sonda recibió los nuevos comandos con normalidad. Sin embargo, a los 30 minutos de establecer la conexión se produjo un cortocircuito, lo que dañó irreparablemente el receptor principal. En el JPL no se lo podían creer. Así que la sonda siguió con este receptor dañado durante siete días, hasta que automáticamente volvió a saltar al de reserva el 13 de abril, por no recibir nuevos comandos. Todos eran conscientes de que la Voyager 2 tenía un grave problema.

UNA SOLUCIÓN INGENIOSA PARA EL RECEPTOR SECUNDARIO AVERIADO

El receptor principal estaba perdido. Y, como el receptor de reserva no era capaz de localizar la frecuencia correcta de la señal enviada desde la Tierra, se decidió usar una nueva técnica que se había diseñado durante los días de espera. Para comprender la situación mejor, recordemos el efecto Doppler. Si estamos en una calle y pasa una ambulancia a toda velocidad cerca de nosotros, el tono de la sirena es más agudo mientras se acerca y justo al alejarse se escuchará con tonos más graves. Sin embargo, el conductor de la ambulancia siempre oirá el mismo tono. Pues lo mismo ocurre con las frecuencias de radio. Si tenemos en la Tierra una emisora de radio emitiendo en una determinada frecuencia, el receptor que tenemos en casa recibirá la señal en la misma frecuencia. Pero, con una sonda desplazándose a varios kilómetros por segundo en el espacio, se produce un efecto Doppler apreciable, lo que provoca un cambio en la frecuencia que se recibe en la sonda. La labor de ese condensador dañado del receptor era «bloquear» la frecuencia y permitir la recepción de la señal durante toda la retransmisión sin pérdida de datos, a pesar de ese efecto Doppler. Virtualmente era como si la sonda estuviese en reposo y no le afectara el desplazamiento, de ahí que se la denomine *rest frequency* o «frecuencia de reposo». Con el fallo del circuito encargado de gestionar la frecuencia, las comunicaciones serían casi imposibles con la sonda. Y, por si fuera poca la complicación, la temperatura a la que estuviera el receptor en cada momento afectaría también a la frecuencia de la señal recibida.

Por tanto, en pocos días hubo que idear un sistema para que la sonda captara siempre la frecuencia correcta y recibiera los comandos. Este sistema debería tener en cuenta en cada conexión la temperatura a la cual se encontraba el receptor, que variaba según la orientación de la sonda, la distancia al Sol y los instrumentos que estuvieran operativos. Además, también había que tener en cuenta el desplazamiento de la sonda, el movimiento de la Tierra alrededor del Sol y el giro de nuestro planeta sobre su eje. Nada fácil. Tras varios días de análisis, se idearon unos algoritmos que se introdujeron en los ordenadores de la Deep Space Network. Estos cálculos adaptarían durante cada transmisión las frecuencias utilizadas, de tal manera que siempre lleguen en la misma frecuencia a la Voyager 2, contrarrestando las desviaciones debidas al Doppler. Había tanto por hacer que, cuando se probó la transmisión con éxito, se le estuvieron enviando comandos desde Robledo de Chavela durante nueve horas para asegurar la nave y comprobar todos sus sistemas. De hecho, se siguió utilizando este sistema para todas las comunicaciones de la sonda durante la misión y se sigue usando en la actualidad para cada envío de comandos. De nuevo, la misión fue salvada por un pelo.

EL CASO DE LA CATÁSTROFE TOTAL EN LA VOYAGER 2

El 23 de junio de 1978 se envió desde el JPL a la sonda Voyager 2 algo nuevo y en parte tranquilizador. Todos los comandos enviados ese día formaban parte de lo que se llamó un BML o *backup mission load* («carga de la misión de respaldo»). El objetivo de este conjunto de comandos era asegurar un retorno mínimo de ciencia, incluso en el caso de que el receptor de la Voyager 2 fallara definitivamente. Si la sonda no podía recibir nuevos comandos, al menos podría trabajar algún tiempo para cumplir con una parte de sus experimentos. Todos estos comandos se guardan en una sección de la memoria de reserva del CCS y, aunque se perdía un valioso espacio, merecía la pena. El BML contiene operaciones con los once experimentos y la obtención programada de imágenes para el sobrevuelo de Saturno, aunque curiosamente no para el de Júpiter. Se pensó que, si Júpiter había sido estudiado por las Pioneer 10 y 11 y lo iba a ser con la Voyager 1, había que asegurar todos los recursos para que se estudiara el más desconocido Saturno. Para ahorrar espacio de memoria, la plataforma de escaneo solo tenía programadas tres posiciones durante el sobrevuelo, en lugar de los cientos de posiciones posibles en circunstancias normales. También tenía programada una TCM tras el encuentro con Júpiter que aseguraría el rumbo correcto hacia Saturno. A partir de ese momento se ha mantenido una versión actualizada del BML para cada uno de los encuentros de la sonda. Y, en la actualidad, todavía se mantiene un BML para la misión interestelar, con actividades periódicas y repetitivas de toma y envío de datos. Nada se deja al azar en las sondas Voyager.

LA CINTA GRABADORA DTR MOLESTA DEMASIADO

Como ejemplo de la continua reinvención de las sondas Voyager, el equipo tuvo que lidiar con otro problema inesperado y que había aparecido desde el comienzo de la misión. Imaginemos que estamos subidos en la sonda y obtenemos una fotografía. Esa imagen decidimos guardarla en la cinta de datos (DTR) para enviarla más tarde a nuestro planeta. Por tanto, la cinta se pone en marcha, se graba la imagen y volvemos a detener la cinta. Todo eso no tendría más importancia si no fuera por el hecho de que estamos en un entorno sin gravedad y cualquier movimiento afecta a toda la nave. Así que cada vez que la cinta se ponía en movimiento, la sonda se giraba levemente. Y otra vez al pararse la cinta. Y, claro, cuando se obtenían imágenes con larga exposición que coincidían con estos movimientos, la calidad se veía afectada. Para reducir este efecto, el equipo decidió que, justo en el mismo instante en el cual se ponía en marcha la cinta, una de las toberas se encendería unos milisegundos para compensar el movimiento. Y, cuando se detuviera la cinta, otra tobera compensaría el movimiento en sentido contrario. Cágate lorito. ¿No es impresionante el nivel de precisión con el que ya trabajaban en las naves? A mediados de agosto de 1978, se le envió un parche de programación al ordenador AACS para que a partir de ese momento tuviera en cuenta los movimientos de la cinta DTR. Esto demuestra el altísimo nivel de precisión y de maleabilidad que tienen las sondas Voyager. Ante cualquier incidente inesperado era posible encontrar una solución, o al menos algo que lo compensara.

EL CINTURÓN DE ASTEROIDES NO ERA PARA TANTO

Tras entrar ambas sondas en los dominios del cinturón de asteroides el 10 de diciembre de 1977, la Voyager 1 lo abandonó el 8 de septiembre de 1978 sin ningún incidente. La Voyager 2 hizo lo mismo el 21 de octubre de ese año y ambas prosiguieron rumbo a Júpiter. No era el cinturón tan fiero como lo pintaban.

EL MUY SORPRENDENTE CASO DEL EXTRAÑO INTENTO DE COMUNICACIONES

El 13 de septiembre de 1978 se llevó a cabo un curiosísimo ensayo con la sonda Voyager 2. Durante meses, se estudió la posibilidad de comunicarse con las sondas usando un instrumento, por si el receptor de la sonda fallaba definitivamente. Buscando opciones, el equipo quiso comprobar si las dos largas antenas del instrumento PRA (Planetary Radio Astronomy) podrían servir como punto de entrada para las señales enviadas desde nuestro planeta. Así que ese día se preparó una sesión de comunicaciones usando el radiotelescopio de la Universidad de Stanford. Se enviaron señales durante seis minutos en la frecuencia de los 46,72 MHz, con una potencia de 300 kW. La prueba tuvo éxito, ya que las antenas recibieron las señales con poco ruido, pero muy débiles. El mayor problema con este método es que los datos habría que enviarlos extremadamente lentos, habría que modificar todas las antenas de la DSN y se tendrían que reprogramar varios componentes de la sonda para que los datos fueran redirigidos al CCS. Dado que la nave iba a estar cada vez más lejos, se llegó a la conclusión de que no sería un método efectivo para mantener las operaciones diarias en la sonda.

Los sobrevuelos de Júpiter

DECENAS DE MUNDOS POR DESCUBRIR

A principios de 1979 comenzaba la verdadera razón de la existencia de estas sondas. Hasta ahora hemos visto las matemáticas necesarias, las disputas políticas y científicas, la falta de presupuestos, los desafíos técnicos y los peligros de los primeros meses de vuelo. Pero a partir de ese momento la ciencia sería la reina de la fiesta. Todo el esfuerzo realizado merecería la pena si los sobrevuelos tenían éxito. Nos esperaban decenas de mundos por conocer en el sistema solar y teníamos unas sondas con unos contundentes 448 W listos para gastar. Y para la fiesta de inauguración tendríamos dos sobrevuelos de Júpiter, lo que prometía ser un auténtico festín de sorpresas y de ciencia. Es cierto que no eran las primeras sondas en visitar este planeta, puesto que por ahí ya pasaron la Pioneer 10 en 1973 y la Pioneer 11 en 1974. Sin embargo, la poca cantidad y calidad de los instrumentos de estas sondas dejaron casi todo por descubrir. Podríamos decir que la llegada de las Voyager fue como visitar el planeta con unas gafas nuevas. Con estos dos sobrevuelos llegarían las primeras imágenes detalladas de su atmósfera y de sus lunas. Durante algunas semanas recogimos datos precisos de su campo magnético, sus emisiones de radio, sus temperaturas y composición. En realidad fue casi como explorar un nuevo sistema solar al completo, un auténtico atracón de ciencia. Al finalizar, ambos sobrevuelos habían sido todo un éxito, pero tampoco estuvieron libres de algunos incidentes que provocaron algunas pérdidas de datos.

Entre los principales objetivos de las sondas Voyager en Júpiter se encontraban:

- Conocer la intensidad y las características del campo magnético y las emisiones de radio del planeta.

- Estudiar las estructuras y la composición de las nubes de Júpiter.

- Conocer la estructura interna del planeta y el balance térmico.

- Realizar un primer estudio de los cuatro grandes satélites galileanos y su interacción con el planeta.

- Conocer las peculiaridades de Ío y su atmósfera ionizada.

FASES DEL ENCUENTRO DE VOYAGER 1 CON JÚPITER

El encuentro con Júpiter de la Voyager 1 fue dividido en cuatro fases, a lo largo de un periodo de 94 días. Estas fases son:

- Fase de observatorio (OB). Del 4 al 30 de enero de 1979, con una duración de 26 días.

- Fase de encuentro lejano (FE, Far Encounter). Del 30 de enero al 4 de marzo, con una duración de 33 días.

- Fase de encuentro cercano (NE, Near Encounter). Del 4 al 6 de marzo, con una duración de dos días.

- Fase post-encuentro (PE, post-encounter). Del 6 de marzo al 8 de abril, con una duración de 33 días.

FASE DE OBSERVATORIO (OB) DE VOYAGER 1 EN JÚPITER

Tras la primera etapa de crucero desde la Tierra a Júpiter, comenzaba por fin la fase de observatorio para la sonda Voyager 1. Aunque su inicio estaba programado para el 15 de diciembre de 1978, el JPL decidió dar descanso navideño a su personal debido a la frenética actividad de los meses anteriores. El 4 de enero de 1979 todo el mundo estaba ya de vuelta y con las pilas cargadas para comenzar el primer sobrevuelo del programa Voyager. El 10 de diciembre, la sonda llegó a 83 millones de kilómetros del planeta. A partir de ese instante, todas las fotografías adquiridas con la cámara de ángulo estrecho tendrían mayor resolución que las obtenidas desde los observatorios terrestres. Una de las primeras tareas a la vuelta de las vacaciones fue identificar estructuras interesantes que se apreciaran en la atmósfera de Júpiter. De esta manera, se les podría realizar un seguimiento para programar futuras secuencias de observación en fases más cercanas. El 6 de enero comenzó la realización de una serie de fotografías que fueron obtenidas cada dos horas usando cuatro filtros distintos. Esto permitió realizar un detallado seguimiento de la evolución de las estructuras en las nubes. La gran actividad detectada fue una total sorpresa para el equipo de la sonda, que no esperaba una atmósfera con tanto movimiento. La única maniobra de corrección de trayectoria de esta fase (TCM-3, la cuarta de la misión) tuvo lugar el 29 de enero y sirvió para ajustar el punto de sobrevuelo del planeta. El encendido de las toberas duró 22 minutos y 36 segundos, cambiando la velocidad de Voyager 1 en 4,14 m/s.

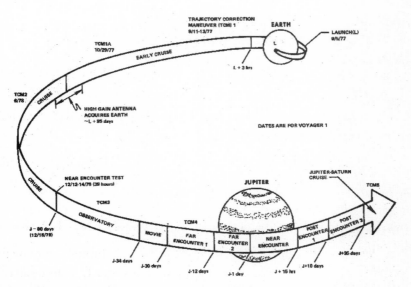

Fases de la misión de la Voyager 1 desde la Tierra hasta Júpiter.
Imagen: JPL/NASA

FASE DE ENCUENTRO LEJANO (FE)
DE VOYAGER 1 EN JÚPITER

Desde el 30 de enero al 3 de febrero se obtuvo una espectacular secuencia de fotografías, ya que se adquirió una imagen cada 96 segundos durante un periodo de 100 horas. Esto permitió montar una película en color de Júpiter rotando sobre sí mismo durante diez días jovianos y que ha sido usada en muchos de los documentales sobre esta misión. Desde comienzos de febrero, el planeta ya no cabía en una sola imagen, por lo que era necesario obtener un mosaico de cuatro fotografías (2 x 2) para poder apreciarlo al completo. Para el día 21 de febrero se tuvieron que aumentar los mosaicos a un tamaño de 3 x 3 para cubrirlo al completo. En ese momento, el resto de los instrumentos ya funcionaba al máximo, adquiriendo espectros y analizando el entorno magnético y de plasma. El 10 de febrero, la sonda Voyager 1 ya había cruzado la órbita de Sinope, la luna más lejana del sistema de Júpiter, a una distancia de más de 23 millones de kilómetros. El 17 de febrero comenzó la obtención de imágenes lejanas de Calisto y la observación de Ganimedes se inició el 25 de febrero. La única maniobra de corrección de la trayectoria de esta fase tuvo lugar el 20 de febrero (TCM-4, la quinta de la misión), con un encendido de las toberas de dos minutos y quince segundos. Esta maniobra permitió afinar el «punto de destino» o «punto objetivo» (*aiming point*) para el sobrevuelo del planeta.

El 2 de marzo ocurrió algo que el equipo de la misión siempre había temido, ya que se produjo una pérdida en los datos que la sonda estaba enviando a nuestro planeta. La estación encargada de recibir la señal en ese momento era la de Goldstone, pero en breve la Voyager 1 estaría fuera de cobertura y le iba a pasar el relevo a la de Canberra. Justo al comenzar la recepción de la señal en Australia comenzó allí una fuerte tormenta que interrumpió las comunicaciones durante un total de catorce largos minutos. Como en Goldstone estaban avisados, intentaron apurar al máximo el seguimiento, a pesar de estar la sonda muy baja en el horizonte. Al final, desde California se lograron once minutos más de señal, por lo que tan solo se perdieron tres minutos de datos de la Voyager 1. Al día siguiente la escena se repitió, pero a una escala mucho mayor. Una procesión de tormentas insistió en pasar por encima de Canberra y las señales se dejaron de recibir durante tres horas y 20 minutos. Como la tormenta se vio venir, a última hora se le enviaron comandos a la Voyager 1 para que redujera la velocidad de envío de datos. Tras recibir la orden, la nave envió la información a menor velocidad, pero las tormentas eran tan intensas que no se llegó a recibir ninguna señal. Entre los datos perdidos están las mediciones de varios instrumentos, incluyendo observaciones en ultravioleta de la nube de sodio alrededor de Ío e imágenes cercanas de la Gran Mancha Roja. Todas esas fotografías se perdieron para siempre.

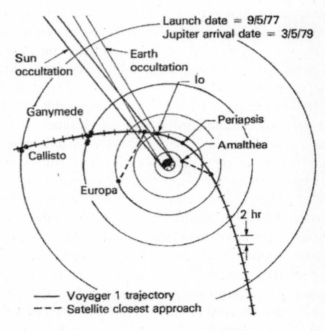

Esquema del sobrevuelo de Júpiter por la Voyager 1 el 5 de marzo de 1979. La trayectoria llevó al acercamiento de Amaltea, Júpiter, Ío, Ganimedes y Calisto. Europa quedó demasiado lejos. Imagen: JPL/NASA

FASE DE ENCUENTRO CERCANO (NE) DE VOYAGER 1 EN JÚPITER

Esta fase es sin duda la más importante de todo el encuentro, ya que en ella se iban a obtener las mejores imágenes y los más detallados datos sobre la magnetosfera, el plasma y los campos que rodean al planeta y sus lunas. Por supuesto, todas las imágenes fueron enviadas en directo a nuestro planeta, en un continuo goteo que creaba una nueva fotografía cada 48 segundos, más los otros 48 segundos que tardaba la sonda en procesarla y mandarla. Durante un periodo de dos días, la sonda iba a sobrevolar las órbitas de las mayores y más cercanas lunas de Júpiter. Primero, Amaltea, a más de 400.000 km, y después el propio Júpiter, a 350.000 km de distancia. Más tarde llegarían los sobrevuelos cercanos de Ío a 20.000 km, un sobrevuelo de Ganimedes a 115.000 km y finalmente el sobrevuelo de Calisto a 125.000 km. Al menos tres de las cuatro grandes lunas de Júpiter iban a ser sobrevoladas de cerca, en un único pase perfectamente programado. Europa tendría que esperar a la Voyager 2.

Fecha y hora (PST)*	Objeto	Distancia mayor aproximación (km)**
4/3/79, 23:00	Amaltea	416.942
5/3/79, 04:43	Júpiter	351.000
07:52	Ío	20.253
08:23 a 10:20	Pérdida contacto	--
09:16 a 11:28	Eclipse Sol	--
09:57	Europa	732.245
18:53	Ganimedes	115.000
6/3/79, 09:46	Calisto	125.108

Cronología y distancias durante el encuentro de Voyager 1 con Júpiter. Tabla: elaboración propia. *Hora del Pacífico, unos 37 minutos antes en la sonda. **Distancia al centro del objeto. Júpiter tiene un radio de 71.000 km, por lo que el sobrevuelo ocurrió a 280.000 km sobre las capas más altas de la atmósfera.

El ambiente esos días en el JPL era algo así como «espera lo inesperado». De hecho, el líder del equipo de imagen, Bradford Smith, lo explicó perfectamente: «Desde el encuentro de la Mariner 4 con Marte hace quince años, no hemos estado tan poco preparados sobre lo que vamos a ver en las próximas dos semanas». Y era verdad, no tenían ni idea de lo que se iban a encontrar. La expectación de la prensa era tal que el JPL montó su propia «emisora/estudio» de televisión llamada Blue Room. Desde ella, se emitían cada hora las nuevas imágenes, informaciones, descubrimientos y entrevistas con el personal de la misión. El presentador era el científico Al Hibbs, que ya había realizado esta labor durante las misiones de las Vikings. Estos programas se emitían por satélite y eran cedidos a todas las emisoras públicas de televisión de todo el país. Esto permitió que cualquier persona interesada pudiera seguir en directo la llegada de las imágenes, interrumpidas por entrevistas y reportajes. Mientras tanto, cientos de periodistas desarrollaban su labor en el Auditorio Von Karman del JPL, desde donde se hacían entrevistas, se elaboraban noticias y se realizaban conexiones en directo y ruedas de prensa.

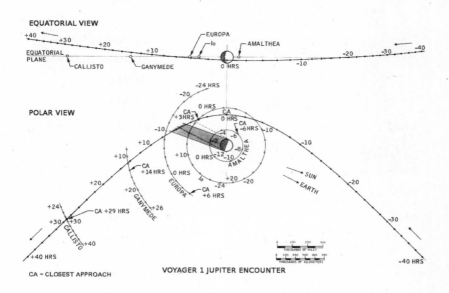

Vista ecuatorial y polar del encuentro de la Voyager 1
con Júpiter. Los puntos de la trayectoria están separados
dos horas entre sí. Imagen: JPL/NASA

Al inicio de esta fase se atravesaron las órbitas de Ganimedes y Europa, aunque ambas lunas estaban en ese momento en el otro lado de la órbita. Era el instante de obtener las primeras imágenes de Amaltea, aunque también comenzaron a llegar imágenes de alta resolución de Ío. Sin embargo, las cosas volvían a ir mal. La estación de seguimiento de Robledo de Chavela no pudo restablecer las comunicaciones con la sonda tras la realización de una maniobra. Esto provocó la pérdida de casi 53 minutos de imágenes cercanas de esta luna y de Júpiter. En esa ocasión, el problema se debió a un fallo en las frecuencias empleadas. Pero, tras solucionarlo, la antena de la DSN no quedó bien orientada y una hora más tarde se perdieron otros once minutos de datos.

En esta captura de pantalla de un documental de la NASA, podemos ver la sala de prensa llena a rebosar para asistir a la rueda de prensa posterior al encuentro de Voyager 1 con Júpiter. En la parte inferior tenemos a un joven Carl Sagan tumbado en el suelo, debajo de la maqueta de la Voyager. Difícilmente se puede molar más. Imagen: JPL/Pedro León

El encuentro seguía adelante y, entre las muchas observaciones previstas, estaba la obtención de una imagen con una larga exposición de once minutos y doce segundos. El objetivo era fotografiar la zona entre el limbo de Júpiter y su luna Amaltea, justo en el momento de realizar el sobrevuelo del plano ecuatorial. En ese instante la sonda estaría a 1,2 millones de kilómetros del planeta y faltaban 17 horas antes de la mayor aproximación. La imagen estaba diseñada para confirmar la teoría imperante en ese momento, que nos decía que Júpiter no podía tener anillos. El asombro fue total, ya que, al procesar la imagen días después, se confirmó visualmente que los anillos de Júpiter existían, convirtiéndose en el tercer planeta del sistema solar que los poseía. Un descubrimiento totalmente inesperado.

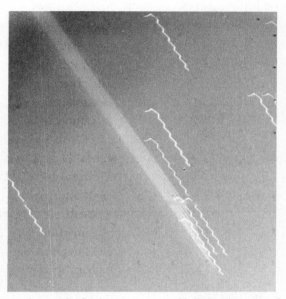

Esta extraña fotografía fue la primera prueba de la existencia de anillos alrededor de Júpiter. Las líneas onduladas son los trazos de las estrellas durante la exposición de más de once minutos. Las sondas Voyager tienen una oscilación natural de su estructura que dura 78 segundos y es lo que provoca esas ondulaciones. Los anillos son las bandas alargadas que cruzan en diagonal la fotografía. Imagen: P21258 JPL/NASA

El día 5 de marzo era el de la mayor aproximación a Júpiter. El interés era tal que el gobernador de California pasó la noche en el JPL viendo las fotos. ¡Un político interesado por la ciencia! Además, se instaló un televisor en la Casa Blanca para que la familia del presidente Jimmy Carter (¡otro político!) pudiera seguir el encuentro. El momento de máxima cercanía se produjo el 5 de marzo a las 04:43 AM (PST), pero, como la señal tardó 37 minutos en llegar a nuestro planeta, en realidad el encuentro había tenido lugar a las 04:06 AM. La sonda pasó a una distancia de 280.000 km sobre las nubes del planeta, que fue sobrevolado a una velocidad de más de 100.000 km/h. Las imágenes cercanas de la turbulenta atmósfera de Júpiter y de la asombrosa e inesperada luna Ío dejaban a todo el mundo con la boca abierta. Nadie esperaba algo así.

Tras este sobrevuelo la nave quedó durante algo más de dos horas oculta por Júpiter (vista desde la Tierra), por lo que todos los datos fueron almacenados en la cinta DTR para su posterior retransmisión. Aprovechando el inicio de la ocultación, la sonda envió sus señales de radio hacia nuestro planeta para que fueran atenuadas poco a poco por el limbo de la atmósfera. El análisis de la pérdida de la señal (y posteriormente en su adquisición) nos permitió conocer muchas cosas sobre la atmósfera de Júpiter, como la densidad de electrones de la ionosfera y el perfil de presiones y temperaturas con la altura. Y, por supuesto, no se iba a desaprovechar el posterior eclipse de Sol, cuando la sonda se sumergía por completo en el cono de sombra del planeta. Usando el instrumento ultravioleta UVS se analizó el perfil de Júpiter para observar la absorción de luz solar, lo que nos permitió conocer la temperatura y la composición de las capas más altas de la atmósfera. Y, mientras, el instrumento infrarrojo IRIS tiene libertad para trabajar observando la cara oscura de Júpiter para conocer su temperatura y para buscar la presencia de auroras y rayos. Poco después de realizar algunas fotografías distantes de Europa, la sonda volvía a recuperar el contacto con la Tierra. Y una hora más tarde salía de la oscuridad, rumbo al encuentro con Ganimedes.

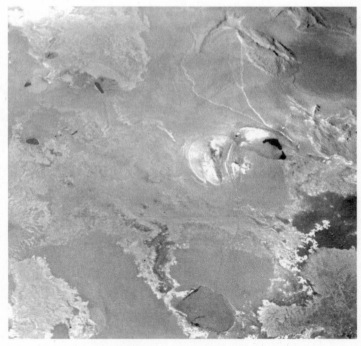

Cuando comenzaron a llegar las imágenes cercanas de Ío, nadie sabía interpretar lo que estaban viendo. Era un mundo tan diferente a nuestra Luna que fue totalmente inesperado. Imagen P21221: JPL/NASA

El sobrevuelo de Júpiter había sido un éxito, pero el entorno de enorme radiación había afectado a la nave. Para empezar, el reloj interno de la Voyager 1 se había retrasado un total de ocho segundos y los dos ordenadores CCS quedaron desincronizados entre sí y con respecto al ordenador FDS. Como resultado, cada imagen obtenida tras el sobrevuelo fue adquirida por la cámara 48 segundos antes de lo previsto. Pero, como el reloj llevaba esos ocho segundos de retraso, las imágenes en realidad se obtuvieron 40 segundos antes de lo esperado. El problema era que muchas de ellas se adquirieron mientras la plataforma ya se estaba moviendo a una nueva posición, por lo que salieron algo borrosas. Esto afectó a una buena parte de las imágenes de alta resolución adquiridas de Ío y Ganimedes. Tras las estresantes horas del encuentro más cercano a Júpiter, la sonda tuvo más tiempo para observar con «tranquilidad» Ganimedes. El día siguiente se realizó el sobrevuelo de Calisto y después la sonda siguió obteniendo imágenes de todo el sistema joviano desde la distancia.

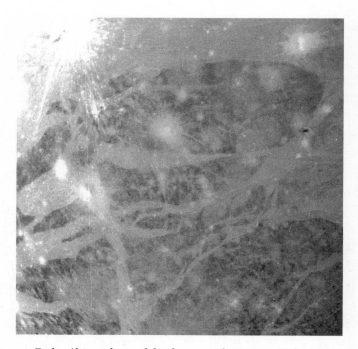

En las últimas horas del 5 de marzo, la Voyager 1 obtuvo las mejores fotografías de Ganimedes, el mayor satélite de Júpiter. Una superficie plagada de cráteres y sistemas de rayos sorprendió a los científicos. Imagen P21266: JPL/NASA

FASE POST-ENCUENTRO (PE) DE VOYAGER 1 EN JÚPITER

Durante las siguientes semanas, la sonda continuó realizando observaciones diarias en visible, infrarrojo y ultravioleta del sistema de Júpiter. También prosiguieron las mediciones de la radiación, el plasma y el campo magnético a lo largo de millones de kilómetros. El 9 de abril la sonda encendió sus toberas (TCM-5, la sexta de la misión) para realizar la primera de tres maniobras de corrección de la trayectoria necesarias para ajustar su viaje hacia Saturno. Al llegar al entorno de Júpiter, la sonda Voyager 1 llevaba una velocidad de 13,4 km/s. Tras el sobrevuelo, el empujón de velocidad proporcionado por la asistencia gravitatoria la dejó viajando a 23,6 km/s. Para adquirir toda esa velocidad mediante un motor, la nave habría necesitado llevar un depósito con 1600 toneladas de hidracina. ¡Gracias de nuevo Sr. Minovitch! En total, la sonda Voyager 1 envió a nuestro planeta unas 15.890 fotografías durante todas las fases del sobrevuelo a Júpiter.

LINDA MORABITO

La ingeniera Linda Morabito nació en Vancouver en 1953. Su carrera comenzó como becaria en 1973, en el Grupo de Efemérides (Satellite Ephemeris Development Group) del JPL, cuando todavía era estudiante de Astronomía en la University of Southern California. Nada más terminar sus estudios, fue incluida en el equipo de la misión Voyager como ingeniera sénior, donde estuvo trabajando entre 1974 y 1981. Su trabajo consistía en mejorar los parámetros de las órbitas de los satélites de Júpiter y Saturno para poder ser usados más tarde en la navegación de las dos sondas. Una vez que las misiones se pusieron en marcha, formó parte del equipo de navegación como ingeniera del ONIPS (Optical Navigation Image Processing System). Este sistema era un computador con el que se obtenían las posiciones precisas del centro exacto de las estrellas y las lunas de los planetas a partir de las fotografías, algo complejo cuando la imagen estaba movida o sobreexpuesta. Una vez conocida la posición exacta, se podía triangular la posición de la sonda con precisión. Al dejar el proyecto Voyager, trabajó como directora del programa de educación de The Planetary Society y actualmente es profesora asociada del Victor Valley College.

Dos días después de sobrevolar el sistema de Júpiter, a las 05:00 de la mañana del 8 de marzo, el equipo de navegación tenía programada una fotografía lejana de Ío, que se encontraba ya a 4,5 millones de kilómetros. La idea era realizar una imagen de larga exposición que mostrara las estrellas de fondo. Viendo qué estrellas se podían ver en la imagen y cuáles tapaba Ío, el equipo era capaz de calcular con mucha precisión dónde se encontraba la sonda en ese instante. Es lo que se conoce habitualmente como «navegación óptica». A la mañana siguiente, Linda debía revisar las imágenes de navegación como todos los días. Al aumentar el contraste en su monitor (*linear strech*), se dio cuenta de algo muy extraño. En el limbo de Ío aparecía una estructura en forma de luna creciente, que se extendía unos cientos de kilómetros más allá de la luna. Primero pensó que podía ser un artefacto de la imagen o algún satélite conocido o desconocido apareciendo por detrás, pero pronto lo descartó. Los otros satélites no estaban ni remotamente cerca de Ío. Y si fuera uno desconocido sería demasiado grande y ya se habría descubierto antes. También descartó que fuera una nube, ya que este satélite no tiene una atmósfera apreciable.

Esta imagen de navegación de baja resolución (P-21306, PIA00379) de Ío, permitió descubrir que era un mundo geológicamente activo, el de mayor vulcanismo de todo el sistema solar. La pluma de la parte superior izquierda nos muestra el volcán Pele expulsando material a 300 km de altura. En el limbo también se aprecia el brillo del volcán Loki. Imagen: JPL/NASA

Tras descartar junto al equipo de navegación todas las opciones más básicas, mostraron las imágenes a los responsables de las cámaras y de la misión. Rápidamente todos llegaron a la misma conclusión: ¡estaban viendo una erupción volcánica en una luna de Júpiter! Para confirmarlo, calcularon la longitud y latitud en la cual debía estar esa pluma en la superficie. Una vez obtenidos los datos los compararon con otras imágenes del sobrevuelo. Y, por supuesto, coincidieron plenamente con la presencia de una estructura en forma de corazón que resultó ser un volcán. Por primera vez, un cuerpo celeste distinto a la Tierra tenía volcanes en activo. Y lo mejor: parecía tener decenas de ellos. El nombre de Linda Morabito siempre quedará unido al de la exploración planetaria.

Linda Morabito posa delante de la maqueta de la Voyager en el JPL, junto a la imagen con la que pasará a la historia como la persona que vio por primera vez una erupción volcánica en otro mundo. Imagen: JPL/NASA

FASES DEL ENCUENTRO DE
VOYAGER 2 CON JÚPITER

Cuatro meses más tarde comenzaba el encuentro con Júpiter de la Voyager 2, que fue dividido en cuatro fases, a lo largo de un periodo de 103 días. Estas fases son:

- Fase de observatorio (OB). Del 24 de abril al 29 de mayo de 1979, con una duración de 35 días.

- Fase de encuentro lejano (FE, *far encounter*). Del 29 de mayo al 7 de julio de 1979, con una duración de 39 días.

- Fase de encuentro cercano (NE, *near encounter*). Del 7 al 11 de julio de 1979, con una duración de cuatro días.

- Fase post-encuentro (PE, *post-encounter*). Del 11 de julio al 5 de agosto de 1979, con una duración de 25 días.

FASE DE OBSERVATORIO (OB) DE VOYAGER 2 EN JÚPITER

Entre el 24 de abril y el 27 de mayo, la sonda Voyager 2 obtuvo una película del movimiento de la Gran Mancha Roja, con imágenes obtenidas por la cámara de ángulo estrecho cada dos horas. Además, se llevaron a cabo numerosas observaciones con el espectrómetro ultravioleta y los instrumentos de campos y partículas. El 25 de mayo se realizó una maniobra de corrección de trayectoria (TCM) para ajustar el recorrido de la sonda y colocarla muy cerca del punto deseado de sobrevuelo de Júpiter.

FASE DE ENCUENTRO LEJANO (FE)
DE VOYAGER 2 EN JÚPITER

Con toda la secuencia de observaciones ya decidida, se comenzaron a enviar comandos a la sonda para realizar observaciones más detalladas de las nubes del planeta. También se actualizó el BML (*backup mission load*), que le permitiría obtener al menos una parte de los objetivos científicos más importantes tanto en Júpiter como en Saturno. Como el planeta ya no cabía en una sola imagen, se obtuvieron mosaicos fotográficos de 2 x 2 y de 3 x 3 para poder observarlo al completo. En los últimos días de mayo se adquirieron fotografías de forma continuada durante 50 horas para obtener cinco rotaciones completas del planeta. Además, se realizaron escaneos periódicos de las lunas con el espectrómetro ultravioleta UVS y espectros en el infrarrojo con IRIS. También se analizó el medio interplanetario con el resto de los instrumentos durante el acercamiento al planeta para conocer mejor su magnetosfera. Las observaciones lejanas de Ío permitieron comprobar que cuatro meses más tarde muchos de los volcanes todavía seguían en erupción. El 27 de junio se ejecutó la maniobra de corrección de trayectoria final para ajustar perfectamente el punto previsto de sobrevuelo.

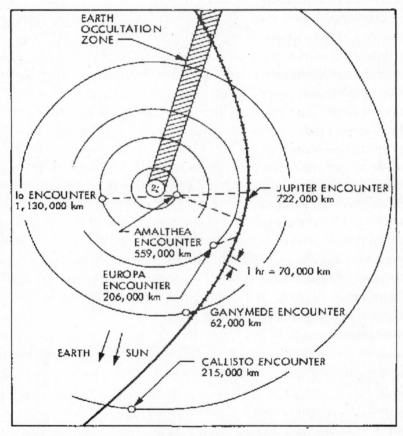

Fig. 3. Voyager 2 Jupiter flyby geometry.

Trayectoria de la sonda Voyager 2 durante el sobrevuelo de Júpiter.
La nave sobrevoló Calisto, Ganimedes, Europa, Amaltea y Júpiter.
En esta ocasión Ío quedó demasiado lejos. Imagen: JPL/NASA

FASE DE ENCUENTRO CERCANO (NE)
DE VOYAGER 2 EN JÚPITER

Para decepción de muchos miembros del equipo de la misión, esos días los periodistas y la prensa estaban más interesados en la estación Skylab. El sobrevuelo coincidió con las fechas en las que estaba prevista su posible caída a nuestro planeta y no paraban de publicar noticias sensacionalistas sobre las catástrofes que podría provocar. Finalmente la Skylab se desintegró sobre el océano Índico y Australia el 11 de julio, una vez finalizado el encuentro planetario. A diferencia de la Voyager 1, este sobrevuelo se centró en Calisto, Ganimedes, Europa y Amaltea, sobrevolando Júpiter por el hemisferio sur. Eso permitió observar los hemisferios de Calisto y Ganimedes que el sobrevuelo anterior no pudo fotografiar. El encuentro más cercano de todos fue con Ganimedes, a poco más de 60.000 km de distancia. Además, sobrevoló la desconocida Europa mucho más cerca que la Voyager 1, permitiendo obtener las mejores imágenes de ese sorprendente mundo.

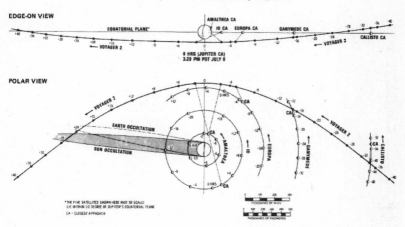

Esquema ecuatorial y polar del sobrevuelo de Júpiter y sus lunas por la sonda Voyager 2. Los puntos sobre la trayectoria están indicados cada cuatro horas. Imagen: JPL/NASA

El máximo acercamiento a Júpiter se produjo el 9 de julio a las 16:21 PST, a una distancia de 721.000 km sobre las nubes del planeta gigante. Este sobrevuelo fue mucho más alejado del planeta que el de la Voyager 1 para evitar los problemas provocados por la radiación. Aun así, los niveles detectados fueron mucho mayores a los esperados. Esto provocó diversos problemas en la memoria y los instrumentos de la sonda, aunque la mayoría de ellos pudieron ser resueltos o mitigados. Dos horas después de sobrevolar el planeta, el 9 de julio a las 18:21 PST (hora del Pacífico), la sonda realizó una larga TCM de 76 minutos para afinar su trayectoria hacia Saturno. La maniobra se produjo durante la adquisición de imágenes lejanas de Ío para observar su actividad volcánica. Por primera vez, una maniobra de este tipo se realizaba durante la obtención de datos científicos y no se aplazó para más adelante. Los cálculos mostraban que, si la maniobra se realizaba en ese momento, se podría aprovechar mucho mejor la gravedad de Júpiter, lo que permitió un ahorro de 10 kg de combustible para el futuro.

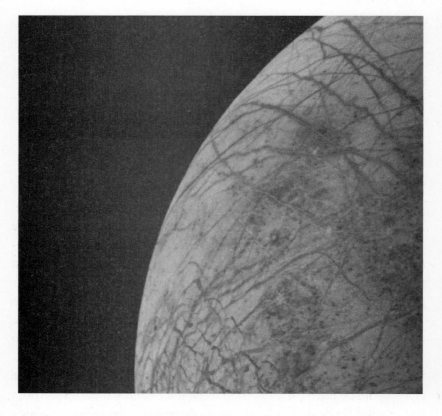

El increíble aspecto de la luna Europa dejó con la boca abierta a la comunidad científica. Cada luna de Júpiter era un mundo completamente diferente y nadie sabía explicar lo que estaban viendo. Imagen P21760: JPL/NASA

Fecha y hora (PST)*	Objeto	Distancia mayor aprox. (km)**
8/7/79, 06:13	Calisto	214.886
9/7/79, 01:06	Ganimedes	62.297
11:45	Europa	205.848
13:53	Amaltea	558.565
16:21	Júpiter	792.000
17:09	Ío	1.129.850
10/07/79, 14:21 a 16:08	Pérdida contacto por ocultación de la Tierra	--
17:10 a 19:48	Eclipse Sol	--

Cronología y distancias durante el encuentro de Voyager 2 con Júpiter. Tabla: elaboración propia. *Hora del Pacífico, unos 52 minutos antes en la sonda. **Distancia al centro del objeto. Júpiter tiene un radio de 71.000 km, por lo que el sobrevuelo ocurrió a 721.750 km de las capas más altas de la atmósfera.

FASE POST-ENCUENTRO (PE) DE VOYAGER 2 EN JÚPITER

Durante la fase posterior al encuentro se llevaron a cabo observaciones periódicas de los anillos, así como de los posibles rayos en la atmósfera y las auroras. Además, el resto de los instrumentos de campos y partículas continuaron analizando el ambiente para comprender el campo magnético y la radiación alrededor de Júpiter. En total, la sonda Voyager 2 envió a nuestro planeta unas 14.352 fotografías durante todas las fases del sobrevuelo a Júpiter. El 23 de julio se realizó otra TCM para ajustar la trayectoria hacia Saturno, donde llegaría dos años más tarde. La sonda Voyager 2 llegó a Júpiter con una velocidad de 10,1 km/s y salió a 20,03 km/s gracias a esta asistencia gravitatoria. Con el éxito de la misión en Júpiter, ya se hablaba claramente de la ampliación de la misión a Urano y Neptuno. Ahora todo dependía de que la Voyager 1 sobrevolara con éxito Saturno y Titán a finales de 1980.

SI LAS FOTOS SON EN BLANCO Y NEGRO, ¿POR QUÉ LAS VEMOS A COLOR?

Mucha gente se sorprende al saber que las sondas Voyager (y casi todas las sondas) obtienen sus fotografías en blanco y negro. Bueno, en escala de grises más bien. Las preguntas suelen ser casi siempre las mismas: si las fotos son en blanco y negro, ¿por qué las vemos a color? y ¿por qué no hacen fotos en color? En sondas antiguas se entiende, pero ¿y en las nuevas? La respuesta es que hay dos motivos fundamentales para hacer eso. El primer motivo es científico. Si sacas una foto a color, obtienes poca o ninguna información sobre la composición química del objeto. Pero, si la sacas en «blanco y negro» usando filtros, obtienes con cada fotografía información adicional. Estas imágenes «resaltan» aquellas zonas que contienen ciertos elementos o compuestos químicos en los anillos, las nubes o las superficies de las lunas. La fotografía variará según el filtro utilizado y cada imagen nos dará información científica de la química presente en el objeto examinado. Por ejemplo, la cámara de ángulo estrecho (ISS-NA) lleva el filtro claro, violeta, azul, naranja, verde y ultravioleta, cada uno de ellos centrado en una cierta longitud de onda que resaltará determinados compuestos químicos. Y el segundo motivo es tecnológico. El sensor de la cámara vidicón de las Voyager tiene una resolución de 800 x 800 píxeles. Si queremos que saque imágenes a color, el sensor debe llevar un filtro delante que guarde cada píxel con un color verde (el 50 % de ellos), azul o rojo (el 25 % cada uno de ellos). Estos filtros son además poco eficientes y solo permiten capturar la imagen como a nosotros nos gustaría verla, pero sin valor añadido y con peor calidad.

Entonces, ¿el color de dónde sale? Sabemos que, si combinamos los tres colores básicos (rojo, verde y azul), obtenemos una imagen a color. De hecho, así es como funcionan por ejemplo las pantallas de nuestros televisores y dispositivos electrónicos. En el caso de los filtros de las sondas Voyager, no llevamos exactamente esos tres colores. Pero, combinando tres fotografías obtenidas con los filtros azul, verde y naranja (480, 565 y 590 nanómetros) y «coloreadas» según sus longitudes de onda, se puede conseguir una imagen con un color lo más parecido a la realidad. Realizando pruebas con la cámara en nuestro planeta antes de lanzar la sonda, se pueden hacer ajustes para saber que el procesado final será lo más fiel posible al color real del objeto observado. Así que, cuando veas una fotografía a color de un objeto en el espacio o en Marte, lo más seguro es que la sonda haya realizado como mínimo tres fotografías de ese objeto, con una foto para cada filtro. Y posteriormente el equipo de imagen las habrá procesado para conseguir esa increíble imagen a color.

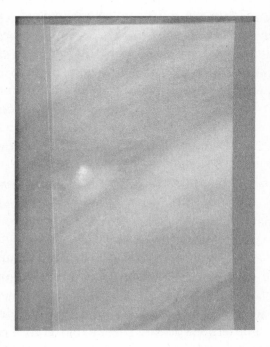

Fotografía obtenida por la sonda Voyager 1 de las nubes de Júpiter (P-21192, PIA01518), donde observamos la superposición de tres imágenes distintas obtenidas con tres filtros diferentes. En el procesado, se le aplica a cada una el color de la longitud de onda filtrada y al combinarlas tendremos una imagen de color real. Imagen: JPL/NASA

LAS COMUNICACIONES DESDE JÚPITER

En Júpiter, todas las comunicaciones entre las sondas Voyager y la Tierra se llevaron a cabo utilizando las tres grandes antenas de 64 m de la DSN. La gran mayoría de los datos obtenidos durante estos sobrevuelos se enviaban en directo usando la banda X, con una velocidad de 115.200 bits/s. Esta fue la velocidad máxima de todas las utilizadas en los encuentros planetarios, ya que a partir de ese momento las grandes distancias forzaron a un descenso en el ritmo de comunicaciones. Para estos dos encuentros con Júpiter se usaron los algoritmos de Viterbi y Golay, que permitían comunicaciones sin errores, pero con la penalización de tener que enviar el doble de datos de los obtenidos realmente. Si durante alguna fase fue necesario almacenar datos en la cinta DTR, esta información se envió posteriormente en sesiones de comunicación de unas tres horas de duración. Las antenas DSN proporcionaban cobertura de 24 horas al día a la sonda que realizaba el sobrevuelo para recibir todos los datos obtenidos por los instrumentos.

NUEVOS MUNDOS, NUEVOS MAPAS

Bien, con el sobrevuelo de Voyager 1 ya teníamos tres nuevos mundos con superficies sólidas que habían sido aceptablemente fotografiados en una buena parte de su extensión. O cuatro, si contamos la pequeña Amaltea. Y, con el sobrevuelo de Voyager 2, se obtuvieron fotografías de Europa y de las regiones que quedaron sin fotografiar de las otras lunas. Y más tarde les tocó el turno a las lunas de Saturno, las de Urano y las de Neptuno. Y, bueno, ¿quién hace los nuevos mapas? Porque, cada vez que conocemos un mundo nuevo, necesitamos hacerle mapas y darles nombres a los cráteres, las llanuras y las montañas. Para ello hay un proceso bien definido. Primero, el equipo de la misión Voyager tiene que finalizar el procesado de todas las imágenes hasta obtener versiones definitivas con la mejor calidad. Luego, esas imágenes son entregadas al departamento Astrogeology Science Center del US Geological Survey, que se encuentra en Flagstaff, Arizona. Allí los mejores técnicos y dibujantes se encargan de convertir las fotografías de distintas resoluciones en los mejores mapas posibles, dejando vacías las regiones que no han sido fotografiadas todavía. Para el caso de las sondas Voyager, los técnicos Tobias Owen y Hal Masursky del equipo de imagen lideraron un grupo que proponía los nuevos nombres para cada luna, generalmente basados en alguna temática o mitología concreta. Estos nombres fueron enviados a la Unión Astronómica

Internacional (IAU), que los deberá aprobar en su siguiente sesión. Si te interesa el tema, tanto en la web de USGS como en la web de este libro, están disponibles los mapas de todos los mundos estudiados con estas misiones.

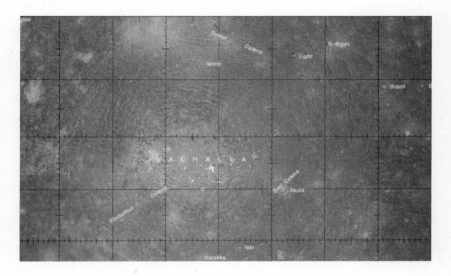

Sección del mapa de Calisto, obtenido de imágenes de las sondas Voyager y Galileo. Imagen: USGS Astrogeology Science Center/NASA

Los sobrevuelos de Saturno

Tras los exitosos vuelos de Júpiter, las sondas Voyager pusieron rumbo hacia sus encuentros con Saturno, al que llegaron con unos 429 W de energía. En el crucero hasta Saturno, la sonda Voyager 1 sufrió algunos problemas que fueron en su mayoría solventados. El 16 de octubre de 1979 sufrió una pérdida de comunicaciones, al fijar por error su sensor estelar en la estrella Alfa Centauri, en lugar de Canopus. La sonda tuvo otra pérdida de comunicaciones el 13 de noviembre, en este caso debido a un fallo de paridad en un comando. ¡El claro ejemplo de que los sistemas de codificación no eran perfectos! Pero lo más grave fue la pérdida del fotopolarímetro PPS, que fue declarado inoperativo en diciembre de ese mismo año. Este instrumento ya había sufrido problemas anteriormente con los circuitos del motor que se encarga de girar la rueda de filtros. Pero, tras el sobrevuelo de Júpiter, se comprobó que el instrumento ya no tenía ninguna sensibilidad para captar la luz, así que el 29 de enero de 1980 fue desconectado. Este fue el primer instrumento que dejó de funcionar en el proyecto Voyager y dejó a los científicos sin un aparato clave para estudiar los anillos de Saturno. El mismo instrumento en la Voyager 2 también dio algunos problemas en la electrónica de su rueda de filtros debido a la intensa radiación en Júpiter, pero aún era capaz de analizar la luz, aunque fuera de forma muy limitada. Seguramente, al realizar un sobrevuelo más lejano, el instrumento no sufrió el mismo destino que el de la Voyager 1.

Durante el crucero, ambas naves estudiaron el medio interplanetario y el viento solar. Mientras tanto, los técnicos preparaban nuevas secuencias de comandos, que serían enviados a las sondas para cada una de las fases de los encuentros. El primer experimento que se puso en marcha fue el del instrumento PRA (Planetary Radio Astronomy), que desde el 1 de enero de 1980 comenzó a detectar explosiones de radio en onda larga procedentes del planeta. Tras varios meses de toma de datos y análisis, se pudo comprobar que estas explosiones se repetían cada diez horas, un intervalo muy similar al del periodo de rotación de Saturno. Esto era una pista que nos indicaba el ritmo de rotación de su núcleo, que quedó finalmente estimado en 10 h, 39 min y 24 (+-7) s.

Dado que la Voyager 1 había pasado mucho más cerca de Júpiter que la Voyager 2 (351.000 frente a 792.000 km), la primera adquirió más velocidad extra tras el sobrevuelo. Esto hizo que la diferencia de cuatro meses entre ambas sondas en Júpiter llegara a los nueve meses en Saturno. La Voyager 1 llegó al planeta de los anillos el 12 de noviembre de 1980 y la Voyager 2 lo sobrevoló el 25 de agosto de 1981. Una cosa a tener en cuenta para los sobrevuelos era que Saturno se encuentra a una distancia media de 1200 millones de kilómetros del Sol, el doble de la distancia de Júpiter. Por tanto, la luz ambiental es cuatro veces menor que en Júpiter y el tiempo necesario para las comunicaciones es el doble. Entre los objetivos principales de los instrumentos para los dos sobrevuelos teníamos:

- Estudiar la atmósfera de Saturno, su estructura y composición, así como el equilibrio de calor del planeta.

- Analizar los anillos, su estructura y composición.

- Estudiar los satélites, especialmente Titán.

- La búsqueda de nuevos satélites.

- Observar la magnetosfera y conocer el periodo de rotación del planeta.

FASES DEL ENCUENTRO DE VOYAGER 1 CON SATURNO

El encuentro con Saturno de la Voyager 1 fue dividido en cinco fases, a lo largo de un periodo de 116 días. Estas fases son:

– Fase de observatorio (OB). Del 22 de agosto al 24 de octubre de 1980, con una duración de 64 días.

– Fase de encuentro lejano 1 (FE1, Far Encounter 1). Del 24 de octubre al 2 de noviembre de 1980, con una duración de nueve días.

– Fase de encuentro lejano 2 (FE2, Far Encounter 2). Del 2 al 11 de noviembre de 1980, con una duración de nueve días.

– Fase de encuentro cercano (NE, Near Encounter). Del 11 al 13 de noviembre de 1980, con una duración de dos días.

– Fase post-encuentro (PE, Post-Encounter). Del 13 de noviembre al 15 de diciembre de 1980, con una duración de 32 días.

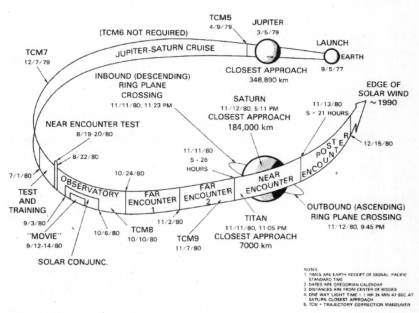

Esquema detallado de la fase de crucero y de las fases de encuentro de la Voyager 1 con Saturno. En el gráfico se puede apreciar que esperaban salir del sistema solar en 1990. Imagen: JPL/NASA

Las estructuras radiales oscuras en los anillos desconcertaron
a los científicos al llegar a Saturno. Imagen: JPL/NASA

FASE DE OBSERVATORIO (OB) DE VOYAGER 1 EN SATURNO

Unos 80 días antes de la mayor aproximación, la sonda Voyager 1
comenzó el estudio detallado de Saturno. Para el mes de agosto de
1980, las imágenes tomadas por las cámaras ya eran mejores que
las obtenidas desde la Tierra y se comenzaban a vislumbrar mejor
los anillos y algunas características de la atmósfera. Desde ese
momento, los instrumentos de partículas y campos comenzaron a
analizar el entorno para ver su evolución con el paso de las semanas y comprender mejor la magnetosfera del planeta. Las cámaras
también comenzaron a observar, fundamentalmente, la ultravioleta
para encontrar hidrógeno y las cámaras visibles para obtener *time-
lapses* del acercamiento. Una de las tareas habituales consistía en la
obtención de secuencias de fotografías del planeta durante el acercamiento, lo que permitía apreciar los movimientos de la atmósfera.
Para ello, durante dos meses la Voyager 1 obtuvo una imagen a color
cada dos horas, con las que se montaron cinco películas mostrando
el acercamiento al planeta. Y ya en septiembre adquirió una imagen cada cinco minutos durante 42 horas, para cubrir cuatro rota-

ciones completas de Saturno. A comienzos de octubre se produjo el primer descubrimiento importante, cuando la sonda fotografió por primera vez una nueva clase de estructuras asimétricas en el anillo B, en forma de manchas oscuras. Esto llamó tanto la atención que inmediatamente se diseñó una nueva carga de comandos para fotografiar el fenómeno con más detalle. Como última operación delicada de esta fase, el 10 de octubre se realizó la maniobra TCM-8 para ajustar el punto de sobrevuelo del planeta y evitar un impacto contra Titán. El encendido de toberas tuvo una duración de 13,7 minutos y provocó un cambio de velocidad de 2 m/s en la nave.

FASE DE ENCUENTRO LEJANO 1 (FE1) DE VOYAGER 1 EN SATURNO

Cuando solo faltaban 19 días para el encuentro, el planeta estaba a poco más de 25 millones de kilómetros. A partir de ese momento ya se hacía necesario realizar mosaicos de 2 x 2 con la cámara de ángulo estrecho para obtener Saturno al completo. El espectrómetro ultravioleta UVS detectó grandes cantidades de hidrógeno en Saturno y en todo su entorno hasta Titán. Y el espectrómetro infrarrojo IRIS descubrió compuestos como el metano, fosfeno, acetileno y etano en la atmósfera de este satélite. Los demás satélites ya dejaban de ser puntos de luz para pasar a ocupar algunos píxeles en las fotos, y se descubrieron algunos satélites nuevos.

FASE DE ENCUENTRO LEJANO 2 (FE2) DE VOYAGER 1 EN SATURNO

A falta de diez días para el sobrevuelo y todavía a una distancia de catorce millones de kilómetros del planeta, se comenzaron a realizar mosaicos de 3 x 3 fotografías que nos mostraban Saturno y sus anillos. Las observaciones ya se van centrando en Titán, una luna del tamaño de un planeta y con un interés científico descomunal, rivalizando con el propio Saturno. De hecho, la trayectoria de la Voyager 1 fue diseñada específicamente para pasar lo más cerca posible de Titán y realizar un estudio a fondo. Del éxito de este sobrevuelo dependería el estudio de Urano y Neptuno por la Voyager 2. Si la Voyager 1 fallaba o no obtenía los datos necesarios sobre Titán, la Voyager 2 sería reprogramada para sobrevolar este satélite.

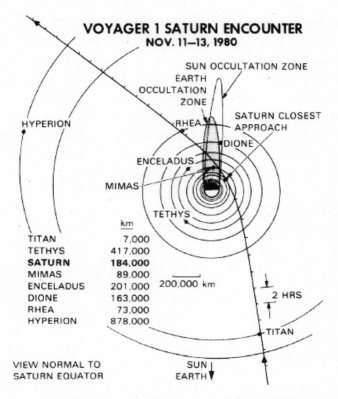

VOYAGER 1 SATURN ENCOUNTER
NOV. 11–13, 1980

Esquema de la trayectoria del sobrevuelo de la sonda Voyager
1 sobre Saturno. La deseada luna Titán protagonizó el
primero de los sobrevuelos. Más tarde llegaron Saturno,
Mimas, Encelado, Dione y Rea. Imagen: JPL/NASA

Por desgracia, con esto se perdería la oportunidad de poner
rumbo a Urano y posteriormente a Neptuno. Así que la presión fue
muy alta en el equipo, que hacía todo lo posible por mantener a la
Voyager 1 lo más estable posible durante el estudio de Titán. El programa de observación era tan completo que todos los instrumentos estaban programados para realizar nuevas observaciones sobre el
satélite cada seis horas durante los siguientes días. El 6 de noviembre
a las 20:22 PST, la sonda se giró 90º para realizar la novena maniobra de corrección de trayectoria (TCM). Esto cambiaría la velocidad de Voyager 1 en otros 1,52 m/s, tras un encendido de sus toberas durante 11 min y 45 s. Con esto se acercaría unos 650 km más a
Titán y se podría realizar posteriormente el sobrevuelo deseado del
planeta. Como una vez superado el sistema de Saturno la sonda ya

no tendría que volver a sobrevolar ningún otro mundo, esta TCM fue la última de toda la misión. Aunque, como veremos más adelante, sus cuatro toberas tendrán todavía ocasión de recuperar el protagonismo y de ayudar a la sonda en el futuro. Dos horas más tarde, la nave recuperó su orientación de trabajo, para alivio de los controladores, ya que esa fue la última maniobra arriesgada antes de los encuentros.

El día 10 de noviembre se desbordaron todas las previsiones y más de 400 periodistas acudieron al Auditorio Von Karman del JPL. Eran tantas las expectativas que las noticias del sobrevuelo de Saturno y sus anillos llenaban las portadas de los periódicos y abrían los informativos. En el JPL muchos de los periodistas eran ya expertos en la exploración espacial e incluso algunos habían seguido el viaje de la Mariner 4, las Pioneer 10 y 11, el descenso a Marte de las Viking 1 y 2 y los sobrevuelos de Júpiter de las Voyager. Todo estaba preparado para comenzar a recibir una avalancha de fotos impresionantes durante las siguientes 48 horas y nadie se lo quería perder.

FASE DE ENCUENTRO CERCANO (NE) DE VOYAGER 1 EN SATURNO

La fase más importante de la misión tuvo una duración de 47 horas y durante esta se obtuvieron los mejores datos y las fotografías de mayor resolución de todo el encuentro. En la mañana del día 11 ya se comenzaron a realizar mosaicos de 2 x 2 para observar Titán, pero por la tarde los mosaicos ya estaban programados en tomas de 3 x 3. Para aumentar la tensión, las nubes y una ligera lluvia hicieron presencia en Robledo, pero por suerte los datos no se vieron interrumpidos en ningún momento. Dado que el sobrevuelo del satélite ocurriría 18 horas antes que el de Saturno, todos los instrumentos trabajaron sin descanso sobre Titán. Los espectrómetros obtuvieron todos los datos que buscaban sobre la composición atmosférica, pero las fotografías en luz visible apenas captaron algunas nieblas en las capas altas. La atmósfera era completamente impenetrable para las cámaras y pronto se comprendió que un sobrevuelo de la Voyager 2 no aportaría nada nuevo. Sin aprobación oficial todavía, ya se sabía en el JPL que la Voyager 2 continuaría su viaje de exploración de nuevos planetas. La tarea de estudiar la superficie de Titán se dejaría a un futuro orbitador con radar que pudiera atravesar las capas de nubes. La que sería la misión Cassini ya rondaba las cabezas del JPL. Por lo tanto, la mayor parte de la actividad científica la realizaron los espectrómetros infrarrojo y ultravioleta, consiguiendo espectros de muy alta resolución durante horas. Las fotos no aportaron demasiada información, pero a cambio teníamos una gran cantidad de datos raros con gráficos extraños que nos contaban con detalle la composición química de Titán.

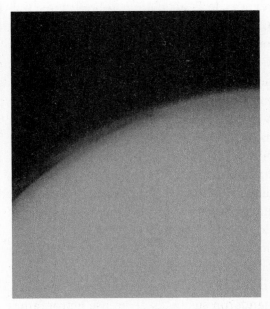

El sobrevuelo de Titán permitió obtener una gran cantidad de datos de la atmósfera del satélite, pero no fue posible vislumbrar nada de su superficie a través de la espesa capa de nubes que lo rodea. Imagen P23108: JPL/NASA

A las 21:41 PST, la sonda Voyager 1 sobrevoló Titán a 4000 km de altura sobre sus nubes más altas, pero los datos aún tardarían más de una hora en llegar a nuestro planeta. La trayectoria fue diseñada con precisión para que poco después la nave quedara oculta del Sol y de la Tierra durante algo más de diez minutos. Ambos eventos fueron utilizados para enviar señales de radio a través de la atmósfera, cuyas características cambiarían en fase e intensidad al atravesarla. Cuando llegaron a la Tierra se analizaron esos cambios, lo que permitió conocer nuevos detalles de la ionosfera y las capas más altas.

Un minuto más tarde se perdieron las comunicaciones con nuestro planeta y toda la información quedó grabada en la cinta DTR para su posterior envío. Los datos recogidos por la Voyager 1 durante su ocultación tras Titán eran vitales y la antena encargada de recibirlos más tarde volvía a ser la de Robledo. Unos minutos antes de la ocultación comenzó a llover durante media hora, pero, por suerte, la señal fue bien captada por la antena DSS-63 y se recibieron todos los datos. Como anécdota del tipo «qué hubiera pasado si…», si el día del sobrevuelo de Titán la lluvia sobre España hubiera impedido la recepción de los datos, la NASA habría tenido que reprogramar la sonda Voyager 2. El nuevo plan implicaba que habría que desviarla de su trayectoria para que hiciera un sobrevuelo cercano de Titán y así obtener los datos perdidos por la Voyager 1. Eso le hubiera impedido continuar su *grand tour* hacia Urano y Neptuno y jamás habríamos visto de cerca esos dos planetas. Como ya los conocemos, eso nos indica que aquel día no llovió con suficiente fuerza sobre Robledo de Chavela.

Al día siguiente, el 12 de noviembre a las 17:10 PST, la sonda sobrevoló Saturno a 124.000 km de altura sobre sus nubes. Y, como ya había cruzado el plano de los anillos, los pudo observar también desde su lado oscuro. Aquí también se produjo otra ocultación de la Tierra y el Sol, pero con una duración total de 40 minutos. Mientras tanto, la sonda se dedicó a observar lunas como Tetis, Mimas, Encélado y Dione. Al final del día, cerca de 500 periodistas de todo el mundo mandaron sus notas de prensa y programas desde el JPL, con medios llegados de Finlandia o Japón. Incluso el presidente Jimmy Carter llamó para dar la enhorabuena y comentar que había seguido durante una hora la llegada de las imágenes de Saturno. De todos los cuerpos sobrevolados por la sonda Voyager 1, las imágenes de mayor resolución llegaron de Rea, ya que la nave se acercó a tan solo 72.000 km de su superficie. Pero conseguir esas imágenes no fue fácil. A una distancia de 1200 millones de kilómetros del Sol, la luz de nuestra estrella es cuatro veces más débil que en Júpiter. La poca luz, la cercanía de Rea y la alta velocidad de la sonda harían que las imágenes salieran algo borrosas y perdieran resolución. Para obtener imágenes de alta calidad se tuvo que idear un nuevo procedimiento, otro invento más diseñado durante la etapa de crucero entre los dos planetas. La idea era hacer que la sonda se girara muy lentamente durante la exposición fotográfica para seguir a Rea y de esta manera compensar su movimiento. Algo similar a lo que hacemos cuando sacamos una fotografía de un objeto cercano que se desplaza, como una bicicleta o una moto. La maniobra tuvo tanto éxito que fue usada posteriormente en Urano y Neptuno por la Voyager 2.

FECHA Y HORA (PST)*	OBJETO	MAYOR APROXIMACIÓN (km)**
11/11/80, 23:05	Titán	7000
23:11-23:22	Ocultación del Sol por Titán	--
23:12-23:24	Ocultación de la Tierra por Titán	--
23:22	Cruce del plano de los anillos hacia abajo	--
12/11/80, 15:41	Tetis	415.320
17:10	Saturno	184.200
19:07	Mimas	88.820
19:08-20:35	Ocultación de la Tierra por Saturno	--
19:15	Encelado	202.251
19:22-20:02	Ocultación del Sol por Saturno	--
20:44-21:00	Ocultación de la Tierra por los anillos	--
21:03	Dione	161.131
21:45	Cruce del plano de los anillos hacia arriba	--
23:46	Rea	72.000
13/11/80, 10:09	Hiperión	879.127
14/11/80, 00:50	Japeto	2.474.000

Cronología y distancias durante el encuentro de Voyager 1 con Saturno. Tabla: elaboración propia. *Hora del Pacífico, 85 minutos antes en la sonda. **Al centro del planeta o luna. Para Saturno fueron 124.200 km sobre las nubes y a 4500 km sobre Titán.

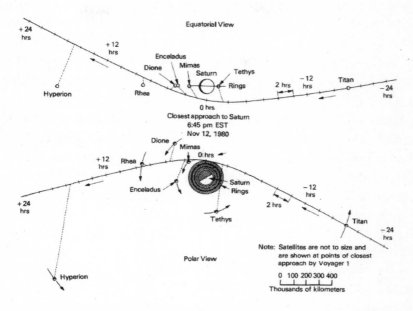

Esquema del sobrevuelo del sistema de Saturno por la Voyager 1. Tras sobrevolar Titán y el polo sur de Saturno, la sonda puso rumbo al espacio interestelar hacia el norte de la eclíptica. Imagen: JPL/NASA

FASE DE POST-ENCUENTRO (PE) DE VOYAGER 1 EN SATURNO

Una vez finalizada toda la actividad más intensa, la sonda se giró hacia el planeta para observarlo durante un mes conforme se alejaba para siempre. La investigación quedó centrada en el campo magnético del planeta y el estudio de los anillos a contraluz para observar su extensión y composición. En la madrugada del 16 de noviembre, el equipo del JPL tuvo que estar alerta, ya que se estaba produciendo uno de esos hechos para los que se preparan pero esperan que nunca ocurra. Durante la tarde había comenzado un incendio en las montañas cercanas, pero, dado que el fuego empeoraba a cada hora, se pasó al plan de emergencia y las instalaciones comenzaron a usar un generador eléctrico de reserva. De esta manera, si se iba la corriente podrían seguir trabajando durante la recepción de los datos y el envío de comandos a la sonda. Durante la mañana el fuego fue sofocado y se volvió a la normalidad. En total, la sonda Voyager 1 envió a nuestro planeta unas 14.917 fotografías obtenidas durante todas las fases del sobrevuelo a Saturno, su último encuentro planetario.

LA LLUVIA EN ESPAÑA NO TIENE NINGUNA GRACIA

Además del pequeño infarto ocurrido justo antes del sobrevuelo de Titán, cuando la lluvia hizo acto de presencia en Robledo, unos días antes ocurrió algo peor. Durante la fase de encuentro lejano, en las primeras horas del 8 de noviembre, la antena de Robledo en España era la encargada de recibir los datos en directo de la sonda Voyager 1. En esos momentos se creó una cadena de tormentas sobre el complejo, lo que provocó la pérdida de la recepción de seis horas completas de datos. Las señales enviadas por la Voyager 1 en banda X pueden atravesar nubes o lluvias débiles, pero, si hay tormentas y lluvias fuertes, la señal no se recibe. Al no existir la posibilidad de usar ninguna de las otras dos antenas, todos esos datos se perdieron para siempre. Como dijo Heacock: «La lluvia en España ha perdido toda la gracia para nosotros» («The rain in Spain has lost all humor for us»). Esta frase tiene una explicación, aunque ya aviso que es un *off-topic* muy bizarro para este libro. Si te suena la frase «La lluvia en Sevilla es una pura maravilla», es porque procede de la traducción que se hizo al castellano del musical *My Fair Lady*. En el musical original la frase decía algo así como: «The rain in Spain stays mainly in the plain», lo cual hacía por entonces bastante gracia por la pronunciación del actor y es la frase a la que Heacock hacía referencia. Pero ya no, la lluvia en España era una pesadilla en el JPL, con muy poca gracia.

FASES DEL ENCUENTRO DE VOYAGER 2 CON SATURNO

Unos diez meses más tarde, le llegaba el turno al encuentro con Saturno de la Voyager 2, que fue dividido en cinco fases a lo largo de un periodo de 115 días. Estas fases son:

- Fase de observatorio (OB). Del 5 de junio al 31 de julio de 1981, con una duración de 56 días.

- Fase de encuentro lejano 1 (FE1, Far Encounter 1). Del 31 de julio al 11 de agosto de 1981, con una duración de once días.

- Fase de encuentro lejano 2 (FE2, Far Encounter 2). Del 11 al 25 de agosto de 1981, con una duración de catorce días.

- Fase de encuentro cercano (NE, Near Encounter). Del 25 al 27 de agosto de 1981, con una duración de dos días.

- Fase post-encuentro (PE, Post-Encounter). Del 27 de agosto al 28 de septiembre de 1981, con una duración de 32 días.

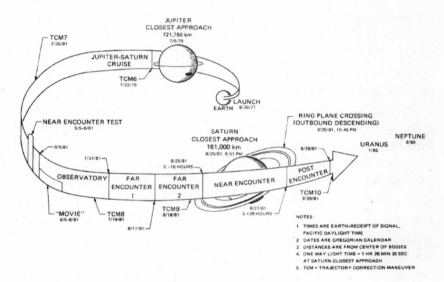

Fases del sobrevuelo de Saturno por la Voyager 2. Antes de llegar al planeta se programaron dos TCM para afinar el punto de sobrevuelo. Tras el sobrevuelo, se indica la TCM-10, que permitiría dejar a la Voyager 2 en trayectoria para un encuentro con Urano unos cuatro años y medio más tarde y con Neptuno otros tres años y medio después. Imagen: JPL/NASA

FASE DE OBSERVATORIO (OB) DE VOYAGER 2 EN SATURNO

Dado el gran éxito del sobrevuelo de Titán por parte de la sonda Voyager 1, el encuentro de Voyager 2 con Urano fue oficialmente aprobado en enero de 1981, siete meses antes de llegar a Saturno. Ahora, toda la atención del sobrevuelo de Voyager 2 iría hacia los anillos. En los meses que transcurrieron entre los sobrevuelos, los técnicos prepararon nuevas secuencias de comandos para observar los radios oscuros en los anillos y realizar un seguimiento cercano de las pequeñas lunas recién descubiertas en su interior. El objetivo principal para este encuentro fue complementar las observaciones realizadas en la anterior visita y reforzar aquellas que más interés científico pudieran tener. Entre el 6 y el 8 de junio se obtuvo durante 43 horas una película del acercamiento para ver la rotación del planeta, así como otra para hacer una secuencia centrada en la longitud 72°. Por último, el 19 de julio se hizo una maniobra (TCM-8) para afinar el sobrevuelo final.

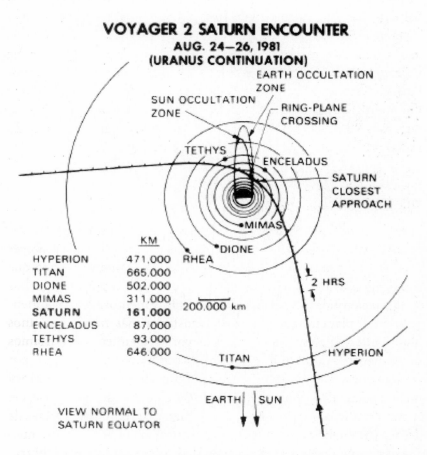

Esquema de la trayectoria de la Voyager 2 durante el encuentro con Saturno. Los mayores acercamientos se produjeron con Mimas, Saturno, Encelado y Tetis. El rumbo adquirido dejó a la sonda con dirección a Urano. Imagen: JPL/NASA

FASES DE ENCUENTRO LEJANO 1 Y 2 (FE1 Y FE2) DE VOYAGER 2 EN SATURNO

La sonda estaba ya a menos de 25 millones de kilómetros de su objetivo y acercándose un millón de kilómetros cada día. Los instrumentos IRIS y UVS estaban a pleno rendimiento examinando la composición de la atmósfera y los anillos en varias frecuencias del espectro. El 18 de agosto se realizó la última corrección de trayectoria (TCM-9) para ajustar el punto de sobrevuelo unos 900 km más cerca de Saturno. De esta manera, no solo se produciría el encuentro con el sistema de Saturno en el lugar deseado, sino que permitiría a la sonda adquirir el rumbo y la velocidad necesaria para realizar un viaje perfecto hasta Urano, ahorrando combustible en algunas maniobras posteriores. El primer y lejano encuentro tuvo lugar a 900.000 kilómetros de Japeto el 22 de agosto. Dos días más tarde sobrevoló Hiperión a 471.000 km de distancia. Básicamente para ir calentando motores y obtener imágenes globales de estas pequeñas lunas.

FASE DE ENCUENTRO CERCANO (NE) DE VOYAGER 2 EN SATURNO

Para el encuentro cercano las imágenes prometían ser espectaculares. Algunos ajustes en el sistema de imagen respecto a la Voyager 1 permitirían aumentar la sensibilidad de las cámaras, por lo que serían necesarios menores tiempos de exposición y las fotografías serían más nítidas. Además, la actividad tormentosa había aumentado en el planeta, que ahora nos mostraba más rasgos que unos meses antes. Si a eso sumamos el mayor acercamiento, tendríamos unas imágenes de las nubes y los anillos con mayor resolución. Y, por si fuera poco, los anillos tenían una iluminación mejor, ya que el Sol incidía sobre ellos con un ángulo de 8°, en contraste con los 4° del sobrevuelo de la Voyager 1. Todo ello hizo que las 500 solicitudes de prensa para cubrir el encuentro con Saturno de la Voyager 1 se quedasen en una anécdota. El día previo al sobrevuelo ya se encontraban en el JPL hasta 750 periodistas y se tuvieron que habilitar salas extra para seguir las ruedas de prensa.

A primeras horas del día 25 tuvo lugar el «sobrevuelo» de Titán, a unos lejanos 665.000 km. Fue el precio a pagar para poder continuar la misión hacia Urano y Neptuno en los siguientes años. A partir de ahí los sobrevuelos se sucedieron, siendo sobrepasados más o menos cerca los satélites Dione y Mimas, antes de llegar a Saturno. Y, dado que el fotopolarímetro PPS de la Voyager 1 había fallado, se había planificado cuidadosamente su uso para este encuentro. El día 25 de agosto la Voyager 2 lo usó para observar durante dos horas y media cómo variaba el brillo de la estrella δ Scorpii al pasar por detrás de los anillos. Esto permitió conocer su estructura, con un detalle hasta 20 veces mejor que en las fotografías. El sobrevuelo del planeta tuvo lugar ese mismo 25 de agosto a las 21:50 PST, a una distancia de 161.000 km respecto al centro del planeta. Dado que el radio de Saturno es de unos 60.000 km, la sonda pasó realmente a 101.000 km sobre las nubes superiores de su atmósfera. El encuentro tuvo lugar tan solo a 48 km del punto esperado y 2,7 segundos antes de lo previsto. ¡Menuda precisión! Minutos más tarde le tocaba el turno al sobrevuelo cercano a 87.000 km de Encélado, justo antes de comenzar la ocultación de la Tierra y el Sol durante algo más de hora y media.

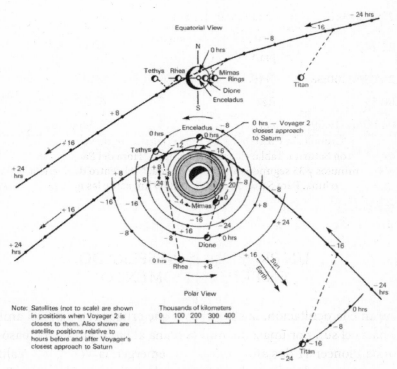

Esquema del sobrevuelo de Saturno por la Voyager 2. Los puntos en la trayectoria nos marcan intervalos de cuatro horas. El ángulo seleccionado permitió que la sonda pusiera rumbo hacia Urano. Imagen: JPL/NASA

Fecha y hora (PST)*	Objeto	Distancia mayor aproximación (km)**
22/08/81, 07:56	Japeto	910.000
24/08/81, 19:53	Hiperión	471.000
25/08/81, 04:04	Titán	665.000
18:18 a 20:40	Análisis de la luz de δ Scorpii	--
19:31	Dione	502.000
21:00	Mimas	311.000
21:35	Anillo A	55.200
21:50	Saturno	161.000
22:11	Encélado	87.000
22:26 a 00:01	Ocultación de la Tierra	--
22:32 a 00:10	Ocultación del Sol	--
22:44	Cruce descendente del plano del anillo G	3000
26/08/81, 00:38	Tetis	93.000
00:55	Rea	646.000
04/09/81, 19:59	Febe	2.080.000

Cronología y distancias durante el encuentro de Voyager 2 con Saturno. Tabla: elaboración propia. *Hora del Pacífico, 86 minutos y 35 segundos antes en la sonda. **Al centro del planeta o luna. Para Saturno fueron 101.000 km sobre las nubes.

UN PROBLEMA INESPERADO EN EL PEOR MOMENTO

Durante la ocultación, la sonda tenía que cruzar el plano del anillo G hacia el sur, por una zona muy cercana al lugar por el que pasó la sonda Pioneer 11 dos años antes. Tras emerger, la Voyager 2 realizó un cercano vuelo a tan solo 93.000 km de Tetis y uno lejano de Rea. Sin embargo, las imágenes recibidas desde la sonda tras reaparecer por detrás de Saturno eran extrañas, con datos inesperados en la telemetría. Un primer y rápido análisis mostró que, durante el cruce con el plano de los anillos, numerosas toberas se habían encendido varias veces de forma no programada. ¿Había chocado la Voyager 2 con algo al cruzar los anillos y había cambiado su orientación? Además, las imágenes que llegaban a la sala de control mostraban un cielo negro y no había ni rastro de Saturno, ni los anillos, ni las lunas recién sobrevoladas. ¿Hacia dónde apuntaban las cámaras? Dado que en realidad las señales fueron enviadas una hora y media antes desde Saturno y cualquier comando tardaría lo mismo en llegar a la nave, era mejor no precipitarse y analizar detenidamente la situación. Una hora más tarde y con nuevos datos de telemetría sobre la mesa, el origen del problema quedó muy claro. La plataforma de escaneo se había quedado atascada en su eje de azimut (en horizontal, para girar a izquierda y derecha), aunque el eje de elevación (arriba y abajo) parecía estar bien.

Aquí vemos la plataforma de escaneo en la maqueta de la Voyager en el JPL. El eje atascado es el que aquí vemos en la parte superior en forma de tubo vertical, cuyo motor permite girar la plataforma con los instrumentos hacia los lados. Imagen: JPL/NASA

Al detectar el problema, el ordenador de la Voyager 2 ordenó que se pararan los dos motores de giro de la plataforma, aunque eso dejó a las cámaras apuntando peligrosamente cerca del Sol. Por tanto, para evitar dañar los sensores de los cuatro instrumentos de la plataforma (ISS, IRIS, UVS y PPS), se le enviaron algunos comandos iniciales para moverla hacia una posición segura. Además, se canceló la obtención de datos programados en los instrumentos con los sensores más delicados. Debido a este problema, la sonda no había podido obtener con el fotopolarímetro los datos previstos de los anillos A y F. También se perdieron las fotografías de los anillos en el lado nocturno y las imágenes de los sobrevuelos de Encélado, Tetis y Rea. Por si fuera poco, tampoco se podrían realizar nuevas observaciones durante un tiempo indeterminado. La sensación era que se habían perdido para siempre los «últimos mejores datos» del encuentro con Saturno.

En un primer momento se pensó que se había producido otro atasco causado por una pieza de teflón, como ya pasó en febrero de 1978 con la Voyager 1. Por tanto, el inquieto equipo de imagen quería que se forzara el mecanismo para liberarlo, al igual que se hizo en la otra ocasión. Sin embargo, Esker Davis decidió que era mejor esperar y perder unas cuantas imágenes de Saturno, antes que arriesgarse y dañar la plataforma. La misión en Urano y Neptuno era demasiado importante. Ya a primeras horas de la mañana del día 26, se decidió enviar al equipo a sus casas para descansar mientras se terminaban de descargar todos los datos almacenados en la cinta DTR. Entre los datos recibidos se pudieron encontrar algunas imágenes del anillo F y unas pocas imágenes de alta resolución de Encelado, pero a partir de ese momento todo cambió. Primero se encontró a Tetis y a Encelado de forma parcial en una esquina de la fotografía, pero más tarde solo eran visibles en las imágenes de campo ancho y posteriormente nada. Todo eran imágenes en negro.

Una vez analizada la telemetría, los datos mostraron que, aproximadamente a las 23:40 PST, la plataforma dejó de funcionar por completo. Además, el giroscopio tenía un fallo de calibración de poco más de un grado y las imágenes más cercanas estaban algo desplazadas respecto a lo esperado. Pero, como hasta en las peores situaciones siempre podemos aprender algo, la plataforma atrancada hizo un par de fotos finales antes de desconectarse. La última imagen adquirida enfocaba al espacio vacío cerca de Saturno, en una región de los anillos conocida como «la división de Keeler». Para sorpresa de todo el mundo, se pudo vislumbrar claramente un anillo interior que no era conocido y que tampoco se esperaba encontrar.

Hasta sin funcionar bien, la Voyager 2 nos aportaba nueva ciencia. Por si el problema de la plataforma no fuera suficiente, al pasar por detrás de Saturno la sonda bajó su temperatura en algunos grados. Esto provocó que el delicado receptor de radio de la sonda no captara bien la frecuencia de las señales recibidas y no respondiera a los comandos enviados desde la Tierra. Por culpa de esto, se le tuvieron que enviar los mismos comandos en repetidas ocasiones, hasta que la temperatura se volvió a estabilizar y pudo recibirlos. Mientras tanto, en la sala de control las imágenes llegaban puntualmente cada pocos minutos, todas mostrando el cielo negro y sin ningún interés. La mayor preocupación del equipo ya no era quedarse sin obtener los últimos datos de Saturno, sino que estuviera en peligro la misión a Urano. La desesperación era tal que hasta se hicieron cálculos para conocer la cantidad de giros que podría hacer la sonda con las toberas en Urano para compensar la falta de movimiento de la plataforma. Los resultados indicaban que la nave podría girar hasta 150 veces para obtener fotografías, antes de que se agotara todo el combustible. Y, claro, con esto habría que olvidarse de Neptuno.

Durante esos días, en el JPL se formaron dos grupos. Por un lado, estaban los científicos que querían dar por finalizada la misión a Saturno para poder reparar la sonda con tranquilidad pensando en Urano. Y, por otro lado, estaba otro grupo que presionaba para girar la sonda y dejar las cámaras sacando fotografías en la distancia del planeta y sus anillos, en lugar de recibir imágenes en negro. Finalmente, los responsables ordenaron hacer pequeñas pruebas de movimiento de la plataforma para hacer un intento por encontrar el fallo y obtener una posible solución. Todo ello con mucha precaución y sin poner en peligro la misión a Urano. En las últimas horas del día se enviaron comandos para que la Voyager 2 intentara mover un poco la plataforma, girando unos diez grados a cada lado muy lentamente. Los datos de telemetría recibidos tres horas más tarde indicaron que la prueba había sido un éxito. Sin embargo, horas después la maniobra fue repetida de nuevo y los datos de madrugada indicaron que se había atrancado numerosas veces durante el desplazamiento. Por tanto, la plataforma seguía atascada y no se sabía qué lo estaba provocando, ya que no parecía un atranque como en la Voyager 1.

En la mañana del día 27, la sala de prensa estaba otra vez llena. Y todos los periodistas preguntaban lo mismo: «¿Qué porcentaje de datos se habían perdido?», «¿Cuál ha sido el porcentaje de éxito de la misión?». Ante la tabarra de los periodistas, el siempre magistral Ed Stone respondió: «Ya que insistís tanto, ya sé el porcentaje de éxito de la misión de la Voyager 2: un 200 %». Sí, se habían perdido datos, pero en conjunto se habían obtenido muchas más fotografías e información de lo esperado. Todo de una gran calidad, así que la sonda superó todas las expectativas a pesar de los problemas finales.

Primera imagen de Saturno recibida tras el fallo de la plataforma de escaneo. En ella se aprecia parte del disco de Saturno y su sombra proyectada en los anillos. Aunque la imagen fue recibida en perfectas condiciones en Australia, se muestra con las interferencias con las que fue recibida en California en las pantallas del JPL. Imagen PIA02285: JPL/NASA

El día siguiente amaneció con buenas noticias. En la primera rueda de prensa de la mañana del día 28, se informó que la plataforma no estaba todavía reparada, pero que se producirían avances a lo largo del día. Con cada prueba realizada sobre el motor de azimut en las 24 horas anteriores, se habían obtenido mejores resultados. Y la confianza hacía que cada prueba fuera más exigente que la anterior. Así que durante el día se intentó mover unos 60° en azimut y un poco en elevación para traer de nuevo a Saturno hasta las pantallas. Las primeras imágenes mostrando el planeta podrían llegar a las 17:38 PST, por lo que todas las salas se llenaron de científicos y periodistas nerviosos. Y, justo a la hora, la primera imagen de Saturno volvía de nuevo a llenar las pantallas.

La investigación del problema, las pruebas y las precauciones duraron muchos meses más. De hecho, la plataforma se dejó colocada en una orientación que permitiera observar Febe, el último satélite de Saturno. Y, además, esta posición permitiría observar a Urano en el caso de que no se pudiera mover en el futuro. Meses más tarde se llegó a la conclusión de que el problema había sido provocado por un fallo de lubricación en el engranaje. Un excesivo uso de la plataforma durante el sobrevuelo provocó un calentamiento y esto hizo que algunas zonas se quedaran secas y sin lubricante. Por suerte, Davis evitó un problema mayor, ya que un uso intensivo para liberarla podría haber provocado su rotura. Con unos pocos movimientos lentos y dejándola descansar, la plataforma volvió a funcionar con normalidad meses más tarde.

FASE POST-ENCUENTRO (PE) DE VOYAGER 2 EN SATURNO

Prosigamos con el encuentro. Tras todos los contratiempos provocados por el fallo de la plataforma, era el turno de la pequeña luna Febe. Está a tanta distancia de Saturno (trece millones de kilómetros), que la Voyager 2 tardó diez días en cruzar su órbita tras el acercamiento al planeta. El sobrevuelo tampoco fue para presumir, ya que la nave pasó a más de dos millones de kilómetros de esta pequeña e irregular luna el 4 de septiembre, pero al menos pudo obtener algunas imágenes lejanas. Tras el sobrevuelo, se realizaron algunas observaciones y toma de datos de forma regular, dando por concluida la misión en Saturno. En total, la sonda Voyager 2 envió a nuestro planeta unas 10.996 fotografías durante todas las fases del sobrevuelo a Saturno. Con una sonda en un aceptable estado de salud y una última maniobra TCM-10 llevada a cabo el 29 de septiembre, ¡le tocaba el turno a Urano! Los ingenieros del JPL se habían salido con la suya y nuestra renqueante sonda pondría rumbo a mundos jamás explorados.

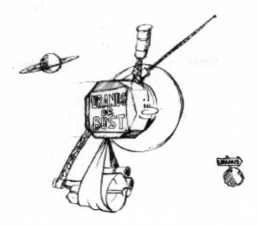

Viñeta que circulaba por el JPL tras el éxito en Saturno.
«Uranus or bust» («Urano o nada»), con una convaleciente
plataforma sujeta con un cabestrillo. Imagen: JPL/NASA

LAS COMUNICACIONES DESDE SATURNO

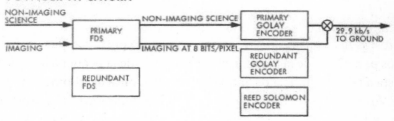

Esquema de los sistemas utilizados para las comunicaciones desde Saturno.
Las imágenes se enviaron directamente y sin codificar, pero el resto de
los datos fue asegurado con el algoritmo Golay. Imagen: JPL/NASA

Para mejorar un poco la recepción de las señales desde Saturno, una
de las antenas de 26 m de cada complejo de la DSN fue modificada
para llegar hasta los 34 m. Para los dos sobrevuelos, los tres complejos tenían ya en ese momento al menos una antena de 26 m, otra
de 34 m y la enorme antena de 64 m. Esto permitió aumentar en un
28 % la potencia recibida de la señal, al usarse conjuntamente las

antenas de 34 y 64 m. Con esta mejora, los datos pudieron ser enviados a nuestro planeta desde las sondas Voyager a una velocidad de 44,8 Kbits/s, en lugar de los 29,9 Kbits/s que estaban previstos originalmente. Esto permitió que se enviaran todas las imágenes directamente y sin codificar a la Tierra. Sin embargo, los datos del resto de instrumentos sí que fueron codificados usando el sistema Golay.

El sobrevuelo de Urano

El viaje hasta Urano había sido desmentido y negado durante años. Cuando se aprobó el proyecto Voyager, la NASA prohibió hablar de ir hasta Urano y más allá. Y, a pesar de todo, los ingenieros dotaron a las sondas de todo lo necesario para llegar y funcionar allí. En mayo de 1977, unos meses antes del lanzamiento y con la sonda ya construida, por fin se empezó a hablar públicamente de la posibilidad de visitar Urano y Neptuno, incluso en el *fact sheet* (n.º 77-114) de junio y el *press kit* (n.º 77-136) del 4 de agosto. Y, como hemos visto, muchos meses antes de llegar a Saturno ya se estaba programando el sobrevuelo de Urano. Finalmente, el 29 de septiembre de 1981 se realizó la TCM-10, la que fue la primera maniobra de la Voyager 2 que modificaba su rumbo para ajustar el viaje hasta Urano. Por fin, había comenzado la misión dentro de la misión.

Tras nueve años de viaje por el espacio y cuatro años y medio después de sobrevolar Saturno, la sonda Voyager 2 tenía un desafiante reto por delante y 398 W disponibles para llevarlo a cabo. A 3000 millones de kilómetros de nuestro planeta y tras recorrer 5000 millones de kilómetros, la misión a Urano fue la más complicada de todo el proyecto Voyager. Este sobrevuelo tenía tres características que lo hacían único. La primera era que se iba a sobrevolar un planeta que no había sido visitado jamás. En los sobrevuelos de Júpiter y Saturno el equipo de la misión tenía al menos una idea de lo que se iba a encontrar, gracias a las misiones de la Pioneer 10 y la Pioneer 11. Sin embargo, aquí no se sabía mucho del campo magnético de Urano ni sus anillos y, por supuesto, sus lunas. Vamos, que incluso no se tenían claras cosas básicas como su diámetro ni su periodo de rotación. Era un planeta a estrenar. Como segunda particularidad teníamos la extraña orientación del planeta y sus lunas. Urano se encuentra inclinado sobre su eje 98º, por lo que la Voyager 2 se lo iba a encontrar casi directamente por su polo sur. El planeta junto a sus anillos y sus lunas era algo así como una gigantesca diana que había que atravesar en un lapso de muy pocas horas. En los sobrevuelos de Júpiter y Saturno, las sondas iban visitando el planeta y sus lunas a lo largo de un par de días. Pero, en este caso, al estar el sistema de Urano inclinado respecto al movimiento de Voyager 2, todo sería sobrevolado al mismo tiempo, con una actividad más frenética de lo habitual y sin margen de error. Y, para añadir más presión, tampoco teníamos una sonda de reserva, ya que la Voyager 2 sería la única visitante de este extraño planeta.

Urano, la diana espacial. Todos los satélites de Urano giran
a su alrededor en el mismo plano de los anillos, por lo que
la Voyager 2 sobrevolaría en el mismo momento el planeta,
los anillos y todas sus lunas. Imagen: JPL/NASA

Y, si el encuentro no fuera lo bastante desafiante, la enorme distancia al Sol implicaba que hubiera hasta 360 veces menos luz que en el entorno de la Tierra. Una distancia tan grande también significaba otras cosas, como que las señales tardaran hasta dos horas y media en llegar a la sonda y que las temperaturas fueran mucho más bajas que en Saturno. Todo esto complicaba mucho la misión, ya que el receptor estropeado de la Voyager 2 era muy sensible a la temperatura. Un cambio de 0,25 ºC en el receptor implicaba un cambio en la frecuencia de 96 Hz, lo cual dificultaba las comunicaciones si no se tenían claras las condiciones del dispositivo.

Dos años antes, en febrero de 1984, los equipos científicos de la Voyager 2 se reunieron para decidir todas las investigaciones que se llevarían a cabo en Urano. Y eran muchas, ya que estaba todo por descubrir. Al finalizar la reunión tenían una lista de 30 prioridades científicas que eran vitales para conocer algo de este desconocido mundo. Con esta lista, el equipo del proyecto tenía dos años para preparar la sonda y desarrollar miles de comandos que permitieran cumplir con esos objetivos científicos. Dada la particular orientación del planeta, 27 de los experimentos programados tendrían lugar en los cuatro días de la fase de encuentro cercano (NE), de los cuales 20 serían ejecutados durante las seis horas de mayor aproximación. Entre los objetivos principales de la misión se encontraban:

- – Conocer el diámetro de Urano y su periodo de rotación.
- – Conocer la composición atmosférica.
- – Determinar su balance térmico.
- – Conocer su ionosfera y posibles auroras.
- – Estudiar el sistema de anillos.
- – Conocer los detalles de las superficies de sus lunas y sus tamaños.

Nuevo logo para la misión Voyager, con Urano,
Neptuno y más allá. Imagen: JPL/NASA

FASES DEL ENCUENTRO DE VOYAGER 2 CON URANO

El encuentro con Urano fue dividido en cinco tramos: un periodo de pruebas de 28 días y cuatro fases de encuentro, a lo largo de un periodo de 114 días. Estas fases son:

- Pruebas y calibración pre-encuentro. Con una duración de 29 días, entre el 7 de octubre y el 4 de noviembre de 1985.

- Fase de observatorio (OB). Con una duración de 68 días, entre el 4 de noviembre de 1985 y el 10 de enero de 1986.

- Fase de encuentro lejano (FE, Far Encounter). Con una duración de doce días, entre el 10 y el 22 de enero de 1986.

- Fase de encuentro cercano (NE, Near Encounter). Con una duración de cuatro días, entre el 22 y el 26 de enero de 1986.

- Fase post-encuentro (PE, Post Encounter). Con una duración de 30 días, entre el 26 de enero y el 25 de febrero de 1986.

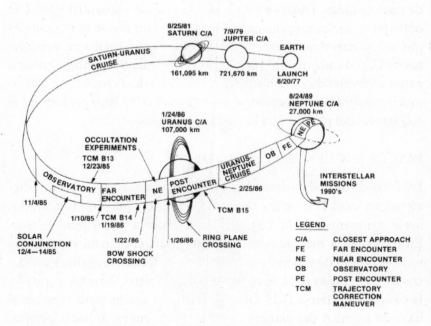

Esquema de las fases del encuentro de la sonda Voyager 2 con Urano y las TCM previstas. Imagen: JPL/NASA

PRUEBAS Y CALIBRACIÓN PRE-ENCUENTRO

Debido a la gran cantidad de cambios implementados en la configuración de la sonda y los instrumentos, era necesario realizar numerosas pruebas para comprobar que todo funcionaba correctamente. Esto incluía nuevas técnicas de imagen, de comunicaciones y la recalibración de los instrumentos. Para ello, se realizó una carga de comandos (*CSS load*) llamada B624, que contenía el ensayo de todas las actividades que tenían que desarrollarse durante la fase de encuentro cercano. Esta prueba era vital para el éxito de la misión y recibió el nombre de NET (Near Encounter Test).

FASE DE OBSERVATORIO (OB)

Para esta primera fase científica se prepararon tres cargas de comandos llamadas B701, B702 y B703. Desde principios de marzo de 1985, las imágenes adquiridas por la sonda Voyager 2 del planeta Urano ya tenían más resolución que las obtenidas desde los observatorios terrestres. Esto permitiría ir conociendo mejor algunas características de su atmósfera, la disposición de los anillos y comenzar la búsqueda de nuevas lunas. Durante esta fase y la fase de encuentro lejano, se obtuvieron varias secuencias de fotografías durante 36 horas, con las que se realizaron siete pequeñas películas con dos rotaciones completas de Urano cada una. El resto de los instrumentos también comenzaron a obtener datos con sus sensores. El 23 de diciembre se realizó una maniobra de corrección de trayectoria (TCM B13) para afinar el sobrevuelo del planeta con los nuevos datos adquiridos.

FASE DE ENCUENTRO LEJANO (FE)

Esta fase de doce días de duración fue llevada a cabo con las instrucciones almacenadas en las cargas B721 y B723, que pusieron a todos los instrumentos de la Voyager 2 a trabajar a pleno rendimiento. En esos días, a mediados de enero de 1986, el planeta ya ocupaba todo el campo de visión de la cámara y era necesario realizar mosaicos de fotografías para observarlo por completo. Simultáneamente, la cámara infrarroja IRIS también entró en acción para conocer el balance térmico del planeta. Para el 19 de enero se había programado la maniobra TCM B14, que corregiría unas mínimas desviaciones de la trayectoria, pero en el último momento fue descartada, ya que la sonda iba con el rumbo adecuado.

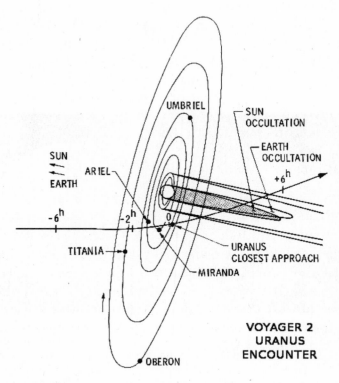

Esquema del encuentro de la Voyager 2 con el sistema de Urano, la diana planetaria. Imagen: JPL/NASA

FASE DE ENCUENTRO CERCANO (NE)

Esta breve fase, que tuvo solo cuatro días de duración, fue sin duda la más importante de todo el sobrevuelo. En ella se obtuvieron las imágenes más cercanas y los instrumentos captaron los datos más valiosos para conocer el sistema de Urano, la magnetosfera, los anillos y las lunas. Para ello se programaron dos cargas de comandos llamadas B751 y B752. Esta última secuencia es la que contenía todas las instrucciones para observar con detalle las lunas Oberón, Titania, Umbral, Ariel y Miranda. De todas las actualizaciones finales que tenían que ser enviadas hacia la sonda, la más delicada era la observación de Miranda. La sonda pasó tan cerca de ella y a tan alta velocidad que se hacía imprescindible conocer con gran precisión su posición. Para encuentros como este se hizo necesario programar las maniobras llamadas IMC (Image Motion Compensation), imprescindibles para obtener imágenes que no estuvieran movidas. Como veremos un poco más adelante, esta maniobra utiliza los giroscopios para hacer girar a la sonda Voyager 2 al mismo ritmo que el movimiento del satélite, de forma que las imágenes no salgan borrosas debido a la alta velocidad y la baja luz en el encuentro.

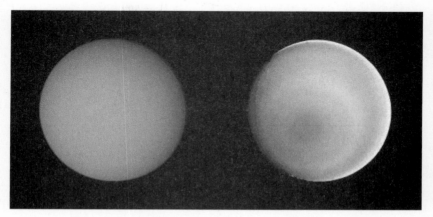

Imagen en color verdadero (izquierda) y falso del planeta Urano, obtenida por la sonda Voyager 2 unos días antes de la aproximación final. Llama la atención la falta total de detalles visibles en su atmósfera. La imagen de la derecha tiene el contraste muy aumentado para poder observar algunos detalles de su polo sur. Imagen P29478: JPL/NASA

El sobrevuelo de Urano tuvo lugar el 24 de enero de 1986 a las 09:59 PST, a 81.500 km de altura sobre las capas de nubes más externas del planeta. El punto de sobrevuelo fue seleccionado por seguridad, teniendo en cuenta la distancia a los anillos, pero que permitiera llegar posteriormente hasta Neptuno. Justo en el momento de mayor aproximación, el fotopolarímetro PPS y la cámara ultravioleta UVS observaron varias estrellas que fueron ocultadas en varias ocasiones por los anillos. Después, la antena fue girada hacia la Tierra para utilizar las ocultaciones de nuestro planeta y el Sol para realizar los análisis de la atmósfera. El sobrevuelo se produjo un segundo más tarde de lo esperado y un minuto más tarde de lo previsto en los cálculos realizados cinco años antes. Se podría decir con toda tranquilidad que el JPL controlaba con gran precisión la navegación entre planetas.

Fecha y hora (PST)*	Objeto	Mayor aproximación (km)**
24/01/86, 07:10	Titania	365.000
08:12	Oberón	471.000
08:21	Ariel	127.000
09:04	Miranda	29.000
09:59	Urano	106.862
12:52	Umbriel	325.000
12:24-13:43	Ocultación del Sol por Urano	--
12:35-14:01	Ocultación de la Tierra por Urano	--

Cronología y distancias durante el encuentro de Voyager 2 con Urano. Tabla: elaboración propia. *Hora del Pacífico, dos horas y 45 minutos antes en la sonda. **Al centro del planeta o luna. Para Urano se realizó a 81.500 km sobre las nubes.

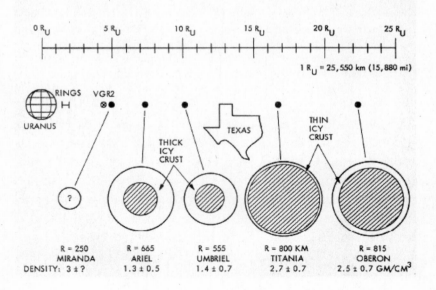

Esquema del sistema de Urano, con la distancia de las lunas y el punto de sobrevuelo de la Voyager 2, prudentemente alejada de los anillos. Imagen: JPL/NASA

FASE POST ENCUENTRO (PE)

Una vez sobrevolado el sistema de Urano, la sonda Voyager 2 continuó observando los anillos y el perfil del planeta durante un mes más. Para ello se programaron numerosas secuencias de observación en las cargas B771 y B772. La idea era descubrir nuevos anillos más débiles y auroras en el planeta. La maniobra, conocida como TCM-B15, fue la más larga jamás llevada a cabo en la Voyager 2, con una duración de tres horas. Sin esta maniobra, la sonda pasaría a 34.000 km de Neptuno, pero gracias a ella el sobrevuelo sería mucho más cercano y se produciría dos días antes, algo imprescindible para poder sobrevolar Tritón.

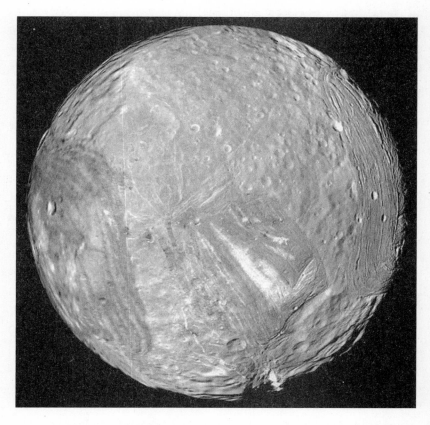

Fotografía de Miranda durante el sobrevuelo de la Voyager 2. Tal vez el mundo más caótico del sistema solar. Imagen PIA18185: JPL/NASA

Cuando la Voyager 2 se dirigía a Urano, todos los científicos esperaban encontrarse con algo inesperado. Sin embargo, lo inesperado fue encontrar un planeta totalmente carente de rasgos destacables y algo «aburrido» en las fotografías. Pero lo que nadie pensaba era que la sorpresa vendría de la mano de Miranda, el satélite más pequeño del planeta. Esta luna es la menor de los cinco satélites regulares de Urano, con poco más de 470 km de diámetro. Las imágenes nos descubrieron que su topografía es la más caótica del sistema solar y lo más probable es que se formara con restos de otras lunas y sufriendo grandes impactos en el proceso. Su geología incluye cráteres, largas grietas, gigantescas fallas, montañas y acantilados kilométricos. El más destacado es el acantilado llamado Verona Rupes, que, con una altura de 20 km, es el mayor del sistema solar. Todavía hoy desconocemos cómo se formaron la mayoría de las estructuras que vemos en esta increíble luna. En total, la sonda Voyager 2 envió a nuestro planeta 5020 fotografías durante todas las fases del sobrevuelo a Urano.

UN POCO DE MAGIA EN LAS
COMUNICACIONES DESDE URANO

Sabemos que Urano está cuatro veces más lejos que Júpiter y que la potencia de una señal de radio se va debilitando según la ley del inverso del cuadrado. Mal asunto. Además, también sabemos que la máxima velocidad posible para el envío de datos desde cualquier distancia viene determinada por la proporción entre la señal y el ruido, llamada SNR. Con todas estas circunstancias, la velocidad máxima para el envío de datos bajaría desde los 115.200 bps posibles en Júpiter, a tan solo unos 11.000 bps en Urano. Pero, claro, unos cuantos «trucos» por parte de la NASA y el JPL permitieron que durante el encuentro la velocidad subiera hasta los 21.600 bps, el doble del máximo posible. ¿Cómo lo hicieron? Pues con más ciencia e ingeniería. Vamos a verlo. Por un lado, la NASA llegó a un acuerdo con el CSIRO (Commonwealth Scientific and Industrial Research Organisation), del Gobierno australiano, para usar su antena Parkes de 64 m. Esto permitiría combinar la señal recibida de Voyager 2 en esta antena, con la captada por las tres antenas de la red DSN en Canberra. De esta manera, se podría usar una red formada por cuatro antenas (dos de 64 m y otras dos de 34 m) separadas por unos 320 km entre sí. Esto fue equivalente a usar una sola antena de 100 m de diámetro, con la consiguiente ganancia en la fuerza de la señal recibida. Si no puedes tener antenas más grandes, al menos puedes tener más antenas que trabajen conjuntamente.

COMPRIMIENDO LAS IMÁGENES Y CODIFICANDO LOS DATOS

Pero aquí no se quedaba la cosa. Durante varios años, el JPL estuvo preparando nuevos programas para el Flight Data Subsystem (FDS), que permitirían aumentar el ritmo de envío de datos, con nuevos formatos y capacidades. Para ello se decidió usar la técnica conocida como IDC (Image Data Compression), que permitía reducir la cantidad de bits que tenían que ser enviados a la Tierra con cada imagen. Este programa se ejecutaba en el FDS de reserva, que en lugar de estar apagado se reprogramó para esta tarea. Como sabemos, una imagen captada por las cámaras de la Voyager está formada por un total de 800 líneas, con 800 píxeles cada una. En total hablamos de unos 640.000 píxeles en cada fotografía, que pueden llegar a «pesar» hasta unos 5.120.000 bits. A distancias como las de Júpiter y Saturno, cada imagen tardaba alrededor de un minuto en ser enviada por completo a nuestro planeta, lo que es algo manejable. Sin embargo, en Urano y Neptuno las imágenes podrían tardar entre cinco y diez minutos cada una, algo que ya era poco aceptable. Ahora, el FDS de reserva se encargaría de comprimir cada imagen, con un algoritmo que buscaría la diferencia de niveles de grises (de intensidad) entre dos píxeles adyacentes y enviaría solo la diferencia entre ambos. Eso hacía que no fuera necesario enviar los ocho bits para cada píxel, sino que en muchas ocasiones solo se necesitaban dos o tres de ellos. En el caso de píxeles similares entre sí, como el cielo negro del fondo de la mayor parte de las imágenes, apenas había que enviar información extra. Este algoritmo generaba en total un ahorro de hasta el 60 % de la información que había que enviar y, por tanto, una reducción equivalente en el tiempo empleado en cada imagen. Y todo ello sin pérdida de información al descomprimir la imagen en nuestro planeta. Esta técnica es similar a la que usamos a diario en nuestros ordenadores, con imágenes con formatos como PNG (sin pérdida de información) o JPG (comprimidas con alguna pérdida de información), en contraste a las imágenes BMP o RAW, que contienen toda la información original. En aquella época, todos estos formatos no estaban desarrollados y el JPL fue uno de los pioneros en la aplicación de estas técnicas.

Ya sabemos que durante los sobrevuelos de Júpiter y Saturno se usó una técnica de codificación conocida como «algoritmo de Golay». Este método añade un bit extra (de paridad) por cada bit de información científica o telemetría para comprobar en la Tierra que la información recibida era correcta. Como consecuencia, la sonda Voyager tenía que enviar en realidad el doble de bits con cada dato científico. Era el precio a pagar por estar seguros de que los datos recibidos eran los originales. Bueno, el 99,99995 % de los originales, puesto que se recibían unos cinco bits erróneos por cada 100.000 bits enviados. Sin embargo, para los sobrevuelos de Urano y Neptuno, el JPL puso en marcha un nuevo sistema de codificación conocido como Reed-Solomon y que era experimental en ese momento. Este sistema permite enviar solo un 20 % de bits extras con la información original, lo cual permite enviar muchísima más información en el mismo tiempo. Por si fuera poco, la precisión era mucho mayor, con solo un bit erróneo por cada millón de bits enviados. Hoy día, dispositivos como los discos ópticos, los teléfonos móviles y la televisión por satélite siguen usando los algoritmos de Reed-Solomon.

VOYAGER AT URANUS

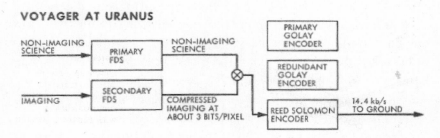

Esquema del sistema de compresión de imágenes y codificación de datos usados en Urano. Vemos como las imágenes pasan por el FDS de reserva y luego todos los datos son codificados con el sistema Reed-Solomon. Imagen: JPL/NASA

MANIOBRAS DE OBSERVACIÓN EN LA OSCURIDAD

Estar tan alejadas de la Tierra y el Sol no solo es un problema a la hora de enviar información a la Tierra, sino que además la luz solar ya es muy débil. En Urano, la iluminación es 360 veces menor que en nuestro planeta y los anillos solo reflejan el 1 % de la luz que reciben, por lo que son prácticamente negros. Así que fue todo un reto modificar y tunear la sonda Voyager 2 para que pudiera seguir obteniendo imágenes del planeta, sus anillos y sus también oscuras lunas. Una solución lógica sería realizar las fotografías con un mayor tiempo de exposición, pero dada la gran velocidad de la sonda las imágenes tenderían a salir borrosas. Así que el JPL decidió aplicar la técnica ya utilizada en algunas imágenes del sistema de Saturno y conocida como IMC (Image Motion Compensation). La técnica consiste en la utilización de los giroscopios para reorientar la sonda durante los momentos de mayor aproximación, de forma que siga al objeto fotografiado. Estos giros moverán la nave al mismo ritmo al que se mueva la luna a fotografiar, consiguiendo mejoras de hasta un factor de 50 en Miranda, la luna que sería sobrevolada desde más cerca. Cincuenta veces más resolución, solo con girar un poco la nave. Pero no te creas que el giro era rápido o brusco. Los giros angulares para estas maniobras eran quince veces más lentos que la manecilla de la hora de un reloj. El mayor problema de este método es que, al girarse la sonda, se pierden las comunicaciones con la Tierra y las imágenes se tienen que almacenar para ser enviadas más tarde.

Classical IMC

Entire spacecraft turns to track target—breaks communications with Earth

Esquema de la maniobra IMC para mejorar la resolución en el fotografiado de objetos oscuros y a alta velocidad. Imagen: JPL/NASA

El sobrevuelo de Neptuno

Doce años después de ser lanzada y tres años y medio después de sobrevolar Urano, la sonda Voyager 2 tenía un último objetivo planetario y 372 W para gastar. A unos 4500 millones de kilómetros de nuestro planeta y tras recorrer 7000 millones de kilómetros, el encuentro de Neptuno fue la última misión planetaria del proyecto Voyager. Con este sobrevuelo finalizaba el primer reconocimiento del sistema solar exterior. Una vez que la Voyager 2 dejara atrás el sistema de Neptuno, la sonda jamás volvería a encontrarse con otro planeta, lo que implicaría un cambio radical en su funcionamiento y en la organización de los equipos de trabajo en la Tierra. Alguien podría preguntarse por qué no se envió a la Voyager 2 hasta Plutón tras el sobrevuelo. El motivo que impidió esta ampliación de la misión es demoledor. El sobrevuelo de Neptuno que hubiera permitido un encuentro posterior con Plutón implicaba sobrevolar el planeta en un punto que estaba cientos de kilómetros bajo las nubes de su atmósfera, por lo que la Voyager 2 se habría desintegrado. Y eso no mola nada. Plutón estaba en una posición en su órbita tan «alejado» de Neptuno que la asistencia gravitatoria tendría que haber sido un pelín agresiva.

La Voyager 2 tenía tres objetivos científicos principales para este último sobrevuelo: el planeta Neptuno, su campo magnético y su luna Tritón. Se conocía tan poco sobre estos cuerpos que era prácticamente como partir de cero. De forma más detallada, se pretendía conocer las características básicas del planeta (tamaño, masa, rotación, densidad, color, características de la atmósfera...) y las particularidades de Tritón y Nereida. También se realizarían observaciones para buscar nuevas lunas, para conocer la fuerza y orientación del campo magnético de Neptuno y para descartar o confirmar la presencia de anillos (o arcos de anillos) alrededor del planeta. En una de las primeras medidas de ahorro energético, antes del sobrevuelo se apagó el transmisor en la banda S para que la nave tuviera cierto margen en la potencia eléctrica disponible.

FASES DEL ENCUENTRO DE VOYAGER 2 CON NEPTUNO

El encuentro con el planeta fue dividido en cuatro fases diferentes, a lo largo de un periodo de 119 días. Estas fases son:

- Fase de observatorio (OB). Con una duración de 62 días, entre el 5 de junio y el 6 de agosto.

- Fase de encuentro lejano (FE, Far Encounter). Con una duración de 18 días, entre el 6 y el 24 de agosto.

- Fase de encuentro cercano (NE, Near Encounter). Con una duración de cinco días, entre el 24 y el 29 de agosto.

- Fase post-encuentro (PE). Con una duración de 33 días, entre el 29 de agosto y el 2 de octubre.

Logo utilizado para el encuentro con Neptuno. Imagen: JPL/NASA

FASE DE OBSERVATORIO (OB)

La primera de las fases del encuentro tuvo una duración de dos meses y consistió en la realización de observaciones repetitivas y continuas de Neptuno. Con ellas se intentaba descubrir nuevas lunas, anillos y observar grandes rasgos que fueran distinguibles en su atmósfera. En esta fase la sonda funcionaría ejecutando las tareas programadas en las cargas llamadas B901, B902 y B903. Una de las principales tareas, llamada VPZOOM, consistía en realizar una fotografía de Neptuno con la cámara de ángulo estrecho cada tres horas y doce minutos. Como el planeta tarda unas 16 horas en girar sobre su eje, con cinco imágenes tendríamos una visión completa del planeta. Repitiendo este proceso durante muchos días y uniendo las imágenes tomadas en el mismo momento del día, al final tendríamos hasta cinco películas completas del acercamiento al planeta mostrando los movimientos de las nubes y sus dinámicas. Por supuesto, el resto de los instrumentos de la sonda comenzó a realizar mediciones y observaciones de forma periódica.

FASE DE ENCUENTRO LEJANO (FE)

Esta fase comenzó cuando a la Voyager 2 le quedaban todavía 18 días para el sobrevuelo, con un Neptuno que ocupaba ya una cuarta parte de cada fotografía de ángulo estrecho. Las actividades que realizar en esta fase más crítica estaban programadas en las *CCS loads* B921, B922 y B923, que finalizaban a pocas horas del momento de mayor aproximación al planeta. Aquí aumentaron las observaciones diarias en busca de auroras, anillos y nuevas lunas, así como observaciones más detalladas de Neptuno, Tritón y Nereida. La precisión en la localización de Neptuno y la estimación de su masa fue tres veces mejor que en la fase anterior. Y la localización de Tritón tenía un margen de error hasta seis veces menor. Tres días antes del sobrevuelo se realizó la última maniobra de corrección de trayectoria (TCM-B20), que dejó a la Voyager 2 en el rumbo perfecto hacia el punto de destino para sobrevolar el planeta. De hecho, esta fue la última maniobra en la vida de la sonda, ya que una vez finalizado el encuentro no haría falta modificar su trayectoria nunca más. Un día antes del sobrevuelo, los instrumentos de campos, plasmas y partículas comenzaron a notar la cercanía del planeta y obtuvieron datos que permitieron conocer mucho mejor su campo magnético y su interior.

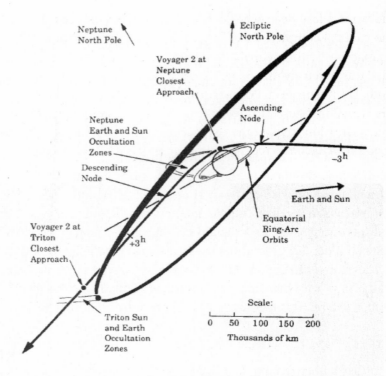

Esquema del sobrevuelo (Near Encounter) de Neptuno y Tritón realizado por la sonda Voyager 2. Tras sobrevolar Neptuno muy cerca de su polo norte (5000 km), la sonda llegaría cinco horas más tarde a unos 40.000 km de Tritón. Imagen: JPL/NASA

FASE DE ENCUENTRO CERCANO (NE)

Como se suele decir, para momentos como estos es para lo que hemos venido hasta aquí. Toda la acción, todas las imágenes asombrosas, los mejores y más precisos datos fueron recolectados en cinco días de actividad frenética. Durante ese tiempo la sonda no descansó un segundo y todos los datos se enviaron a la Tierra sin tiempo que perder. Todo este trabajo estaba perfectamente codificado en sus cargas B951 y B952. La B951 era la más compleja de todo el sobrevuelo e incluía las operaciones en los dos días de mayor aproximación al planeta y sus lunas. La fase comenzó tan solo doce horas antes del sobrevuelo y duró hasta cuatro días y medio después. En ese momento, la sonda ya había aumentado levemente su velocidad, llegando al comienzo de esta fase hasta los 61.000 km/h, un 1 % más veloz que durante la fase de crucero desde Urano. Para entonces el planeta ya no cabía al completo en el campo de las fotografías tomadas por las cámaras y Tritón ocupaba casi la mitad del campo. Era tal la actividad que la retransmisión de datos en directo ya no permitía mandar toda la información. Por tanto, algunas de las fotografías y los datos de varios instrumentos se guardaron en la cinta magnética para su retransmisión unas horas más tarde. La mayoría de la actividad en este sobrevuelo fue recibida por las antenas de Robledo de Chavela.

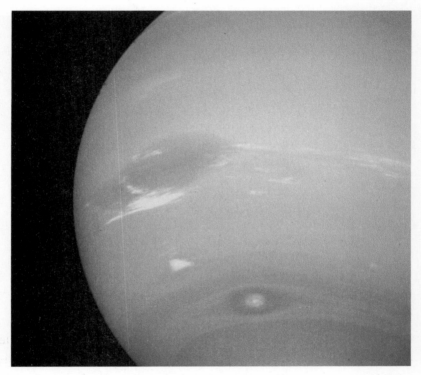

El planeta Neptuno fotografiado por la sonda Voyager 2 unas horas antes de su máxima aproximación. Es visible, entre otras, la Gran Mancha Oscura. Imagen PIA01142: JPL/NASA

En el momento de mayor aproximación, el 24 de agosto a las 19:56 PST, la sonda viajaba a 98.350 km/h. El sobrevuelo del planeta se produjo a 4950 km de altura sobre las primeras capas de la atmósfera. Con diferencia, este fue el sobrevuelo planetario más cercano jamás realizado por la Voyager 2 en toda su misión. Tras pasar la latitud 76º N, su trayectoria fue curvada hacia el sur. Esto le llevaría a salir del plano de la eclíptica y poner rumbo hacia Tritón, en el que sería el último sobrevuelo de toda la misión. Mientras tanto, se sucedieron las maniobras de giro para la observación del limbo del planeta. Para ello se usaba la señal de radio de la antena principal dirigida hacia la Tierra, que sería recibida y analizada por el conjunto de antenas de Canberra, Parkes y Usuda. Durante todo ese tiempo, los instrumentos, los espectrómetros y la cámara de ángulo ancho continuaron tomando datos y almacenándolos en la cinta magnética para su posterior envío a la Tierra. Tras salir por detrás de Neptuno, el instrumento UVS siguió analizando la atmósfera. También fue el momento de observar los anillos y tomar fotografías de un Neptuno en fase creciente durante las ocho horas siguientes. En el camino a Tritón, se aprovechó para enviar parte de los datos almacenados a nuestro planeta. Después se giraron los instrumentos de la plataforma de escaneo hacia esta luna, que aumentó de tamaño considerablemente en poco tiempo. El mayor acercamiento a Tritón se produjo a las 09:10 UTC, cinco horas y catorce minutos después del sobrevuelo de Neptuno, a una distancia de 40.000 km.

Fecha y hora (PST)*	Objeto	Mayor aproximación (km)**
24/08/89, 16:23	Nereida	4.638.180
19:56:36	Neptuno	29.183
20:06-20:56	Ocultación del Sol por Neptuno	--
20:06-20:55	Ocultación de la Tierra por Neptuno	--
25/08/89-01:10	Tritón	39.981
01:40-01:43	Ocultación de la Tierra por Tritón	--
01:40-01:43	Ocultación del Sol por Tritón	--

Cronología y distancias durante el encuentro de Voyager 2 con Neptuno. Tabla: elaboración propia. *Hora del Pacífico. Cuatro horas y seis minutos antes en la sonda. **Al centro del planeta o luna. Para Neptuno fueron 4950 km sobre las nubes.

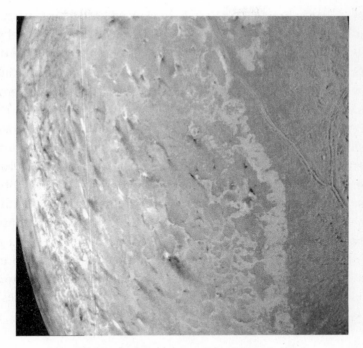

Una de las imágenes cercanas del polo sur de Tritón,
donde podemos observar su compleja superficie y hasta
50 penachos oscuros. Imagen P34714: JPL/NASA

El sobrevuelo de Tritón fue el último de la misión y nos dejó
enormes sorpresas. Para comenzar, su superficie era geológicamente
compleja, mucho más de lo que se espera para un mundo helado al
final del sistema solar. En las fotografías obtenidas desde más cerca
se observó cómo algunas de las manchas oscuras visibles en la superficie parecían cambiar de posición de una imagen a otra. Finalmente
se comprobó que en realidad eran géiseres de nitrógeno líquido, que
salían disparados desde la superficie. Por primera vez se tenían pruebas de que podían existir fenómenos de vulcanismo en cuerpos hela-
dos, en los que la lava era sustituida por algún compuesto en estado
líquido o fluido. Había nacido el criovulcanismo planetario.

LA FASE POST-ENCUENTRO (PE)

La última fase para la que había sido programada la Voyager 2 tuvo
una duración de poco más de un mes. Incluía las *CCS loads* B971 y
B972. Tan solo algunas de las observaciones tempranas se centra-

ron en Tritón, pero la mayoría del tiempo las cámaras se fijaron en el limbo de Neptuno y los arcos de sus anillos. En total, la sonda Voyager 2 envió a nuestro planeta unas 6869 fotografías durante todas las fases del sobrevuelo a Neptuno. Una vez finalizada la secuencia B972, la sonda volvió a tener libre parte de su memoria. Esto se aprovechó para llenarla con una serie de comandos llamados Voyager Interstellar Mission Protection Sequence, que sustituyeron al BML (Backup Mission Load). Estos comandos permitirían a la sonda operar de forma autónoma y enviar una ciencia mínima en caso de que el receptor de la nave fallara de forma definitiva. Una vez finalizados los últimos comandos de la carga B972, concluyó la misión planetaria de la sonda Voyager 2. Había acabado *the last picture show. Game over.* De momento.

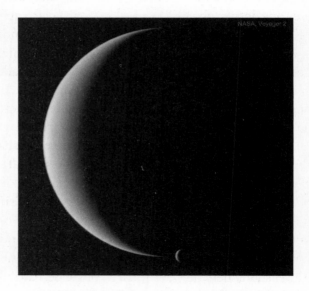

Postal de despedida de la misión planetaria de las sondas Voyager. Fotografía adquirida por la sonda Voyager 2, días después de sobrevolar Tritón y Neptuno. Imagen: JPL/NASA

Todo había concluido y, aunque ambas sondas superaron todas las expectativas, el equipo de la misión se quedó con un sabor agridulce, ya que a partir de entonces nada sería igual. No solo había finalizado un sobrevuelo ni concluido una misión, sino que era el fin de una forma de entender y vivir la ciencia, el final del reto del *grand tour* que había comenzado 28 años antes en la mesa de Minovitch.

Ahora comenzaría una nueva etapa, tal vez menos vistosa, pero seguro que igual de épica. Llegaba el turno de la misión interestelar de las Voyager (VIM).

APUNTA BIEN, QUE NO LLEGAMOS

La mayor diferencia de este encuentro respecto a los anteriores fue que se pudo diseñar con total libertad. El sobrevuelo de Júpiter tenía como límites que tras el sobrevuelo se pudiera llegar a Saturno. El sobrevuelo de la Voyager 2 de Saturno debía permitir un sobrevuelo de Urano. Y el de Urano debía poner a la sonda con rumbo a Neptuno. Pero, en Neptuno, no había ningún sobrevuelo posterior que cumplir, por lo que había más libertad para diseñarlo. Dado el gran interés que despertaba su luna Tritón, estaba claro que el sobrevuelo de Neptuno debía acercar a la Voyager 2 lo máximo posible a esta luna. Así que la única condición era que el acercamiento debía permitir el estudio en detalle de ambos mundos. Y, si además con estos dos sobrevuelos se lograba ocultar el Sol y la Tierra, los instrumentos podrían estudiar sus atmósferas en detalle. Con estos ingredientes en la cabeza, había que buscar la mejor receta para ellos. Después de muchas simulaciones y decenas de opciones, se obtuvo la trayectoria final que permitía obtener los mejores resultados científicos sin poner en riesgo a la sonda.

Como todo sobrevuelo, su éxito depende de la precisión que se tenga a la hora de lograr que la sonda pase por su «punto objetivo» o *aiming point*. Este punto es un lugar en el espacio por el que tendremos que pasar en un momento dado. Hacerlo con precisión permitirá realizar el sobrevuelo de Neptuno a la altura deseada y curvar la trayectoria de la nave hacia nuestro siguiente objetivo, en este caso Tritón. Para ello, es necesario conocer con la mayor exactitud posible la posición tanto de la sonda como del planeta, ya que un error en el cálculo nos alejará de Tritón o directamente estrellará a la Voyager 2 contra Neptuno. Debemos tener en cuenta que la posición de la sonda es conocida con un margen de error de unos 1000 km usando las señales de radio y de unos 100 km usando imágenes de navegación. Esto puede parecer mucho para nuestra vida cotidiana, pero, cuando hablamos de distancias de miles de millones de kilómetros, es un error muy pequeño. Incluso es insignificante durante la navegación en fase de crucero entre planetas, pero a tener muy en cuenta en un sobrevuelo. Y, por si fuera poco, las posiciones exactas de un planeta y sus lunas no son posibles de obtener. Puedes saber dónde están, pero con un margen de error también. Aun así, el equipo de navegación de la Voyager 2 tenía que hacer pasar la nave por ese «punto objetivo», que era un aro imaginario con un diámetro aproximado de 100 km. Debemos tener en cuenta que la sonda iba a sobrevolar Neptuno a una velocidad de 27 km/s, un planeta que está a 4500 millones de kilómetros de distancia y que orbita el Sol a una velocidad de 5,43 km/s. En términos terrestres, es el equivalente a encestar en una canasta en movimiento en Los Ángeles, tirando la pelota desde Nueva York. Finalmente, el sobrevuelo tuvo lugar tan solo un segundo más tarde de lo previsto por el equipo de navegación. Todo un completo éxito, un triplazo a falta de un segundo en el marcador.

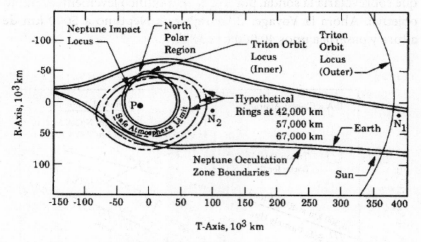

Gráfico con los posibles puntos de sobrevuelo para Voyager 2.
El punto P indica el lugar de sobrevuelo necesario para llegar a
Plutón, dentro de Neptuno. Las líneas Locus indican lugares que
llevarían a un impacto con Neptuno o con Tritón. El punto N1 pasa
cerca de Tritón pero lejos de Neptuno. Y el punto N2 era seguro,
pero no pasaba cerca de ningún sitio. Imagen: JPL/NASA

Otro aspecto que había que tener en cuenta para el sobrevuelo era la localización de los anillos del planeta, algo que no era muy bien conocido antes de llegar a las cercanías de Neptuno. De hecho, tan solo se sabía que existían algunos arcos de anillos, pero no se tenía ni idea si esos anillos estaban completos o había otros por descubrir. Así que, con prudencia, se eligió una trayectoria que no pasara muy cerca de estos hipotéticos (y finalmente reales) anillos.

En 1980 (¡un año antes de sobrevolar Saturno!) se seleccionó la zona marcada con el nombre de Triton Orbit Locus Inner como el punto ideal de sobrevuelo. Esto llevaría a sobrevolar Neptuno el 24 de agosto de 1989 a las 23:12 UTC y posteriormente Tritón, a unos 44.000 km de distancia. Ya en el otoño de 1985, el equipo de las cámaras ISS indicó que a esa distancia las imágenes podrían salir borrosas y que sería deseable un sobrevuelo más cercano y directo a esa luna. Por tanto, se modificó el punto objetivo sobre Neptuno para sobrevolarlo unas horas más tarde. Ahora la fecha de encuentro sería el 25 de agosto a las 04:00 UTC y el sobrevuelo de Tritón se produciría a 10.000 km de distancia. Sin embargo, a comienzos de 1986 se confirmó la presencia de nuevos arcos de anillos en la zona que sobrevolaría la sonda, por lo que se modificó levemente el punto objetivo. Ahora la Voyager 2 sobrevolaría Neptuno a 5000 km de altura y pasaría a unos 40.000 km de Tritón.

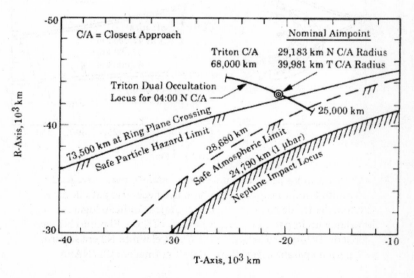

El doble círculo indica la zona sobre el polo norte de Neptuno por el que debía pasar la Voyager 2, por encima de la zona de seguridad de la atmósfera y los anillos y dejando el sobrevuelo de Tritón a casi 40.000 km. Imagen: JPL/NASA

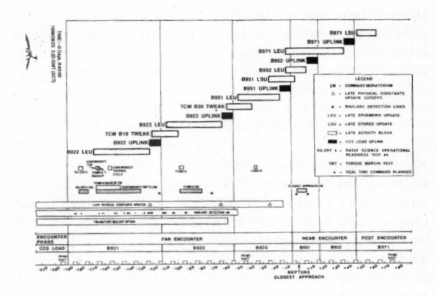

Calendario con las cargas enviadas, actualizadas y ejecutadas durante tres fases del encuentro, así como las maniobras de corrección de trayectoria (TCM). Imagen: JPL/NASA

DEJÁNDOLO TODO PARA EL ÚLTIMO MOMENTO

Como hemos visto, para las cuatro fases del sobrevuelo se enviaron a la nave un total de diez cargas *CCS loads*, que contenían todas las instrucciones necesarias para cada momento. Para su diseño se necesitaron cinco años de intenso trabajo. Entre 1984 y 1985 se definieron las actividades y tareas que la sonda tenía que llevar a cabo con mayor prioridad durante los meses previos y posteriores al sobrevuelo. Y tras sobrevolar Urano, entre 1986 y 1989, se diseñaron con detalle cada una de las maniobras, fotografías, temporización, filtros, consumos, retransmisión de datos… para cada día y hora del sobrevuelo. Una vez finalizado todo el diseño de las cargas en abril de 1989, todas y cada una de ellas se iban modificando y mejorando casi semanalmente. Si se descubría un nuevo anillo o se afinaba la masa de alguna de las lunas, todas las horas programadas, distancias, así como los ángulos y giros de las cámaras e instrumentos debían ser modificados. Y esto ocurría decenas de veces en los meses previos al sobrevuelo. ¡Incluso algunas cargas eran modificadas cuando ya se estaban ejecutando en la sonda! En realidad, todos los sobrevuelos planetarios tuvieron actualizaciones de este tipo durante sus distintas fases. Pero desde luego el de Neptuno fue el más complejo, intenso y variable de todos.

LAS COMUNICACIONES DESDE NEPTUNO

Neptuno está muy lejos de nuestro planeta. Increíblemente lejos. De hecho, está seis veces más lejos que Júpiter, cuyo estudio ya era un desafío. La ley de la inversa del cuadrado nos permite conocer cómo se debilitan las señales de la Voyager 2 con la distancia. Si la intensidad de la señal recibida en la Tierra desde Júpiter la pudiéramos medir como un 100, desde Saturno, que está el doble de lejos de nuestro planeta, la señal llegaría con una fuerza de 25. Al estar Neptuno hasta seis veces más lejos, la intensidad de las señales habrá disminuido hasta el 2,7, unas 36 veces $((\frac{1}{6})^2)$ más débil que desde Júpiter. Y tener una señal más débil obliga a enviar los datos a menor velocidad para no perderlos entre el ruido de fondo. En el sobrevuelo de Júpiter, el ritmo de envío de los datos llegaba a los 115.200 bps y en Saturno bajó hasta los 44.800 bps. Siguiendo esa progresión, en Urano los datos debían enviarse a 11.000 bps y en Neptuno a tan solo 5000 bps. Si esto hubiera sido así, se habrían tenido que cancelar dos terceras partes de las fotografías obtenidas y casi la mitad de los datos de ciencia de todos los instrumentos. Sin embargo, finalmente la velocidad en Urano llegó a los 21.600 bps y en Neptuno se pudo mantener en esa misma velocidad. ¿Cómo es posible? ¿Dónde está el truco para esta enorme mejora? En el encuentro con Urano ya vimos que se había añadido la antena de Parkes para mejorar la recepción de la señal, pero ahora no sería suficiente.

Para lograrlo, el JPL y la NASA realizaron un gran esfuerzo de ingeniería y programación, que permitió multiplicar por cuatro la ciencia recibida desde Neptuno. De hecho, cuando se lanzaron la Voyager 2 y la Voyager 1, todavía no existía la tecnología necesaria para enviar todos los datos requeridos desde las 30 UA de Neptuno. Hubo que desarrollarlas a lo largo de los años, antes de que se llegara a estos planetas. Una medida fundamental fue remodelar por completo las tres grandes antenas de 64 m para convertirlas en unas nuevas, más modernas y aún más grandes antenas de 70 m. Se modificó el soporte del plato y se cambiaron las superficies receptoras con nuevos metales, se preparó una mayor superficie recolectora y se realizó una alineación más precisa. Con todo ello, se consiguió un aumento de la potencia de la señal recibida en hasta un 55 %. Además, se decidió añadir a la red DSN algunas antenas que pertenecían a otras instituciones, como la antena Parkes de 64 m del CSIRO (Commonwealth Scientific and Industrial Research Organisation) australiano. Esta antena quedó unida a la red mediante un enlace de microondas de 320 km, que le permitió operar como si fueran una única gran antena de 100 m, junto a las antenas de Canberra. También se llegó a un acuerdo con el Gobierno japonés para usar la antena de 64 m de Usuda. Esta antena sería utilizada durante el día del encuentro para recibir las señales del experimento de ciencia de radio que la Voyager 2 realizaría durante la desaparición y aparición por detrás de Neptuno. Además, se hicieron los trabajos necesarios para unir las antenas de Goldstone al conjunto de antenas VLA (Very Large Array) del National Radio Astronomy Observatory (NRAO) en Nuevo México. Sí, las míticas antenas de la película *Contact*. Este complejo está formado por 27 antenas de 25 m cada una, que, una vez conectadas a la antena de 70 m de Goldstone, permitían aumentar la intensidad de la señal recibida en un 300 %. Gracias a este plan, la cantidad de datos recibidos desde Urano y Neptuno fue mucho mayor.

COMPRIMIR Y CODIFICAR, TODO ES EMPEZAR

Debido al tremendo éxito del sistema de compresión de imágenes IDC (Image Data Compression) utilizado en Urano, la NASA decidió aplicarlo también en el sobrevuelo de Neptuno. Incluso ahora sería más importante, ya que la velocidad de los datos sería mucho menor, dadas las enormes distancias. Como novedad, el JPL aplicó también técnicas de edición de datos, en las cuales se borraban algunos píxeles para que la imagen ocupara menos tamaño, pero a costa de perder algo de resolución. En otras imágenes simplemente se envió solo la zona de la fotografía donde se pensaba que estaría la luna observada, pero a resolución completa. Y, como extra para mejorar las comunicaciones, se volvió a usar el sistema de codificación Reed-Solomon, que permitía una reducción de hasta el 60 % en los datos y con mayor precisión.

NUEVAS MANIOBRAS DE OBSERVACIÓN EN LA OSCURIDAD

Según decían los técnicos, obtener una imagen en Urano era como fotografiar una piedra de carbón, iluminada por una bombilla de 1 W a tres metros de distancia. Y en Neptuno la bombilla ya estaba a seis metros. Con este sombrío panorama, si en Urano teníamos un grave problema con la poca iluminación existente, en Neptuno la cosa empeoraba bastante. En comparación con la Tierra, la iluminación era hasta 1000 veces más débil. Y, por si fuera poco, las lunas y los anillos tenían la manía de ser muy oscuros, con algunos de los albedos más bajos del sistema solar, de entre 0,07 y 0,10. De hecho, durante el trayecto hasta Neptuno, una parte del equipo de imagen no estaba seguro de si se podrían obtener imágenes nítidas en los sobrevuelos. Los cálculos indicaban que, para captar la luz necesaria, las fotografías tendrían que tener una exposición superior a los quince segundos. Pero ni la sonda, ni sus programas estaban preparados para algo así. Por lo tanto, durante un par de años se reprogramó tanto el *software* del instrumento ISS como buena parte de los programas de apoyo del Flight Data Subsystem (FDS). La idea era permitir la obtención de fotografías que tuvieran tiempos de exposición de hasta un minuto y a partir de ahí con múltiplos de 48 segundos.

Simultáneamente se diseñaron nuevas técnicas de compensación de movimiento de la sonda, que evitarían en buena parte la obtención de fotografías «movidas». Como hemos visto, el JPL ya aplicó durante los sobrevuelos de Saturno y Urano una técnica conocida como IMC (Image Motion Compensation). Recordemos que esta técnica consistía en la realización de un giro de la sonda durante los momentos de mayor aproximación para seguir el objeto fotografiado. Pero para Neptuno eso no era suficiente, así que se desarrollaron dos nuevas técnicas conocidas como NIMC y MIMC. La técnica NIMC (Nodding Image Motion Compensation) hace que la antena siga casi totalmente orientada a nuestro planeta, al realizar la sonda solo un breve giro para realizar la fotografía, y posteriormente vuelve a girarse a su posición original. Esto permite que la imagen sea procesada en esos segundos que dura la maniobra y se pueda enviar en directo hacia la Tierra. Estos giros se tenían que llevar a cabo con numerosos y pequeños encendidos de las toberas de orientación. De esta manera, se podía mover rápidamente la sonda para seguir con precisión al objeto y volver de nuevo a la posición original. Mientras, la cámara irá tomando una nueva posición para estar lista en la siguiente fotografía. La precisión debía ser absoluta, ya que la sonda debe girar menos de 0,1º durante todos los segundos que dure la exposición. Esto es hasta diez veces más lento que la manecilla de las horas de un reloj. Toda una delicada danza coreografiada entre las toberas, la plataforma de escaneo y la cámara.

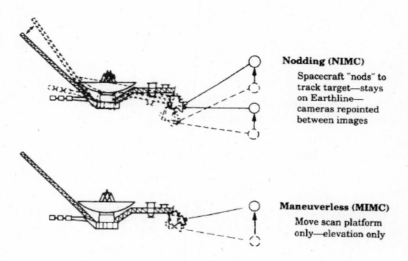

Nodding (NIMC)
Spacecraft "nods" to track target—stays on Earthline—cameras repointed between images

Maneuverless (MIMC)
Move scan platform only—elevation only

Esquema de los dos nuevos tipos de maniobras usadas para mejorar las fotografías: NIMC y MIMC. El enésimo ejemplo de hacer algo con la sonda que ni se había imaginado en el momento de lanzarlas al espacio. Imagen: JPL/NASA

Finalmente, la técnica MIMC (Maneuverless Image Motion Compensation) permite obtener fotografías realizando un lento movimiento de la plataforma de escaneo para seguir el movimiento del objeto a fotografiar, pero solo en el movimiento de elevación. En realidad, esto es lo que habían hecho ya las sondas Voyager en sus sobrevuelos de Júpiter y Saturno, manteniendo la antena orientada hacia la Tierra y moviendo la plataforma, pero en los dos ejes. En esos primeros sobrevuelos esta maniobra servía, ya que los tiempos de exposición eran muy cortos. Pero para exposiciones más largas surgía un grave problema, ya que la plataforma se mueve mediante un «motor de pasos» y no permite un movimiento continuo y suave. Digamos que se mueve como la aguja de los segundos de un reloj, con pequeños saltos en cada posición. Cuando la exposición es pequeña, la imagen no se ve afectada por el siguiente movimiento de la plataforma, pero en exposiciones largas la imagen se verá afectada por esos saltos en el movimiento. En la práctica, solo se llegó a usar para aquellas fotografías que iban a salir de todas formas muy borrosas y donde esta técnica al menos compensaría este problema en parte.

Un destino entre las estrellas

LA MISIÓN INTERESTELAR DE LAS VOYAGER

Tras la finalización del sobrevuelo de Neptuno, las sondas Voyager ya habían hecho historia y se convirtieron por derecho propio en un mito de la exploración espacial. Habían sobrepasado las previsiones más salvajes de los ingenieros más optimistas y a partir de entonces todo lo que viniera sería un extra para la ciencia. Y qué mejor que plantearles un nuevo objetivo a su altura y que volvieran a hacer algo que jamás se había hecho. Ahora su misión principal consistiría en escapar de los límites del campo magnético del Sol e intentar salir de la heliosfera que nos rodea. En realidad, no podemos decir que las sondas iban a salir del sistema solar. El poder gravitatorio de nuestra estrella llega muy lejos, hasta la gigantesca nube de objetos cometarios conocida como la Nube de Oort. Allí se encuentran miles de millones de cuerpos de muy diversos tamaños, que quedaron como restos tras la formación de nuestro sistema solar. Y están realmente lejos. Se estima que la Nube de Oort comienza a una 2000 UA y termina sobre las 200.000 UA. Por tanto, harán falta muchas decenas de miles de años para que las sondas Voyager escapen de la influencia gravitatoria del Sol. Así que la misión interestelar de las Voyager no es esa. Aquí el objetivo es escapar de algo más tangible, de algo que puede ser medido por las sondas: el campo magnético y el plasma que rodea nuestra estrella, conocido como «heliosfera». Salir de esta burbuja que nos rodea es muy importante desde el punto de vista científico. Una vez que han salido, todo lo que puedan medir los instrumentos de ambas sondas no estará provocado por el Sol, sino por las estrellas que nos acompañan en la galaxia. Desde ese punto de vista, habremos salido de nuestro sistema solar para pasar a navegar entre las estrellas.

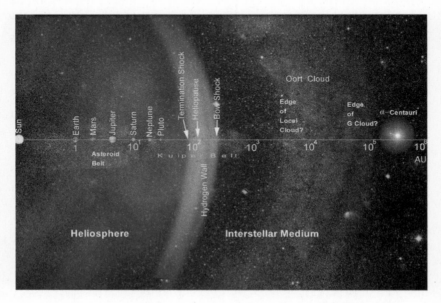

Esquema logarítmico de distancias desde el Sol hasta la estrella Alfa Centauri. El espacio entre dos números de la escala es diez veces mayor que el espacio inmediatamente anterior. Imagen: NASA

Por tanto, la conocida como misión interestelar de las Voyager (VIM, Voyager Interstellar Mission) se planificó con el objetivo de explorar los límites de la heliosfera y con suerte llegar al espacio interestelar. Toda la nueva misión se preparó con la idea de que durase al menos 30 años más, aunque también estaba claro que podrían dejar de funcionar en cualquier instante. Los principales retos a los que se enfrentarían serían la falta de energía, sistemas degradados, el frío, poco personal, mucho menos tiempo disponible en la DSN y largos tiempos de respuesta para solucionar problemas. Con esto en mente, se rediseñó el funcionamiento día a día de las sondas para simplificarlo y se implementaron nuevos sistemas de *software* y de operaciones.

Desde su inicio oficial el 1 de enero de 1990, ambas sondas siguen siendo operadas por el JPL, pero pertenecen al programa Heliophysics System Observatory (HSO) de la NASA. Este programa coordina las actividades de numerosos observatorios, sondas y satélites, como Stereo, IBEX, IRIS y ACE, entre muchas otras naves. De todas ellas, las sondas Voyager son las únicas que obtienen datos *in situ* de todas esas regiones, por lo que sus mediciones son de un valor incalculable. Cada día que pasa, estas incansables naves se alejan más de un millón de kilómetros del Sol, llegando a regiones donde nunca jamás ha llegado nada construido por los seres humanos. Todo el territorio que recorren día tras día es nuevo, totalmente virgen para la humanidad, y ambas sondas envían directamente sus datos a nuestro planeta desde esas regiones. Cada día que sobrevivan es una oportunidad para conocer mejor otro millón de kilómetros a nuestro alrededor, y así ha sido desde el comienzo de la misión interestelar, hace más de 12.000 días. Y los que les queden. Por si tienes curiosidad, en el apéndice 5 tienes un listado de las sondas que han sido lanzadas con velocidad de escape del sistema solar.

LA DURA TRANSICIÓN Y EL INCREÍBLE EQUIPO MENGUANTE

Uno de los cambios más evidentes nada más comenzar la misión VIM fue la gran reducción del personal dedicado al proyecto Voyager. Al tratarse de una misión extendida con una complejidad mucho menor, buena parte de los técnicos e ingenieros finalizaron sus contratos o fueron destinados a otros proyectos en desarrollo. Fue un triste momento para muchas de estas personas, puesto que habían estado trabajando juntos durante más de una década en un proyecto que solo ocurre una vez en la vida. Todos se integraron posteriormente en otras misiones, pero, como muchos declararon, el ambiente de retos, descubrimiento y asombro que tuvieron con las sondas Voyager fue incomparable.

Una misión espacial necesita muchas personas para poder funcionar y operar en el espacio. Pero cuando son dos sondas, con 22 instrumentos en total, dobles sesiones de comunicación y de programación de comandos y con unos sistemas completamente nuevos, son necesarias muchas más. En la construcción de las Voyager participaron más de 1000 personas entre el JPL, empresas y universidades, que invirtieron un total de doce millones de horas de trabajo. Durante los sobrevuelos de Júpiter y Saturno, trabajaban unas 450 personas en las instalaciones del JPL, sin contar las de la DSN. La plantilla bajó a unas 350 personas para Urano y Neptuno, ya que solo había que preparar sobrevuelos para una sonda. Para la fase VIM, el equipo de la misión quedó reducido en pocos años a 85 personas (1993) y más tarde a unas 50 (1996). Desde el año 2000 hasta la actualidad, en la misión VIM trabajan diez personas a tiempo completo, en un par de despachos y una oficina compartida. Y, bueno, los dos o tres becarios que trabajan durante los veranos, que ni siquiera habían nacido cuando las sondas ya llevaban algunos años en su fase interestelar. Del equipo original de la misión apenas queda nadie en la actualidad. En una misión con tantos años de vida, las personas cambian de proyecto, se jubilan y fallecen. Uno de los más longevos ha sido el jefe científico Edward Stone, que, tras su incorporación en 1972, dejó su puesto para jubilarse en octubre del año 2022, tras 50 años en el cargo. En la actualidad y tras la jubilación de Stone, del equipo original solo queda el Dr. Stamatios Krimigis, investigador principal del instrumento LECP del Applied Physics Laboratory y perteneciente a la Universidad Johns Hopkins.

En los años de transición, las operaciones diarias pasaron a desarrollarse en ordenadores personales, ya que no se volverían a usar los grandes computadores que habían quedado anticuados. Además, durante los primeros años se realizaron muchos cambios técnicos, ya que los procesos para la generación de comandos para las sondas fueron simplificados y compartirían a partir de entonces *hardware* y *software* con otras misiones. El objetivo principal era simplificar, automatizar y evitar posibles problemas en el futuro, por lo que todas las operaciones en la nave serían repetitivas y estarían preparadas con mucha antelación. Además, se desarrolló un sistema de alertas automáticas para que no fuera necesario controlar la nave en tiempo real. El pequeño equipo al mando de las sondas se encarga de la telemetría, los comandos, la secuencia de eventos, el análisis del estado de las naves, la resolución de los problemas y la grabación de los datos que se reciben. Básicamente se encargan de todo a la vez. Y posiblemente el día a día de sus trabajos llegue a ser monótono y carente de emociones y descubrimientos, pero no voy a negar que son mi mayor envidia. ¿No necesitan a nadie que les lleve el café o algo?

TODO LO QUE SIEMPRE QUISISTE SABER SOBRE LA HELIOPAUSA PERO NUNCA TE ATREVISTE A PREGUNTAR

Como sabemos, uno de los objetivos principales de la misión interestelar de las Voyager es el estudio de la heliosfera, la región de influencia magnética de nuestro Sol. Es una enorme burbuja formada por el viento solar y los campos magnéticos de nuestra estrella, que rodean el sistema solar hasta una distancia de unas 120 UA. Y recordemos que una UA equivale a unos 150 millones de kilómetros, la distancia que separa al Sol de la Tierra. Una vez que salimos de la heliosfera, el predominante es el viento interestelar, formado por el polvo y el gas presentes entre las estrellas de nuestra galaxia. A pesar de estar completamente vacías de cuerpos celestes, todas estas regiones son muy complejas, con fenómenos que ahora comenzamos a entender. En estas zonas ocurre una continua interacción entre el viento solar, el campo magnético del Sol, el viento interestelar y los rayos cósmicos. Un cóctel de otro mundo.

Conforme las sondas Voyager se alejaban de Urano y Neptuno, todavía se podía sentir de forma muy evidente la influencia del viento solar. Esta corriente de gases cargados eléctricamente es la fuerza imperante alrededor de todos los planetas. Con unas velocidades de vértigo de entre 300 y 800 km/s, sus efectos se hacen notar en cada objeto de nuestro sistema solar. Y solo hay que echarles un ojo a las auroras o los cometas para comprenderlo. Al dejar muy atrás los planetas, llegará un momento en el que nos encontraremos con el llamado «borde de terminación». Este es el lugar donde el viento solar empieza ya a sentir algo de resistencia contra el viento interestelar que rodea nuestro sistema solar. A una distancia entre las 75 y las 90 UA, la velocidad del viento solar disminuye enormemente y se producen fenómenos interesantes de interacción entre plasmas y campos magnéticos. La Voyager 1 superó esta región en 2004 y la Voyager 2 lo hizo en 2007, para adentrarse ambas durante años en una nueva zona conocida como «heliofunda».

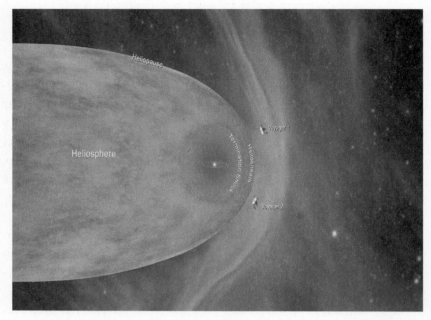

Esquema de la heliosfera que rodea el sistema solar. Imagen: JPL/NASA

La heliofunda es una región con una anchura de unas 40 UA. Allí el viento solar se comprime al chocar directamente contra el viento interestelar, creando turbulencias e inestabilidades. En su interior encontraremos «burbujas» de millones de kilómetros de diámetro, formadas por campos magnéticos desgarrados, con plasmas más calientes y densos que en su entorno. Una vez que hemos atravesado esta región llegaremos a un lugar a unas 115-130 UA donde ambos vientos (solar e interestelar) tienen la misma presión. Esta es la región fronteriza conocida como «heliopausa». Allí, el viento solar cede y se da la vuelta, retrocediendo y formando la cola de la heliosfera, en la dirección contraria a la del avance del Sol. Cuando la superamos, nos encontraremos en el espacio interestelar, donde el Sol ya no es la estrella predominante. La sonda Voyager 1 fue la primera sonda espacial en llegar al espacio interestelar en 2012, seguida por la Voyager 2 en 2018. Y un poco más lejos nos encontramos con el llamado «arco de choque», una serie de ondas de presión provocadas por el movimiento de la heliosfera alrededor de la galaxia. Los datos más recientes hacen pensar que todavía no lo sabemos todo y que en unos años conoceremos un poco mejor otras regiones más externas y hoy desconocidas todavía.

¡SONRÍE! EL RETRATO DE FAMILIA
DEL SISTEMA SOLAR

Si tienes afición por estas cosas del espacio, seguramente ya habrás oído hablar en más de una ocasión del «retrato de familia» del sistema solar. Como sabemos, Carl Sagan siempre buscaba inspirar a las personas, ver las cosas de una forma que nadie había visto y con ello generar interés por la ciencia. Además de ser miembro del equipo de imagen del proyecto y de idear el famoso disco de oro, pensó en algo que atrajera la atención del público y la prensa. Y qué podría ser mejor para finalizar la exploración del sistema solar exterior que echar la vista atrás y obtener una imagen de todos esos mundos «tal y como lo vería una nave alienígena que llegara a nuestro sistema solar». Sería una foto inspiradora y para la historia. Y, con suerte, podríamos incluso llegar a ver nuestro planeta desde los límites de nuestro sistema planetario. Sería el «selfi definitivo».

En realidad, la primera idea surgió de una joven científica planetaria llamada Carolyn Porco. A finales de 1978, propuso al JPL la idea de realizar algunas fotografías muy cercanas al Sol, usando la gran antena como visera, de forma que las cámaras no se quemaran. Si las pruebas iban bien, se podría fotografiar el polvo en esa región del espacio que había sido descubierto por el observatorio infrarrojo IRAS. Sin embargo, el ensayo no fue muy bien, ya que algunas estructuras de la sonda reflejaban el Sol hacia la parte posterior de la antena y la cámara quedaba parcialmente deslumbrada. Este intento llegó a oídos de Sagan, quien propuso la realización de un retrato de los planetas del sistema solar. Sagan pensó que, si las imágenes de la Tierra en la distancia obtenidas por las misiones Apollo habían causado tanto asombro e interés, había que hacer algo similar con las Voyager, que estaban a una distancia miles de veces mayor. De hecho, después de cada sobrevuelo las sondas se giran para obtener imágenes en la distancia de cada planeta con sus lunas. ¿Por qué no hacerlo a lo grande?

Tras sobrevolar Saturno en 1981, la NASA rechazó su idea, que no fue muy bien acogida inicialmente. Hubo personas que dijeron que una foto así era una frivolidad, que no era posible técnicamente, que no tenía valor científico e incluso dijeron que se podrían dañar las cámaras si se enfocaba cerca del Sol. Muchos no entendían (y siguen sin entenderlo ahora) que los millones de dólares que cuesta una misión son pagados por los habitantes de la nación que ha lanzado la sonda. Y que, por tanto, no se puede menospreciar cualquier intento de promover el asombro o la participación del público. Los datos de los sensores de plasma nos aportan ciencia, pero lo que conecta con la gente son las fotografías. No hay más que ver el ejemplo que tenemos con la sonda Juno, cuya cámara añadida en el último momento nos asombra con las maravillas de la atmósfera de Júpiter. Y también permite hacer ciencia, no solo espectáculo.

Así que esperaron con paciencia, mucha paciencia, a que finalizaran los sobrevuelos de Urano en 1986 y Neptuno en 1989. Ya no se podría dañar la cámara, ya que no había nada más que fotografiar. Además, haciendo unos pocos cálculos, también se pudo demostrar que buena parte de los planetas seguían siendo detectables con las cámaras, aunque fuera para mostrarlos en un solo píxel. Y, claro, valor científico ninguno, pero no se buscaba eso. La idea era sorprender y hacer pensar sobre el lugar en el que nos encontramos en el cosmos y en el espacio. Ponernos un poco en perspectiva, que siempre viene bien. ¿Cómo no va a ser una genial idea intentar obtener una última imagen de la misión, que sea la definitiva y la que se recuerde para siempre? Pero, tras finalizar la sonda Voyager 2 su sobrevuelo de Neptuno a finales de 1989, los inconvenientes para la realización del mosaico fueron otros. La mayor parte del equipo de la misión finalizaba sus contratos y la DSN tenía otras misiones muy demandantes que cubrir. Por tanto, era ahora o nunca. Tras alguna visita de Sagan a Washington para presionar, el administrador Richard Truly aprobó la idea. En unos días Candy Hansen del JPL y Carolyn Porco de la Universidad de Arizona diseñaron la secuencia, las exposiciones y los comandos que tendrían que ser enviados a la sonda.

Tras planificar todas las tareas y convertirlas en comandos, se decidió que el mejor día para obtener este histórico mosaico sería en la madrugada entre el 13 y el 14 de febrero de 1990, terminando a las 05:22 UTC. Y la sonda elegida sería la Voyager 1 por cuestiones operativas y por tener una mejor perspectiva de algunos de los planetas. Así que ese día los comandos ordenaron a la sonda Voyager 1 que echara una mirada hacia atrás con su cámara y nos mostrara buena parte de los planetas solares. Y así lo hizo. La sonda realizó una última postal fotográfica y romántica en el Día de San Valentín.

Los cálculos indicaban que al menos seis de ellos saldrían retratados: la Tierra, Venus, Júpiter, Saturno, Urano y Neptuno. La sonda estaba a una distancia de 40 UA, viajando a 64.300 km/h, a 32° sobre la eclíptica y en una longitud de 242° en el sistema solar. En el momento programado, la Voyager 1 comenzó a obtener una secuencia de 60 imágenes que dibujarían un mosaico en forma de arcos. Para ello se realizaron 39 fotografías con la cámara de ángulo ancho (con menor *zoom*) para ir trazando el recorrido. Y al llegar a cada planeta la cámara de ángulo estrecho (con el mayor *zoom*) sacaría la fotografía con mayor resolución. Bueno, en realidad serían tres imágenes por planeta, usando los filtros azul, violeta y verde para obtener una imagen final a color.

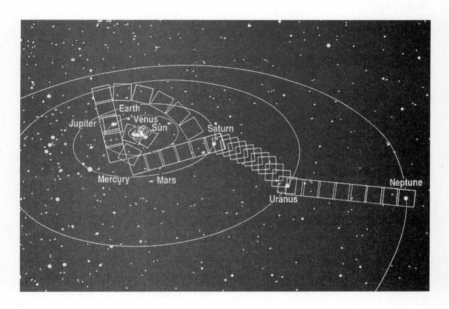

Gráfico con la secuencia de fotografías que debería obtener
la sonda para componer un mosaico de algunos de los
planetas del sistema solar. Imagen: JPL/NASA

El primero en caer fue Neptuno, seguido de Urano, Saturno, Marte, Júpiter, la Tierra, Venus y finalmente el propio Sol. Incluso la sonda tuvo que girarse un poco porque algunos planetas estaban tapados por la gran antena principal. Al finalizar teníamos tres ausentes: Mercurio, que estaba demasiado cerca del Sol; Marte, que no pudo ser localizado al ser solo como un pequeño creciente cerca de nuestra estrella, y Plutón, que era demasiado pequeño y lejano. Seis de nueve, no está mal. Como la carga de trabajo de las antenas de la DSN era muy grande y este mosaico no era prioritario, fue almacenado en la cinta de datos DTR durante unas semanas. Finalmente, pudo ser descargado al completo usando varias sesiones de comunicaciones a finales de marzo, en abril y a principios de mayo, a un ritmo de 30 minutos por foto de media. Y, como el procesado de imágenes era mucho más arduo que en la actualidad, la NASA no hizo públicas las imágenes hasta el 6 de junio. ¿Qué pasó ese día? Pues que todos los medios de comunicación del mundo hablaron de las sondas Voyager y muchos periódicos de la época publicaron las imágenes en su portada. Campaña de *marketing* e inspiración gratis. Punto para Sagan con un nuevo mito: el «retrato de familia del sistema solar».

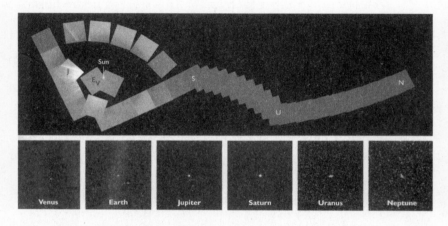

Mosaico de las fotografías obtenidas por la Voyager 1, con ampliación de los seis planetas capturados. Imagen: JPL/NASA

Examinando las fotografías vemos como el planeta más visible es Júpiter, que ocupaba cuatro píxeles en la imagen, al igual que Saturno. Urano y Neptuno rondaban los tres píxeles y salieron un poco movidos debido a la exposición de quince segundos de la cámara. Y el resto había que buscarlos a conciencia. La Tierra ocupaba 0,12 píxeles dentro del reflejo en la cámara de un rayo de luz solar y Venus tenía otros 0,11 píxeles. Gracias al procesado, al menos se veían como un píxel en la foto. Con Marte no hubo suerte y, aunque se hicieron fotos, no se vio nada concluyente.

En la rueda de prensa de la presentación, Sagan señaló y mostró nuestro planeta, no sin hacer un pequeño esfuerzo por localizarlo en las pantallas de baja definición de la época. Y volvió a hacer lo que más le gustaba: dejar una frase para el recuerdo al referirse a nuestro planeta como «un punto azul pálido que flotaba en un rayo de la luz del Sol», un sitio realmente insignificante en el cosmos. El famoso *Pale Blue Dot* de Sagan, un enorme ejercicio de humildad planetaria y de perspectiva para los humanos, maravillosamente expresado en su libro *Un punto azul pálido*. Seguramente, es uno de los pocos textos que te ponen los pelos de punta cada vez que lo lees. Si puedes, busca en YouTube algún vídeo titulado «*Pale Blue Dot* español» o similar y déjate llevar. Te dará una nueva perspectiva sobre nuestro planeta y lo que hacemos los humanos:

> Echemos otro vistazo a ese puntito. Ahí está. Es nuestro hogar. Somos nosotros. Sobre él ha transcurrido y transcurre la vida de todas las personas a las que queremos, la gente que conocemos o de la que hemos oído hablar y, en definitiva, de todo aquel que ha existido...

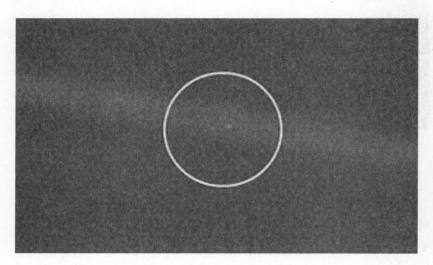

Ampliación de la imagen obtenida por la sonda Voyager 1 el 14 de febrero de 1990 a las 04:48 GMT, que nos muestra a nuestro planeta Tierra como un puntito de 0,12 píxeles de tamaño, suspendido en un rayo de luz del Sol. Imagen: JPL/NASA

Estas fueron las últimas fotografías obtenidas por las sondas Voyager, de las más de 68.000 imágenes válidas enviadas a nuestro planeta en los doce años y medio de misión. Poco después, la Voyager 1 apagó sus cámaras para ahorrar energía. Y los comandos que la hacían funcionar fueron borrados de la memoria para dejar sitio a los nuevos comandos que se usarían durante la misión interestelar. Como dijo Ed Stone, en contraposición a la primera imagen de un telescopio, que se llama *first light*, para la Voyager fue su *last light*, su última luz. En total, la sonda Voyager 1 nos envió 30.807 fotografías válidas, de las cuales 15.890 fueron desde Júpiter y 14.917 desde Saturno. A las que habría que sumar otras 100 entre el retrato de familia y las fotos del dúo Tierra-Luna. Por su parte, la Voyager 2 nos envió un total de 37.237 fotografías válidas. De ellas, 14.352 se tomaron en Júpiter, 10.996 en Saturno, 5020 en Urano y 6869 en Neptuno. Una auténtica barbaridad. De todas formas, nos puede llamar la atención el «bajo» número de fotografías de la Voyager 2 en Saturno (respecto a Voyager 1) y Urano. En Saturno fue debido al problema de la plataforma de escaneo, que provocó la pérdida de muchos cientos de imágenes. Y en Urano fue debido a la peculiar orientación de este planeta, junto a la menor duración del encuentro. Por supuesto, quiero dar las gracias a Jacint Roger (@landru79) por su ayuda en la búsqueda de la cantidad real y exacta de imágenes que nos enviaron ambas sondas, buceando en los «nodos» de imágenes archivadas de la misión. En algunos documentos, la cantidad de imágenes difiere un poco o notablemente de las indicadas aquí. Ello se debe a que cuentan la cantidad de imágenes programadas o las obtenidas. Sin embargo, nosotros hemos contado solamente aquellas que llegaron a la Tierra en buenas condiciones, ya que muchas secuencias no se realizaron o se perdieron. E incluso entre las que nos llegaron, muchas de ellas estaban muy dañadas. Así que estos datos son de imágenes utilizables para estudios científicos.

CIENCIA DE CAMINO AL ESPACIO INTERESTELAR

La verdad, en la época en la que se lanzaron las Voyager todavía éramos unos ignorantes en todo lo relativo a los límites del sistema solar. Entonces no se sabía la distancia a la que se encontraba el borde de terminación ni la heliopausa. Los estudios de la época indicaban que seguramente estarían a unas 30 UA de distancia de nuestro Sol, un poco más allá de Neptuno. Pero ya en los años noventa, durante el inicio de la fase interestelar de la misión, las teorías y los cálculos mostraban que podrían encontrarse a una distancia entre las 75 y las 150 UA. Ya no sería tan «fácil» llegar a esas regiones y las Voyager deberían sobrevivir muchos más años para salir de la heliosfera. Si habían necesitado doce años para llegar hasta Neptuno, para llegar a unas 90 o 120 UA serían necesarias dos o tres décadas más de viaje. ¿Podrían hacerlo?

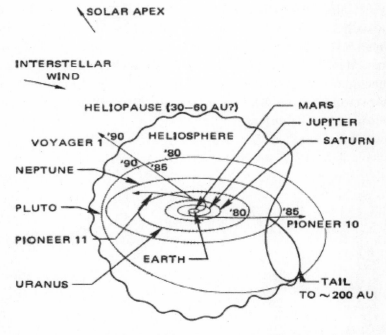

Este gráfico de los años ochenta ya nos muestra que el límite de la heliosfera podría encontrarse a una distancia de entre 30 y 60 UA de nuestro Sol. Imagen: JPL/NASA

La realidad es que no teníamos mucha idea de cómo era y dónde estaba toda esa región ni de la interacción existente entre el viento solar y el interestelar. Estas dos sondas eran oro puro, que deberían ayudarnos a responder a una infinidad de preguntas que los científicos se habían hecho durante décadas:

- ¿Cuáles son las características del medio interplanetario y el viento solar más allá de Neptuno?
- ¿A qué distancia se encuentra la heliopausa? ¿Qué forma tiene?
- ¿Qué anchura tiene la heliofunda y qué fenómenos ocurren en su interior?
- ¿Existe la onda de choque?
- ¿Qué dirección y características tienen los rayos cósmicos en esas regiones?
- ¿Qué características tiene el medio interestelar?

Además de los instrumentos de plasma, partículas y campos, las sondas seguirían usando su espectrómetro ultravioleta. Este instrumento serviría para realizar observaciones astronómicas de nebulosas y galaxias, tal y como hicieron durante las fases de crucero entre los planetas. Veamos brevemente cuáles han sido los momentos clave de estas sondas en las últimas décadas, mientras ponían rumbo hacia el exterior de la heliosfera.

LA VOYAGER 1 LLEGA AL BORDE DE TERMINACIÓN

En noviembre de 2003, el equipo de la sonda Voyager 1 anunció que los valores observados en algunos de los instrumentos mostraban que algo estaba cambiando. Se había detectado un aumento de la intensidad del campo magnético en un valor 1,7 veces superior a los valores previos registrados. Durante más de un año se desarrolló una controversia con algunos científicos que pensaron que la sonda ya había llegado al borde de terminación mientras el equipo de la misión mantenía que estaba cerca, pero que no habían llegado. Finalmente, en mayo de 2005 el JPL comunicaba que por primera vez en la historia la sonda Voyager 1 había atravesado el 17 de diciembre de 2004 el borde de terminación sin ningún lugar a dudas. Las pruebas demostraban que ese día se produjo un aumento (250 %) en la fuerza del campo magnético portado por el viento solar (que aumentaba su densidad) y un brusco descenso en su velocidad. Tal y como preveía la teoría. En ese momento la sonda estaba a 94 UA del Sol y había entrado en la heliofunda.

Durante el resto de ese año surgieron algunas sorpresas más, ya que a veces el viento solar bajaba su velocidad mucho más de lo previsto. E incluso en algunas ocasiones invertía su rumbo y volvía por un tiempo hacia el Sol. Además, la dirección del campo magnético interplanetario variaba mucho más lentamente de lo esperado. Debido a la rotación del Sol cada 26 días, antes de llegar al borde de terminación, la sonda Voyager 1 se encontraba unos cambios en la orientación de su campo magnético cada trece días. Al sobrepasarlo, estos cambios ocurrían cada 100 días debido a su giro mucho más lento.

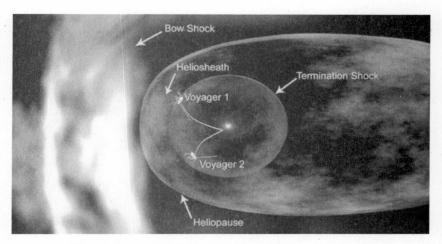

El borde de terminación es la primera señal de que estamos saliendo del sistema solar. Imagen: JPL/NASA

LA VOYAGER 2 LLEGA TAMBIÉN AL BORDE DE TERMINACIÓN

Siguiendo los pasos de su hermana, la sonda Voyager 2 también superó el borde de terminación el 30 de agosto de 2007. En este caso, la sonda cruzó esta región del espacio unos 1600 millones de kilómetros antes que la Voyager 1, a unas 84 UA, demostrando que la heliosfera no es esférica. Y es que, debido al campo magnético interestelar, la parte sur de la heliosfera está algo más «aplastada». El interés científico de ese momento fue muy alto, ya que el instrumento de ciencia del plasma estaba operativo, a diferencia de la Voyager 1. Además, los datos indicaban que la Voyager 2 había atravesado el borde al menos en cinco ocasiones en unos pocos días. Esto mostraba que esa región es muy dinámica y que el borde avanza y retrocede en función de la fuerza del viento solar y los campos magnéticos.

EL VIENTO SOLAR SE DETIENE

Otro momento histórico tuvo lugar en abril del año 2010, a unos 10.600 millones de kilómetros del Sol. En ese momento, el instrumento LECP de la sonda Voyager 1 detectó que la velocidad del viento solar era igual a cero. Cuando se cumplían seis años de viaje por el interior de la heliofunda, la nave llegó a una región donde el viento solar se giraba hacia los lados debido a la presión del viento interestelar.

BURBUJAS GIGANTES EN LOS CONFINES DEL SISTEMA SOLAR

Con los datos proporcionados por las sondas durante su fase interestelar, los científicos de la misión anunciaron en el verano de 2011 que la heliofunda contenía una gran cantidad de gigantescas burbujas magnéticas. Cuando los debilitados campos magnéticos del Sol llegan a esas regiones, sus líneas se reorganizan formando burbujas con un diámetro de unos 160 millones de kilómetros cada una (1,1 UA). Los datos y los modelos usados sugieren que las líneas de los campos se rompen y se crean estas estructuras que quedan desconectadas del campo magnético solar.

LA VOYAGER 1 LLEGA AL PURGATORIO

A finales del año 2011 el equipo de la sonda Voyager 1 anunciaba que la nave había llegado a una especie de purgatorio cósmico. Dentro de esa región el viento solar está en calma, el campo magnético está ordenado y las partículas de alta energía del sistema solar se escapan al espacio interestelar. Esta zona, llamada la «región de estancamiento» (*stagnation region*), es la parte más externa de la heliosfera y está justo antes de llegar al límite marcado por la heliopausa. Era la esperada señal que indicaba la cercanía de la salida de la heliosfera, por lo que ya quedaba muy poco para llegar al espacio interplanetario.

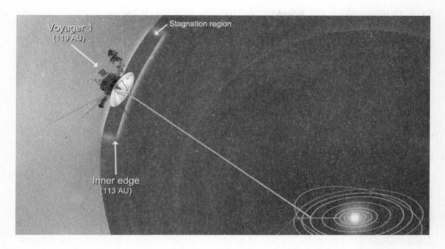

La Voyager 1 atravesó el purgatorio antes de salir
de la heliosfera. Imagen: JPL/NASA

LA VOYAGER 1 SE CONVIERTE EN LA PRIMERA SONDA DE LA HISTORIA EN LLEGAR AL ESPACIO INTERESTELAR

Si hay una forma de hacer historia espacial a lo grande es esta. Habrá alguna nave espacial que sea la primera en llegar a la órbita, la primera en sobrevolar la Luna, en llegar a un planeta o en aterrizar sobre él. Pero si hay algo realmente mítico es convertirse en la primera sonda que llega al espacio interestelar, a un territorio gobernado por los campos magnéticos y las partículas de las estrellas. Durante el verano de 2012 ya se detectaron dos señales que parecían mostrar la cercanía de la frontera solar. El 28 de julio los datos indicaban que los rayos cósmicos de alta energía procedentes del exterior del sistema solar habían aumentado. Además, las partículas de baja energía procedentes del interior del sistema solar habían disminuido. Tan solo faltaba detectar un cambio en la dirección del campo magnético para confirmar el histórico momento. Sin embargo, la confirmación tuvo que esperar otro año más. Finalmente, el 12 de septiembre de 2013 la NASA anunció que la sonda Voyager 1 llevaba un año viajando por el espacio interestelar, desde el 25 de agosto de 2012. El resultado llegó al analizar los nuevos datos del último año del instrumento de ciencia de plasma PWS, que mostraban que la sonda se desplazaba por una región de transición en el exterior de la heliosfera, formado por gas ionizado a 121,6 UA de distancia. El anuncio tardó tanto en publicarse porque toda esa región es muy compleja e inestable y en la sonda no funcionaba ya el instrumento de plasma PLS. Por tanto, fue necesario esperar a tener nuevos datos para analizarlos y confirmar sin ninguna duda que la Voyager 1 ya no estaba en nuestra heliosfera.

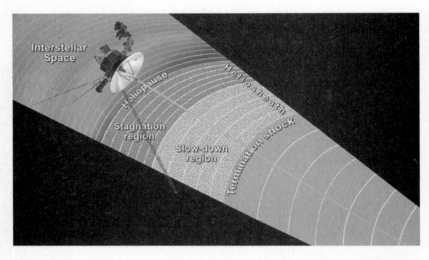

Regiones ya atravesadas por la sonda Voyager 1. Imagen: JPL/NASA

CUATRO ONDAS TSUNAMI LLEGAN A LA VOYAGER 1

A finales de 2015, la sonda Voyager 1 ya había experimentado tres ondas de choque. Estas «ondas tsunami» ocurren cuando el Sol emite una eyección de masa coronal, expulsando una nube magnética de plasma desde su superficie. Esto genera una onda de presión que llega al plasma interestelar (las partículas cargadas en el espacio entre las estrellas) y resulta en una onda de choque que lo altera. El instrumento de ondas de plasma PWS capturó esos «sonidos» del plasma denso (gas ionizado) que se encuentra «vibrando» o resonando en el espacio interestelar. Estos eventos ocurrieron hasta en cuatro ocasiones: de octubre a noviembre de 2012, de abril a mayo de 2013, de febrero a noviembre 2014 y de septiembre a noviembre de 2015. Aún no está claro qué provoca la mayor longevidad de estas ondas, ni tampoco lo rápidas que se mueven o cómo de grandes son las regiones que cubren, ya que para ello serían necesarias medidas simultáneas de varias sondas «relativamente» cercanas. Además, el segundo tsunami ayudó a los investigadores a determinar que en 2013 la sonda Voyager 1 ya había abandonado la heliosfera. Se sabe que el plasma más denso vibra a frecuencias más altas y el medio que Voyager 1 estaba atravesando era hasta 40 veces más denso que el medido anteriormente. Esto fue clave para averiguar que la sonda había entrado en una frontera desconocida hasta entonces: el espacio interestelar.

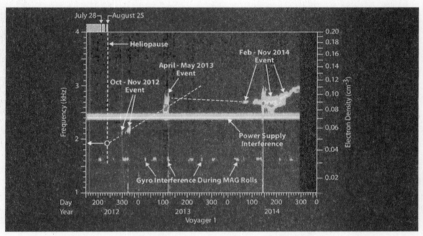

Gráfico con los datos de los primeros tres eventos tipo «tsunami» que llegaron a la Voyager 1 entre 2012 y 2015, y que fueron vitales para saber que había salido de la heliosfera. Imagen: NASA

VOYAGER 2 LLEGA TAMBIÉN AL ESPACIO INTERESTELAR

Por segunda vez en la historia, una sonda salía de la heliosfera y se adentraba en el espacio entre las estrellas. Los datos suministrados por los instrumentos de la sonda nos confirmaban que, el 5 de noviembre de 2018, la Voyager 2 cruzó la heliopausa sin lugar a duda, a una distancia de 119 UA. Ese día el instrumento PLS descubrió un gran descenso en la velocidad del viento solar y a partir de entonces no volvió a detectarlo.

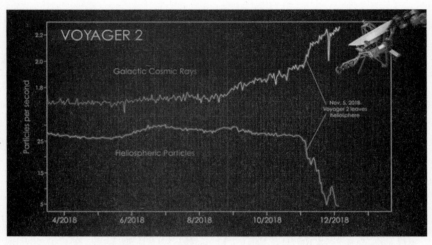

En los meses finales de 2018, los datos mostraban que la sonda Voyager 2 había abandonado la heliosfera. Imagen: NASA/JPL-Caltech/GSFC

PRÓXIMAMENTE EN SUS PANTALLAS

A partir de ahora, ambas naves intentarán encontrar dónde se encuentra otra región más exterior aún y que está totalmente libre de las influencias residuales del campo magnético solar. Desde que abandonaron la heliosfera, las dos sondas sienten periódicamente cambios en las densidades del plasma y la dirección de los campos magnéticos, provocados por oscilaciones en la heliosfera y erupciones solares. En mayo de 2021, los datos de la Voyager 1 parecían indicar que se encuentran cerca de esa nueva región, que estará completamente «limpia» y sin ninguna influencia solar. Según el equipo de la misión, llegará a las «aguas interestelares más puras». Como siempre, estamos en la orilla del océano cósmico. Tienes una cronología completa de los eventos más importantes del proyecto Grand Tour-Voyager en el apéndice 6.

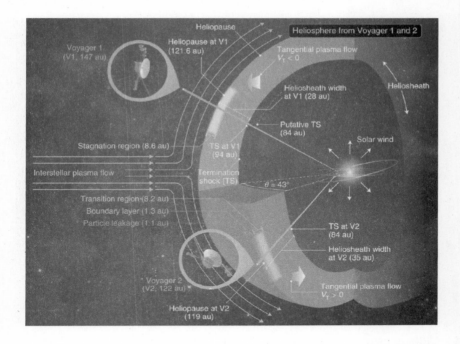

En este gráfico podemos ver las distintas regiones que han atravesado las sondas Voyager 1 y 2, así como la distancia a la que se encontraban en esos instantes. Imagen: JPL/NASA

EDWARD STONE, EL JEFE DE LOS CIENTÍFICOS

En 1972, Edward Stone aceptaba el cargo como jefe científico de las nuevas misiones conocidas entonces como MJS 77. Por delante, el reto de seleccionar un conjunto de instrumentos limitado que pudiera volar en esas sondas, que nos descubrirían al menos los planetas Júpiter y Saturno. Durante 50 años, Stone ha coordinado las investigaciones científicas de la Voyager 1 y la Voyager 2, que nos han llevado a conocer los sistemas de Júpiter, Saturno, Urano y Neptuno, la heliosfera, la heliopausa y el espacio interestelar. El señor Stone ha sido el único que ha ocupado ese puesto durante todas las fases de la misión. Ha visto pasar a diez directores del proyecto Voyager, decenas de investigadores principales de los instrumentos y cientos de ingenieros e investigadores que han estado meses, años y décadas en el proyecto. Incluso entre los años 1991 y 2001, Ed Stone fue el director del propio Jet Propulsion Laboratory, sin dejar de trabajar en las

Voyager. Oficialmente se jubiló en 2001 tras dejar la dirección del JPL, pero ha seguido ejerciendo como científico principal del proyecto hasta el 25 de octubre de 2022, cuando cumplió cinco décadas al frente de las sondas más fructíferas de la historia.

Como añadió al retirarse, «Ha sido un honor y una alegría servir como científico del proyecto Voyager durante 50 años. Estas naves han tenido un éxito más allá de las expectativas y he apreciado la oportunidad de trabajar con tantas personas con talento y entregadas a esta misión. Ha sido un viaje extraordinario y estoy agradecido con todos los que han seguido a las Voyager y se han unido en todo el mundo a nosotros en esta aventura». Desde un principio, Ed Stone decidió que todos los datos científicos y sobre todo las fotografías serían hechas públicas de inmediato, sin restricciones de ningún tipo. Gracias, caballero. Su puesto lo ocupa ahora Linda Spilker, una veterana que perteneció al equipo de ciencia del proyecto Voyager durante los sobrevuelos planetarios y que más tarde fue la científica líder de la sonda Cassini. Desde el año 2021 ya ejercía como número dos de Stone y ahora tiene el reto de exprimir todo lo que le quede de ciencia a las Voyager.

El gran y único Ed Stone, científico jefe de las sondas MJS 77/Voyager desde su creación en 1972 hasta su jubilación en 2022. Exprimió al máximo posible los instrumentos científicos de ambas naves, coordinando equipos con intereses opuestos y consiguiendo que todos estuvieran contentos con los datos obtenidos. Imagen: JPL/NASA

AVENTURAS DE DOS SONDAS GERIÁTRICAS EN UNA MISIÓN INTERESTELAR

Desde que en 1990 comenzó la misión interestelar (VIM) de las sondas Voyager, han transcurrido más de tres décadas en las cuales ha pasado de todo. Lo normal en unas naves tan veteranas, que muy pronto llevarán el triple de tiempo en su fase VIM que en sus misiones interplanetarias. Tenemos dos sondas que fueron lanzadas hace más de 45 años, a muchos miles de millones de kilómetros de nosotros, con tecnología obsoleta hace décadas, con componentes dañados y sin recambios posibles. Y, aun así, se les sigue estrujando cada vatio, cada circuito y cada grado de temperatura para permitir que puedan seguir alejándose más de un millón de kilómetros al día, enviando información de regiones donde jamás ha llegado nada construido por los humanos. Si durante la etapa de los sobrevuelos planetarios los sobresaltos eran constantes, en esta fase final también han tenido sus problemas y pérdidas de comunicación. En unas cuantas decenas de ocasiones las naves nos han dado un susto del que han salido casi intactas. Ahora veremos brevemente algunos de sus achaques más destacados y cómo el ingenio permitió solucionarlos a miles de millones de kilómetros de nuestro planeta.

EL CASO DEL APAGÓN

Debido a las restricciones de energía en la sonda Voyager 2, el JPL decidió a finales de 1998 proceder con la desconexión (o «decomisionado») del instrumento UVS y de la plataforma de escaneo. De esta manera, se ahorraría la energía que consumía el instrumento, la plataforma y todos sus calentadores. Así que el 11 de noviembre de 1998 se le enviaron de forma rutinaria los comandos para su desconexión final y la de la plataforma. Sin embargo, en la siguiente sesión de comunicaciones desde la estación de Robledo de Chavela en Madrid, no se recibieron las esperadas señales confirmando que el proceso se había realizado. Eran las 07:57 UTC del jueves 12 de noviembre y no había ninguna señal de telemetría procedente de la Voyager 2, por lo que se activaron todas las alarmas en el JPL. Ese mismo día se le enviaron 720 comandos para comprobar su estado y que encendiera su transmisor de banda X, pero tampoco hubo respuesta. Todo parecía indicar que había fallado el «excitador» de banda S encargado de generar las «frecuencias portadoras» de la señal que se envía hacia la Tierra. El viernes se le enviaron 360 nuevos comandos para recuperar información de la sonda y encender el excitador apagado. Y por fin, el sábado 14 de noviembre, tras casi tres días de silencio, las comunicaciones con la Voyager 2 fueron recuperadas para alivio del equipo de la misión. Los datos de telemetría llegaban a una velocidad de 40 bits por segundo y estaban siendo enviados por el transmisor de reserva en banda X, debido a un fallo en el principal. Con el problema resuelto, la telemetría indicaba que el UVS y la plataforma de escaneo se habían desconectado correctamente. Por su parte, el UVS de la Voyager 1 pudo seguir operando hasta el 19 de abril de 2016, tras 39 años enviando datos.

EL CASO DEL BIT BAILONGO

Esta es otra sorprendente demostración de cómo realizar un análisis forense espacial, en una sonda que está a miles de millones de kilómetros, con unas comunicaciones que tardaban unas 26 horas en ir y volver. El 22 de abril de 2010 los datos enviados a la Tierra por la sonda empezaron a tener una estructura inesperada y estaban plagados de errores. Tras analizar la telemetría recibida, el 30 de abril se le enviaron los primeros comandos para arreglar la situación. Los datos recogidos el 1 de mayo indicaban que la nave estaba en perfecto estado, pero que había un problema en el FDS (Flight Data System). Recordemos que este es el ordenador encargado de recoger los datos de los instrumentos científicos y enviarlos hacia la Tierra, que ahora llegaban corruptos. El 6 de mayo, los técnicos le enviaron comandos para que dejara de mandar información científica, para que de esta manera la nave se centrara en enviar solo los datos de telemetría con información sobre el estado de los componentes de la sonda. No fue hasta el 12 de mayo cuando se terminó de recibir el estado completo de la memoria del FDS, donde se almacenan los comandos que el sistema ejecuta. Tras revisarlos se comprobó que un bit de una de las memorias estaba alterado, posiblemente por el impacto de un rayo cósmico, y que en lugar de ser un cero, tenía almacenado un uno. Con esa información pasaron a recrear la situación en tierra, comprobando que producía el mismo efecto. Así que el 19 de mayo se le envió un comando para corregir ese único bit y devolverlo al cero inicial. Al día siguiente, la telemetría indicaba que el proceso se había realizado con éxito y se decidió monitorizarlo un par de días para ver si volvía a cambiar al uno. Como el día 22 el bit seguía en su estado normal, se le enviaron comandos para que volviera a recoger datos científicos a partir del 23 de mayo. Asunto arreglado.

EL CASO DE LAS TOBERAS DEGRADADAS

Como sabemos, las sondas Voyager llevan doce toberas para sus giros en los tres ejes, seis de ellas principales y otras seis de reserva. Llegado el mes de noviembre de 2011, la sonda Voyager 2 ya usaba las toberas de reserva en el eje X y el eje Y. Pero ese mismo mes la degradación que sufrían ya las toberas del eje Z hizo que fuera necesario pasar también a la pareja de reserva. Pero, claro, estamos hablando de toberas que llevaban 34 años sin usarse. Así que todo el proceso tuvo que realizarse con mucho cuidado y comprobando antes su estado y temperatura. Finalmente, las pruebas demostraron que la pareja de reserva funcionaba perfectamente y serían las que usaría a partir de ese momento. Al día siguiente se enviaron comandos para apagar definitivamente las toberas principales, que habían sido usadas más de 318.000 veces. Además, con sus calentadores apagados la nave ahorraba otros 12 W de energía, que nunca vienen mal. Desde el año 2004, la sonda Voyager 1 ya usaba todas sus toberas de reserva para sus operaciones de orientación. En su caso, habían realizado más de 353.000 encendidos. Y luego el mechero del cajón de tu cocina falla al tercer uso.

EL CASO DEL INSTRUMENTO INSENSIBLE AL FRÍO

El espectrómetro ultravioleta (UVS) de la Voyager 1 tiene un límite teórico de funcionamiento de -35 ºC, según sus especificaciones. Para ahorrar energía, en 2005 se apagó un calentador del instrumento y, claro, su temperatura bajó hasta unos temibles -56 ºC. Para sorpresa de todo el mundo, el UVS siguió operativo con total normalidad. Pero ahí no queda la cosa, ya que a finales de 2011 había que ahorrar más energía. En ese momento se decidió apagar un calentador del espectrómetro infrarrojo de la Voyager 1, que proporcionaba calor también al cercano UVS. Eso provocó que la temperatura del instrumento cayera otros 23 ºC adicionales, llegando hasta unos gélidos -79 ºC. Y probablemente la temperatura real fuese más baja, puesto que esa es la temperatura límite del sensor. ¿Y qué pasó? Pues nada, porque el instrumento siguió enviando sus datos correctamente hasta abril de 2016, cuando fue apagado para ahorrar más energía.

EL CASO DE LOS SENSORES DE ORIENTACIÓN

Para mantener su orientación durante el vuelo, además del sensor solar, las sondas usan un sensor de estrellas llamado CST o Canopus Star Tracker. Ambos tipos de sensores están ligados a un dispositivo llamado HYBIC (Hybrid Buffer Interface Card) y a otros ocho elementos electrónicos adyacentes que funcionan conjuntamente. Por redundancia, las sondas Voyager llevan otra pareja de estos sistemas, también ligados a un HYBIC de reserva. El problema es que no se pueden intercambiar si falla alguno de sus componentes. En 2017 se estimó que, en la Voyager 1, el sensor solar y el seguidor de estrellas principal no tendrían la sensibilidad suficiente para trabajar llegado el año 2020, pero su HYBIC funcionaba perfectamente. Por otro lado, el sistema de reserva del sensor solar y el seguidor de estrellas está en mejores condiciones, pero su HYBIC daba problemas que podrían acabar en un cortocircuito. Por tanto, todas las maniobras y posibles fallos de la sonda que provoquen la pérdida de orientación podrían significar el fin de la misión, ya que sería muy complicado que después pudiera recuperar una orientación estable. Tras hacer un análisis de riesgos, en 2017 se decidió seguir usando los sistemas principales y monitorear su degradación con el paso del tiempo unos años más. Ya que la sonda solo gira sobre sí misma para realizar la calibración del magnetómetro (MAGROL), se decidió que merece la pena correr el riesgo de perder la sonda pero seguir con buenos datos científicos el tiempo que dure. Meses más tarde se descubrió que cambiando dos calentadores del sensor solar se lograba detener su deterioro. A principios de 2023 aún captaba bien el Sol y durante estos años también se ha comprobado que se había detenido el deterioro del sensor estelar, por lo que se cree que podrán seguir usándose hasta el final de la misión.

EL CASO DE LAS ETERNAS TOBERAS TCM

Desde su lanzamiento en 1977, la Voyager 1 estuvo usando sus toberas para realizar los giros y las maniobras de orientación durante más de 40 años. Pero en el año 2017 estaban ya muy degradadas, incluso las de reserva, por lo que consumían mucha más hidracina de la necesaria. Entonces se tomó una drástica y desesperada decisión: a partir de ese momento se usarían para los giros las cuatro toberas inferiores que se habían usado para las correcciones de trayectoria (TCM). Estos pequeños motores fueron los encargados de modificar el recorrido de la sonda en sus vuelos interplanetarios hasta Júpiter y Saturno. El problema era que llevaban sin usarse ¡37 años!, desde el sobrevuelo de Saturno y Titán en noviembre de 1980. Además, tampoco estaban diseñadas para esta función, por lo que primero tuvieron que realizarse varias pruebas para comprobar su estado y su eficacia. Ponerlas en marcha no fue nada fácil, ya que se tuvo que sacar de los archivos todo el código de programación desfasado en lenguaje ensamblador que las hacía funcionar. Semanas más tarde, las pruebas en simuladores permitieron asegurar que el nuevo código haría su trabajo. Lo más complicado del proceso fue reconfigurarlas para que pasaran de realizar encendidos de varios minutos para las correcciones a encendidos de solo unos milisegundos para los giros. El 28 de noviembre se realizó el primer encendido con una duración de diez milisegundos y la telemetría indicaba que había funcionado a la perfección. A la primera tras casi 37 años apagadas en el frío del espacio. Finalmente, en enero de 2018 quedaron configuradas para ser usadas por la nave cada vez que fuera necesario. Su uso implica volver a encender de nuevo algunos calentadores, por lo que solo serán utilizadas mientras se disponga de algo de energía. Cuando se apaguen sus calentadores no habrá otra opción y se tendrá que volver a las toberas degradadas, aunque eso suponga acabar antes la hidracina.

En la Voyager 2 la degradación fue también muy evidente a partir de julio de 2019, así que se decidió repetir el plan. En este caso se encendieron unas toberas que no se usaban desde el sobrevuelo de Neptuno en 1989, por lo que llevaban más de 30 años apagadas. El día 8 de julio la Voyager 2 las volvió a encender de nuevo y el proceso fue un completo éxito. Desde luego, una maravilla del diseño y la tecnología. ¡Qué sondas más duras!

EXTRAÑA ANOMALÍA EN LA VOYAGER 2

El 5 de enero de 2020, la Voyager 2 tenía que ejecutar una maniobra de giro de 360° sobre su eje Z que es llamada MAGROL y que le permite calibrar de forma periódica el magnetómetro de la nave. Sin embargo, esta maniobra nunca llegó a hacerla ese día, ya que inexplicablemente los comandos para el giro no se llegaron a ejecutar. Esto provocó que dos subsistemas de la sonda se quedaran encendidos consumiendo grandes cantidades de energía, por lo que buena parte de la nave se quedó sin electricidad. Al detectar el problema la Voyager 2 pasó al modo seguro con una de sus rutinas de autoprotección y apagó todos los instrumentos para recuperar parte de la energía. Tras recibir la telemetría con los datos de los sistemas, se le enviaron varios comandos el 5 de febrero que apagaron estos dispositivos y reiniciaron los cinco instrumentos, aunque sin empezar a obtener datos. El 3 de marzo la sonda volvió a las operaciones normales y los instrumentos empezaron a recoger datos de nuevo. A día de hoy, todavía no se sabe muy bien qué ocurrió, probablemente algún rayo cósmico.

CERRADO POR MANTENIMIENTO

El año 2020 fue muy delicado para la sonda Voyager 2. Dada su posición en el espacio con un rumbo hacia el «sur» del sistema solar, el único complejo que se puede comunicar con ella es el de Canberra, en Australia. El problema surge cuando la gigantesca antena DSS-43 de 70 m de diámetro necesita mantenimiento. En ocasiones se hacen tareas de actualización que pueden durar unas semanas, pero ahora tocaba una de las grandes. Estos trabajos de modernización son imprescindibles y permiten a la antena tener más sensibilidad, por lo que podrá seguir más lejos a la sonda. Los trabajos sobre la DSS-43 comenzaron en marzo de 2020 y, dado que su actualización iba a durar bastante, se tuvo que reconfigurar la sonda. Como no se le iban a poder enviar comandos durante muchos meses, para evitar potenciales problemas se cancelaron todas las actividades de mantenimiento y calibración habituales. Durante este periodo la sonda siguió realizando sus experimentos científicos de forma normal, ya que esos datos sí se podían recibir usando conjuntamente las tres antenas de 34 m de Canberra (DSS-34, DSS-35 y DSS-36). Ocho meses más tarde, el 29 de octubre, se pudieron hacer las primeras pruebas de envío de comandos a la sonda. Finalmente, el 21 de enero de 2021 acabaron las tareas de mantenimiento y la actividad volvió a la rutina habitual. En marzo de 2023, la antena DSS-43 tuvo que entrar de nuevo en una fase de mantenimiento para sustituir los rodamientos de elevación, lo que la tuvo fuera de servicio hasta el mes de junio.

EL CASO DE LOS DATOS IMPOSIBLES

A mediados de mayo de 2022, la sonda Voyager 1 comenzó a mandar extraños datos de telemetría del subsistema conocido como AACS (Attitude Articulation and Control System). Recordemos que este ordenador es el que se encarga entre otras cosas de mantener la correcta orientación de la nave apuntando a la Tierra. Los datos recibidos indicaban que la nave estaba en una orientación extraña, incluso con valores imposibles en la práctica. Sin embargo, la señal seguía llegando perfecta y estable, por lo que en realidad algo estaba pasando con la propia telemetría y no con la nave. Además, la Voyager 1 no había activado ningún modo de protección de fallos, así que tocaba de nuevo realizar una reparación en una sonda que estaba a 23.300 millones de kilómetros de nuestro mundo. Durante los meses de junio y julio se le enviaron comandos para realizar la descarga completa de las memorias del sistema AACS. También se hicieron pruebas en cada uno de sus componentes, con el objetivo de averiguar qué estaba pasando. Si el problema era debido a la degradación de algún componente, tal vez se podría hacer un cambio a un sistema de reserva. Finalmente, el 30 de agosto el JPL confirmó que la sonda Voyager 1 estaba completamente reparada. El problema de los datos corruptos había ocurrido porque inexplicablemente el AACS enviaba los datos a otro ordenador que llevaba muchos años apagado. Debido a esto, la información volvía siempre corrupta y con datos sin sentido. Por tanto, los ingenieros programaron el AACS para que solo mandase los datos al ordenador correcto. Aún no se conoce el motivo por el cual la Voyager 1 cambió por su cuenta de ordenador. Una posibilidad es que algún código erróneo producido por algún otro sistema de la nave provocara la situación, lo que podría ser indicativo de un próximo fallo en la nave. Cosas de la edad.

TURN IT OFF. ¿QUÉ SE HA APAGADO HASTA AHORA EN LAS SONDAS?

Sabemos que cada sonda tiene tres generadores de radioisótopos que producen calor gracias al decaimiento natural del plutonio-238, que es convertido en electricidad. Con el paso de los años, la disminución del calor generado y la degradación de los componentes provocan que se produzca menos electricidad. Al comienzo de la misión se perdían 7 W por año, pero en la actualidad el descenso está estabilizado en unos 4 W menos por año. De esta manera, las sondas llegaron con unos 448 W a Júpiter, con 429 W a Saturno, con 398 W a Urano y 372 W a Neptuno y al comienzo de la misión interestelar. Con una energía menguante, los ingenieros de la misión tienen que hacer un ejercicio de creatividad y planificación para lograr que sobrevivan un poco más. Porque, desde hace tiempo, el trabajo es de supervivencia pura y dura. Desde hace un par de décadas los responsables tienen que decidir qué se va a sacrificar en cada sonda para que el resto funcione unos años más. En este delicado equilibrio entre la energía disponible y lo que puede seguir funcionando, es necesario el sacrificio periódico de algún calentador o un instrumento.

La sonda fue diseñada para que el propio calor producido por los instrumentos y los sistemas mantuviera su interior a una temperatura adecuada. Además, contaba con el refuerzo de calentadores distribuidos por la nave. Pero, con el tiempo, ha sido necesario desconectar instrumentos que ya no son útiles junto a sus calentadores. Esto ha provocado un gran descenso de la temperatura de la nave, en muchos lugares hasta un estado crítico. Las naves jamás fueron diseñadas para trabajar tan lejos, durante tanto tiempo y con tan pocos componentes encendidos. Y, como hay que seguir desconectando dispositivos, las temperaturas serán cada vez más frías en los instrumentos, que podrían fallar en cualquier momento. Y peor aún: si la temperatura baja demasiado en los conductos de combustible, se podrían llegar a congelar. Como resultado, la sonda dejará de tener la antena orientada a nuestro planeta y se perderán las comunicaciones.

Hasta la fecha se han desconectado progresivamente algunos instrumentos que ya no funcionaban y otros que ya no se iban a usar más, como las cámaras visibles e infrarrojas. Tampoco se volvería a usar la plataforma de escaneo, algunos conjuntos de toberas, la grabadora de datos, numerosos subsistemas e innumerables calentadores y sensores por toda la nave. Además, los giroscopios solo se activan en el momento de alguna calibración que implique realizar giros y apagando antes algunos calentadores para tener suficiente energía. Los instrumentos que han sido desconectados hasta la fecha en la sonda Voyager 1 han sido estos seis:

- Photopolarimeter Subsystem (PPS), el 21 de enero de 1980.
- Imaging Science Subsystem (ISS), el 14 de febrero de 1990.
- Infrared Interferometer Spectrometer and Radiometer (IRIS), el 3 de junio de 1998.
- Plasma Science (PLS), el 1 de febrero de 2007.
- Planetary Radio Astronomy (PRA), el 15 de enero de 2008.
- Ultraviolet Spectrometer (UVS), el 19 de abril de 2016.

Y en la Voyager 2 han sido desconectados estos cinco instrumentos:

- Imaging Science Subsystem (ISS), el 5 de diciembre de 1989.
- Photopolarimeter Subsystem (PPS), el 3 de abril de 1991.
- Ultraviolet Spectrometer (UVS), el 12 de noviembre de 1998.
- Infrared Interferometer Spectrometer and Radiometer (IRIS), el 1 de febrero de 2007.
- Planetary Radio Astronomy (PRA), el 21 de febrero de 2008.

De momento (en 2023), los instrumentos que siguen funcionando son:

- Cosmic Ray Subsystem (CRS), en ambas sondas.
- Low-Energy Charged Particles (LECP), en ambas sondas.
- Magnetometer (MAG), en ambas sondas.
- Plasma Wave Subsystem (PWS), en ambas sondas + Data Tape Recorder (DTR), solo en la Voyager 1.
- Plasma Science (PLS), solo en la Voyager 2.

Tienes disponible el listado completo de desconexiones de las Voyager en el apéndice 7.

EL CASO DE LOS COMPLEJOS EQUILIBRIOS
TÉRMICOS DE LA VOYAGER 2

Para la Voyager 2 ahora mismo su mayor problema son las bajísimas temperaturas. Con cada desconexión, la temperatura interna de muchas secciones de la sonda va bajando y se está llegando a un límite complicado de sostener. Para complicar más las cosas, no existía un modelo termal de la sonda que fuera fiable y en 2017 se tuvo que elaborar un nuevo modelo térmico digital. Sin tener un modelo real de la nave con el que trabajar y sin que existiera mucha información sobre el tipo exacto y la cantidad de materiales usados en cada zona, era una tarea complicada. En ese año, el margen de temperatura ya era crítico en algunas zonas, como los conductos de hidracina. Los cálculos mostraban que, a partir de 2019, si la sonda operaba con normalidad la temperatura rondaría los 3,8 ºC, unos 2 ºC por encima del punto de congelación de la hidracina. Sin embargo, cuando se realizara la maniobra de giro para la calibración de los magnetómetros (MAGROL), la temperatura se quedaría solamente 1 ºC por encima de la congelación. Este descenso ocurre ya que, para poder encender los giroscopios, hay que apagar algunos calentadores. En el caso de que durante uno de esos giros se produjera un fallo con los giroscopios encendidos y los calentadores apagados, tendríamos un grave problema. Entonces la temperatura llegaría al límite de congelación, lo que provocaría la pérdida de potencia de las toberas o quizás una rotura de los conductos. Por tanto, esto resultaría en la pérdida de la sonda.

Tras analizar las opciones, se comprobó que cambiando la distribución de la energía encendiendo y apagando ciertos calentadores y circuitos se podría evitar el problema. Pero esto implicaba enviar nuevos comandos a la problemática centralita de energía de la Voyager 2 y un fallo allí también podría acabar con la misión. Así que en junio de 2019 se decidió apagar el calentador del instrumento CRS, aunque eso provocara su pérdida al cabo de un tiempo. Aunque las especificaciones del instrumento indicaban que dejaría de funcionar a -23 ºC, hoy día sigue en perfecto estado a ¡-59 ºC!

¿CÓMO ES EL DÍA A DÍA EN EL FUNCIONAMIENTO DE LAS SONDAS?

Con la sonda Voyager 1 a más de 24.000 millones de kilómetros de nuestro planeta y la sonda Voyager 2 a más de 20.000 millones de kilómetros, las cosas no son fáciles. Hagámonos una idea de lo lejos que están. Si suponemos que el Sol tiene el tamaño de un garbanzo (1 cm), la Tierra estaría a 1,5 m de distancia con un diámetro de 0,1 mm. Júpiter se encontraría a casi 8 m de distancia, con un tamaño de 1,4 mm, y Saturno a más de 14 m con un tamaño de 1,2 mm. Urano ya estaría a 29 m con un tamaño de 0,5 mm, y Neptuno a 45 m con el mismo tamaño. En estos momentos la Voyager 2 está ya a unos 200 m y la Voyager 1 a 240 m del garbancito. Cualquier comunicación por radio tarda más de 37 horas en ir y volver a la Voyager 2 y más de 45 horas para la Voyager 1. Menudo vértigo.

UNA MISIÓN BAJO MÍNIMOS

Desde el comienzo de las actividades de la fase interestelar, se decidió que todas las operaciones con las sondas fueran lo más sencillas, repetitivas y autónomas posible. De esta manera, la misión podría seguir adelante con el mínimo número de personas en plantilla y así la NASA jamás podría poner el presupuesto como excusa para cancelar la misión. También hay que tener en cuenta que, dada la enorme longevidad de la misión, muchas de las personas encargadas de gestionar los sistemas de la nave, de programar los comandos o de interpretar los resultados se han trasladado a otros proyectos, se han jubilado o han fallecido. Para ayudar, durante estas décadas se ha hecho un gran esfuerzo para dejar todo lo más documentado posible. De esta forma, las nuevas personas que se incorporan al equipo podrán ponerse al día y conocer todos los detalles del funcionamiento de estas naves. Tenemos que pensar que, desde hace muchos años, el tipo de equipamiento electrónico de las sondas Voyager ya no existe. La tecnología avanza una barbaridad en unos años, por lo que los nuevos ingenieros que se incorporan a la misión no saben muy bien qué hacer con sondas diseñadas hace cinco décadas. Así que lo normal es que tengan que formarse previamente para conocer los componentes más antiguos. Y eso por no hablar del lenguaje de programación y los comandos, que requieren una formación especial y muchos ensayos antes de poder trabajar con las Voyager.

Este buen hacer no ha sido siempre así. En la primera época durante los sobrevuelos, era normal que los técnicos se llevaran documentación a casa para trabajar con ella y mucha se ha perdido o aparece décadas después en cajas guardadas en un garaje. La solución para esto ha sido preparar unos buenos archivos de información clasificada y recuperada, así como un listado de teléfonos de los miembros del equipo que se han jubilado. Otro gran problema en la actualidad es que los componentes que se usaban para realizar las pruebas previas en el JPL se estropearon durante un cambio de ubicación, por lo que ahora todo se hace con simulaciones por ordenador.

ENVÍO DE COMANDOS A LAS NAVES

Entre las rutinas que se realizan repetitivamente con las Voyager se incluyen el envío de comandos, la toma de datos y las calibraciones de los instrumentos y el envío de todos los datos a la Tierra. A ambas naves se les siguen enviando algunos comandos cada tres meses para corregir problemas o para actualizar sus rutinas. Para ello se usa una antena de 70 m en la banda S, con una velocidad de transmisión de 16 bits/s. Eso es terriblemente lento, pero tengamos en cuenta que debe recibirlos una pequeña antena de poco más de tres metros de diámetro a más de 20.000 millones de kilómetros de distancia. Dada la posición de las sondas en el espacio, todas las comunicaciones con la Voyager 2 se realizan desde Canberra y con la Voyager 1 se llevan a cabo desde Robledo y Goldstone. Como curiosidad, en muchas ocasiones los comandos se envían en el mismo momento en el que se reciben los datos de la sonda, ya que las antenas de la DSN están preparadas para eso. De esta manera, se ahorran muchas horas de uso de estas ocupadas antenas.

ENVÍO DE DATOS A LA TIERRA

Algo muy importante y que no suele ser muy conocido. Para simplificar operaciones, desde hace décadas las dos sondas están constantemente adquiriendo datos científicos con los instrumentos que mantienen operativos y los envían directamente hacia la Tierra. Es decir, las sondas Voyager siempre están enviando datos, las 24 horas al día, los 365 días del año. Y aquí en la Tierra los recibimos cuando se puede, cuando alguna de las antenas de 70 m de la DSN está disponible. El objetivo inicial del equipo era recibir cada día unas 16 horas de datos de cada una de ellas. Sin embargo, dada la gran cantidad de misiones en activo eso es algo virtualmente imposible de conseguir, por lo que cada día se recogen entre cinco y diez horas de datos, en función de la disponibilidad de las antenas. ¿Es esto un problema? ¿Estamos perdiendo información científica vital? Pues en realidad no, ya que en el entorno en el que se encuentran ambas sondas la situación suele ser muy estable durante muchos millones de kilómetros de viaje. Por tanto, los datos que «se pierden» son básicamente iguales a los recibidos. Todos esos datos recibidos y acumulados durante meses y años son los que sirven para hacer promedios de los campos magnéticos, el plasma y las partículas de la región, por lo que los datos científicos no sufren ninguna pérdida real. La información recogida por la nave es enviada continuamente usando la banda X, con el transmisor en modo de baja potencia (12 W) a un ritmo de 160 bps. Para su recepción en la Tierra es necesaria una antena de 70 m o varias de 34 m que operen conjuntamente.

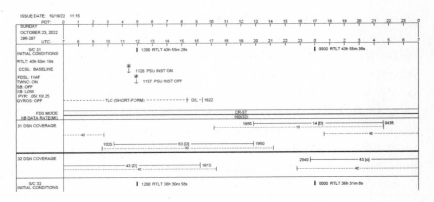

Ejemplo de un documento SFOS que muestra un día normal de operaciones con las sondas Voyager. Tienes todos los documentos SFOS disponibles en www.infosondas.com. Imagen: JPL/NASA

Dado que el instrumento de plasma PWS tiene un modo de funcionamiento que recoge grandes cantidades de datos, no es posible enviarlos en directo, por lo que se almacenan en la grabadora DTR de la Voyager 1. El PWS adquiere una vez a la semana una gran cantidad de datos durante 48 segundos, que son enviados a alta velocidad (115,2 Kbps) hasta la grabadora, donde quedan guardados. Y cada cuatro o seis meses, toda la información guardada en el DTR es retransmitida a la Tierra durante una conexión de unas siete horas de duración. Dada la gran cantidad de información que hay que enviar, la sonda cambia su transmisor de banda X al modo de alta potencia (18 W) para poder enviar datos a unos 1400 bits por segundo (1,4 Kbit/s), que es la mínima velocidad a la cual la grabadora puede leer la información. Para captar la débil señal con esta «alta» velocidad de datos, la red DSN utiliza de forma simultánea hasta cuatro antenas para recibirla, normalmente la antena de 70 m junto a otras tres de 34 m del mismo complejo. Generalmente suelen ser la DSS-63 junto a las DSS-55, DSS-56 y DSS-65 de Robledo, o la DSS-14 junto a las DSS-24, DSS-25 y DSS-26 de Goldstone. Aunque el instrumento PWS sigue estando operativo en la Voyager 2, la electrónica que se encarga de adquirir los datos a alta velocidad no funciona, por lo que la grabadora está apagada. A comienzos de 2023, las dos sondas habían enviado a nuestro planeta unos 135.000 millones de bits durante su misión interestelar, unos 527 MB al año.

OPERACIONES DE MANTENIMIENTO

Entre las tareas de mantenimiento más importantes llevadas a cabo con regularidad en las dos naves nos encontramos:

– La realización de los giros en la sonda, para la calibración del magnetómetro (MAGROL) cada tres meses.
– La ejecución de una maniobra de calibración (ASCAL) de la antena HGA y el sensor solar, una vez al año.
– La ejecución de tareas de calibración mensuales (PMPCAL) de los instrumentos de plasma, partículas y ondas.
– Tareas de mantenimiento de la grabadora DTR de la Voyager 1 cada seis meses.
– La realización del acondicionamiento de los giroscopios y del reloj del CCS cada tres meses.

Varias veces a lo largo de un año, cada sonda ejecuta hasta diez tipos de tareas de mantenimiento, que involucran a la grabadora de datos, calibraciones de los instrumentos y giros de la sonda sobre su eje Z para calibrar el magnetómetro MAGROL. Hay que tener en cuenta que la sonda genera sus propios campos magnéticos creados por la electrónica. Si hacemos que la sonda gire sobre su eje, es posible conocer qué parte del campo magnético registrado por los sensores pertenece a la propia nave y cuál procede del medio interestelar. Algo así como la calibración de los magnetómetros de tu teléfono móvil, que algunas *apps* te piden que lo gires en los tres ejes para un mejor funcionamiento. Pero realizar esta maniobra en las Voyager tiene sus complicaciones. Entre 2016 y 2017 se tuvieron que desactivar unos sistemas críticos en las sondas, los giroscopios, que se estaban usando para realizar los giros de calibración del magnetómetro. Como hemos visto, estos dispositivos son vitales para las operaciones de orientación de la nave durante la misión. Desde entonces, cuando es necesario realizar una maniobra MAGROL, los técnicos desconectan algún calentador para tener energía suficiente para encender un par de giroscopios y realizan la maniobra. Una vez concluida, vuelven a ser desconectados y el calentador es encendido de nuevo. Y de momento esta técnica funciona.

Y, POR SI ACASO, LA VOYAGER INTERSTELLAR MISSION PROTECTION SEQUENCE

Además de las operaciones repetitivas, la nave está programada para intentar arreglar los problemas por sí misma. Se han elaborado tablas con los fallos más probables y con las mejores soluciones posibles para que la sonda active y desactive los sistemas necesarios por su cuenta. Ya que las comunicaciones llevan tanto tiempo, es imprescindible que las Voyager al menos intenten controlar la situación y queden a la espera de nuevas instrucciones. Y, por supuesto, siguen llevando la Backup Mission Load, solo que ahora se llama Voyager Interstellar Mission Protection Sequence. En el caso de que una sonda pierda su vital receptor de radio, tiene almacenado en su memoria un conjunto completo de instrucciones básicas para ejecutar. Esto permitiría que la nave hiciera todas las operaciones científicas y el envío de datos de forma rutinaria, hasta que algún sistema vital falle o se quede sin energía.

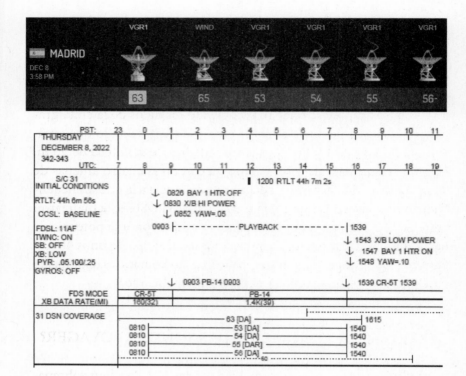

Capturas de pantalla de la web DSN Now y del documento SFOS
para el día 8 de diciembre de 2022. Vemos como ese día, a las 09:03
de la mañana, comenzaba una descarga de datos («PLAYBACK»)
de la Voyager 1 que se prolongaría hasta las 15:39 horas. Para su
recepción, cinco antenas captaban la señal de forma simultánea. Se
puede observar como antes se apaga el calentador de la bahía 1, se
enciende el transmisor de banda X en alta potencia y se gira levemente
la sonda. Al terminar, el proceso se invierte. Imágenes: JPL/NASA

Y UN EJEMPLO REAL

Si consultas la web DSN Now de la NASA, podrás ver un gráfico
con los parámetros en tiempo real de todas las antenas de la red,
en los tres complejos. A finales de 2022, desde Canberra se hizo un
envío de comandos usando la antena DSS-43, con una potencia de
transmisión de 20 kW. Las señales se enviaron en la frecuencia de
los 2,11 GHz a un ritmo de 16 bits/s. Simultáneamente se recibía la
señal desde la nave en la frecuencia de los 8,42 GHz a una velocidad de 160 bits/s. La potencia recibida era de tan solo -155,21 dBm,
lo que equivale a 3×10^{-22} kW. Esto son aproximadamente

0,0000000000000000000000003 W, unas tres cuatrillonésimas partes de un vatio o 0,3 yoctovatios (yW). Días después se le enviaba a la Voyager 1, desde la antena DSS-63 de Robledo de Chavela, una señal con 20 kW de potencia en la frecuencia de los 2,11 GHz a una velocidad de 16 bits/s. La señal de la sonda se recibía en los 8,42 GHz a 1400 bits/s, ya que se estaban recogiendo los datos de la cinta grabadora DTR. La potencia recibida era de -148,61 dBm, lo que equivale a $1,38 \times 10^{-21}$ kW. En estos casos, además de la antena de 70 m, la señal era recibida de forma conjunta con otras cuatro antenas de 34 m (DSS-53, 54, 55 y 56). Dada la gran distancia a la que se encuentran ambas naves, las tres antenas de 70 m de la DSN se actualizaron entre 2022 y 2023 para poder enviar comandos con una potencia de hasta 100 kW. De momento solo necesitan hacer uso de unos 40 kW para que las Voyager capten sin problemas los comandos. Conforme pasen los años, la potencia de envío seguirá subiendo.

¿CÓMO SERÁ EL FINAL DE LAS SONDAS VOYAGER?

A estas alturas tenemos claro que las sondas Voyager han sobrepasado de forma considerable cualquier expectativa que hubiera sobre ellas en el momento del lanzamiento. Pero también hay que ser conscientes de que su final está cada vez más cerca. Ambas naves tienen tres grandes problemas que determinarán el final de sus vidas: la degradación de sus componentes electrónicos, la bajada excesiva de las temperaturas y sobre todo la disminución de la energía disponible. Los tres problemas son irremediables y el equipo de ingeniería de la misión trabaja desde hace décadas en retrasar lo inevitable, con las pocas herramientas que tienen a su alcance.

En cuanto a la degradación, ambas naves tienen muchos de sus sistemas redundantes, lo que les ha permitido seguir funcionando cuando alguno de ellos ha fallado. Pero, tras varias décadas de uso, las dos sondas han perdido la mayoría de los sistemas principales y muchos de reserva. En la actualidad, numerosos componentes de las naves ya son puntos críticos, sin alternativa posible. Por otro lado, la bajada de las temperaturas internas de las sondas es otro gran quebradero de cabeza. Las naves poseen un buen aislamiento térmico y en su interior están plagadas de calentadores que mantienen la temperatura a niveles estables y óptimos para el funcionamiento de los componentes. Sin embargo, con la caída de la energía disponible, muchos calentadores ya han sido apagados. Por supuesto, primero se apagaron los calentadores de los instrumentos que iban a dejar de funcionar, los de la plataforma de escaneo y los de aquellos sistemas que ya no se utilizan. Pero cada cierto tiempo hay que seguir desconectando nuevos calentadores, que, a pesar de su bajo consumo (entre 1 y 4 W), son ya insostenibles. De hecho, muchos componentes de las sondas se mantienen calientes gracias al calor que generan ellos mismos. Así que cada vez que hay que desconectar algún calentador o instrumento se hace un análisis térmico completo. Esto permite conocer si la desconexión afectará a la temperatura en otras partes de la nave o a los conductos de hidracina de las toberas. Estos conductos son una de las zonas más delicadas, ya que la congelación de alguno de ellos no solo dejaría a la sonda sin posibilidades de maniobrar, sino que podría provocar una rotura e incluso una explosión, lo que significaría la pérdida inmediata de la sonda.

Y, como último punto clave, tenemos la caída de la energía disponible para el funcionamiento de la sonda. Los generadores nucleares proporcionaban al principio de la misión un total de 470 W de potencia. La degradación de los termopares que convierten el calor del RTG en electricidad, unida al propio decaimiento natural del dióxido de plutonio, hace que la sonda tenga cada año menos electricidad. Desde su lanzamiento, las Voyager pierden unos 7 W de potencia anuales y en la actualidad pierde unos 3 o 4 W cada año. El objetivo del equipo es intentar mantener siempre un margen de funcionamiento de entre 2 y 5 W para poder hacer frente a consumos extra a la hora de encender o apagar componentes. Los cálculos indican que las sondas Voyager necesitan un mínimo de 200 W de energía para mantenerse encendidas con lo básico para funcionar. Esto incluye los consumos de los ordenadores, sus memorias y sus sistemas de comunicación y energía. Es decir, todo aquello que permita a la sonda estar encendida y comunicarse. Actualmente ambas tienen algo menos de 230 W de potencia disponibles, por lo que podemos usar un poco menos de 30 W para mantener encendidos algunos instrumentos y calentadores. Que sigan encendidos esos instrumentos es lo que realmente da sentido a la misión, pero es inevitable que en los próximos años veamos un triste desfile de desconexiones.

Para su final se ha preparado una secuencia de desconexión que irá apagando uno a uno los instrumentos. Cada uno de ellos seguirá un proceso que comenzará por el apagado de sus calentadores, por lo que tendrá que seguir funcionando hasta que las bajas temperaturas afecten a la calidad de los datos o se rompa. Y finalmente será desconectado. Gracias a su «sacrificio», el resto de los instrumentos podrán seguir operativos, hasta que les llegue su turno. En el caso de que la nave se quede sin la energía necesaria en un cierto momento, se activará el llamado «algoritmo de protección de fallos» (FPA), que se encarga de apagar algunos dispositivos para que los más vitales puedan continuar trabajando. Una vez que todos los instrumentos hayan dejado de funcionar, la sonda podrá seguir encendida, pero solo nos podrá mandar sus propios datos de telemetría. Estos datos nos mostrarán su estado, pero no nos podrá informar sobre nada del entorno que le rodea. ¿Tiene eso sentido? Sin instrumentos, solo quedaría esperar a que el transmisor falle, se agote la hidracina o no haya más energía para los sistemas básicos. Pero, si una sonda no puede hacer nada, tal vez no tenga sentido que siga operativa. Sin embargo, creo que, dado su simbolismo, la NASA intentará mantener al máximo las comunicaciones con ellas, simplemente por la curiosidad de saber lo que pueden durar. O tal vez les mande un comando para que se apaguen y darles un final digno. Quién sabe, todo esto lo veremos en los próximos años.

Y, ahora, te propongo una pequeña reflexión. Cuando ambas sondas se hayan apagado, ¿crees que te dará algo de pena su final? A mí sí, desde luego. Al fin y al cabo, no dejan de ser máquinas hechas de metal y plástico que hemos mandado a explorar sitios donde nosotros no podemos llegar. Pero también hay que reconocer que cuando una misión espacial dura muchos años, o la sigues de cerca durante décadas, es un poco inevitable darle algo de «humanidad». O incluso antropomorfizarlas diciendo que son «duras», que «van a una nueva aventura» o que han «reaccionado bien» a algún imprevisto. Y, por supuesto, es normal que te dé pena su final. De todas formas, niños y niñas, hagamos como el gran John Casani y no las antropomorficemos, porque a ellas no les gusta y se pueden enfadar.

¿Y para cuándo está previsto que llegue su final? La respuesta más genérica sería decir que en cualquier momento entre «ahora mismo» y el principio de la década de los treinta. Dado que ya son dos sondas geriátricas, una posibilidad es que algún componente crítico falle en cualquier momento y la sonda ya no tenga ningún repuesto disponible. O se produzca algún fallo en sus sistemas de energía. O bajen demasiado las temperaturas. Uno de los casos más graves sería el fallo del receptor de radio de reserva en banda X de la Voyager 2 y que está en uso desde 1978, por lo que podría caer en cualquier momento. Como hemos visto, las sondas llevan un conjunto de instrucciones básicas para seguir con sus operaciones si llegara el caso, así que es posible que la misión pudiera continuar un tiempo más. Para la Voyager 1 lo más preocupante es el dispositivo que controla la distribución de energía, el transmisor de banda X, el «oscilador ultra-estable» (USO) y la mitad que queda en funcionamiento del Flight Data System (FDS).

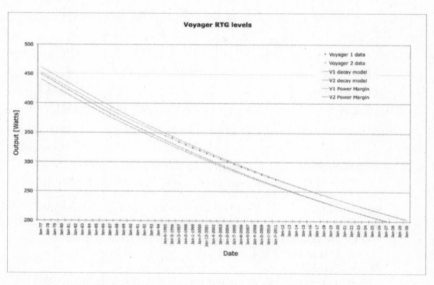

Gráfico con la caída de energía generada por los RTG en las sondas Voyager entre 1977 y 2030. Imagen: JPL/NASA

Pero, si ambas sondas siguen funcionando con normalidad, hay que disponer de una secuencia de desconexión de dispositivos bien planificada y que permita que algunos instrumentos sigan trabajando el máximo de años posible. Para ello, el JPL ha preparado un calendario de «apagados», que prevé un final de las sondas alrededor del año 2032 o 2033. Cuando se les acabe la energía, el combustible o fallen sin opción a ser reparadas, comenzarán su viaje infinito.

Serán silenciosos emisarios del planeta Tierra, símbolos de nuestra curiosidad. Entonces solo quedará ponerse un poco moñas y decirles: «Gracias, viajeras interestelares».

Voyager 1	Año desconexión	Voyager 2	Año desconexión
Calentador secundario y motor LECP	2023	Motor LECP	2023
Calentador CRS	2023	Calentador PLS (4,3 W)	2023
LECP (4 W)	2025	CRS (5,2 W)	2026
CRS (5,2 W)	2026	LECP (4 W)	2026
PWS High Rate-DTR (16,6 + 3,6 + 6 W banda X)	2028	PWS (1,4 W)	2027
PWS (1,4 W)	2029	PLS (8,3 W)	2027
MAG/PWS on (3,2-1,4 W)	2029	MAG/PWS on (3,2-1,4 W)	2029
PWS (1,4 W)	2031	PWS (1,4 W)	2031
Fin de misión	¿2032-33?	Fin de misión	¿2032-33?

Calendario de desconexión de los calentadores e instrumentos de las dos sondas en los próximos años y que permite mantener un margen de 2 W en la energía. Por supuesto, todos los años son aproximados y entre paréntesis se encuentra la energía ahorrada en la desconexión. En el año 2030 podría apagarse el magnetómetro MAG y volver a encenderse el instrumento PWS, que consume menos electricidad. El final de la misión científica estaría alrededor del año 2032 y el de la sonda en 2033. A estas alturas, tampoco sería ninguna sorpresa que alguna pudiera durar un poco más. Tabla: elaboración propia

EL DISCO DORADO. LOS GRANDES ÉXITOS DE LA GALAXIA

Hay dos formas en esta vida con las que puedes conseguir un disco de oro. Una es cantar bien y vender muchos discos. La otra es ser una sonda Voyager, y entonces te lo llevas por la cara. Esta historia la hemos dejado para casi el final, porque el inicio de la misión de estos discos coincidirá con el final de la vida de las sondas. Como posiblemente ya sepas, las sondas Voyager llevan acoplado un disco de oro en un lateral de su bus central, recubierto por una carcasa que lo protege de las adversidades del espacio interestelar. Bueno, en realidad los discos no son de oro, sino que están hechos de cobre y las cubiertas son de aluminio, pero todo está bañado con una fina capa de oro, ya que soporta mejor las duras condiciones del vacío espacial. Pero, desde luego, suena mucho mejor hablar del «disco de oro» que del «disco de cobre» o el «disco dorado», que es como se le debería llamar.

Nuestras dos viajeras no son las primeras en portar un mensaje de nuestro planeta. Las primeras fueron las sondas Pioneer 10 y 11, que ya llevaban adosada una placa metálica con información sobre su lugar y momento de procedencia. En el caso de las Voyager, se decidió dar una vuelta de tuerca más y se usó un sistema más complejo, que pudiera llevar más información durante millones de años. En 1977 aún no existían los sofisticados sistemas de almacenamiento digital que usamos en la actualidad, como los DVD, las tarjetas de memoria, los microchips o los discos SSD. Por aquel entonces, el soporte más adecuado era un simple disco de vinilo de doce pulgadas (unos 30,5 cm) de diámetro. Y, la verdad, mandar un soporte moderno tampoco sería lo mejor, puesto que habría que añadir algún sistema que permitiera su lectura. Además, es muy posible que los datos grabados en esos dispositivos se degraden o se pierdan con el tiempo; ya sabemos que lo moderno dura menos. Sin embargo, los datos grabados físicamente en un disco de cobre pueden ser eternos en el espacio.

El disco y su contenido van dirigidos a dos tipos de público muy diferentes. El primer objetivo sería una hipotética civilización extraterrestre, que fuera lo suficientemente inteligente y avanzada como para encontrar una de estas minúsculas naves espaciales inertes, que la recojan y la analicen. El mayor problema para este selecto tipo de público será descifrar su contenido, aunque el simple hecho de encontrar una de las sondas ya diría mucho más sobre nosotros que el propio disco. O al menos de nuestra antigua tecnología de los años setenta y que ya no nos representa como especie. El segundo tipo de público objetivo sería esa hipotética civilización inteligente a la que llamamos «humanidad». Porque ese mensaje va sobre todo dirigido a nosotros mismos, a la forma en la cual los humanos nos vemos. El disco es como un breve pero básico resumen de lo que somos, lo que hacemos bien, lo que hacemos mal y sobre lo que nos conmueve. Con nuestra diversidad, culturas, errores, problemas, peleas y avances. Más de 50 años después de estar viajando por el espacio, es muy probable que los humanos no hayamos entendido todavía el mensaje de las Voyager.

CÓMO SE HICIERON LOS DISCOS

Sabemos que los discos no son de oro, pero tampoco de vinilo, ya que no resistirían nada bien una larga estancia en el espacio. Desde el principio se decidió hacerlos de cobre, que es el material con el que se hace la matriz original de un disco de vinilo. Estas matrices fueron fabricadas por la empresa Pyral S. A. de Francia. El trabajo de grabación y mezcla de los sonidos fue llevado a cabo por la compañía CBS Records, que además grabó las matrices de cera que posteriormente se usaron para hacer las matrices de cobre. Por su parte, la empresa JVC Colorado Video se encargó de usar una grabadora Honeywell 5600-C para transcribir las fotografías y los audios al formato adecuado, para que pudieran ser grabados en las matrices. Estas fueron enviadas a la empresa James G. Lee Record Processing en Gardena, California, donde fueron cortadas y bañadas en oro. En total se fabricaron ocho matrices que permitieron montar cuatro discos de oro, dos originales y otros dos que quedaron de reserva.

Proceso de fabricación final de los discos. Imagen: JPL/NASA

La estructura física de cada uno de los discos Voyager está formada por dos discos de cobre, con un diámetro de doce pulgadas (30,5 cm) y un grosor de 0,05 cm. Ambos discos están grabados por una sola cara y soldados entre sí por la cara lisa, adquiriendo un grosor total de 0,125 cm y un peso de 565 gramos. Una vez unidos, se bañaron con una delgada capa de oro que los recubre exteriormente. En el centro del disco está inscrita a mano la frase «To the makers of music–all worlds, all times», algo así como «Para los creadores de música, de todos los mundos y todos los tiempos». Impreso en una de las caras encontramos la frase «The sounds of Earth. NASA. United States of America. Planet Earth».

Aspecto final de uno de los discos de las Voyager. Imagen: JPL/NASA

LA CUBIERTA

Esta estructura está hecha con una carcasa de aluminio que ha recibido un electrochapado de oro, con una pequeña región impregnada de uranio 238 para permitir su datación. La cubierta de aluminio, junto a la aguja y los soportes, tienen un peso total de 1090 gramos. En su exterior lleva grabados una serie de gráficos que tendrán que ser descifrados por la civilización extraterrestre que se las encuentre. Partiendo del improbable hecho de que alguien o algo las encuentre, luego se encontrarán con un buen jeroglífico por delante que tal vez jamás puedan descifrar. Pero, como eso es algo que nunca podremos saber, los gráficos fueron diseñados siguiendo un razonamiento lo más lógico posible. Al menos para nosotros.

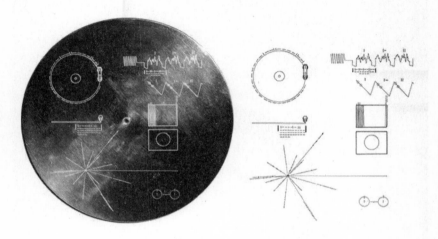

Cubierta y esquemas de los discos de oro de
las Voyager. Imagen: JPL/NASA

EL JEROGLÍFICO

Lo más evidente y lo primero que encontraremos en la cubierta es un esquema frontal y lateral del disco y su aguja, indicando cómo deben ser colocados para reproducir su contenido. Y, por cierto, dentro del bus de la sonda y muy cerca del disco, se encuentran guardadas la cápsula y la aguja necesarias para su reproducción. Las líneas que lo rodean indican en código binario la velocidad de rotación a la que debe ser reproducido, de unos 3,6 segundos por vuelta. En realidad no se habla de segundos, sino que está expresado en binario (cero y uno) en proporción al periodo de transición de un átomo de hidrógeno, que es de 0,70 mil millonésimas de segundo. El cero en binario corresponde con el símbolo «-» y el uno corresponde con «|». En el esquema lateral del disco, el número en binario que aparece debajo indica el tiempo total de reproducción, que ronda una hora de duración. Más abajo tenemos un mapa de púlsares, estrellas de neutrones que giran sobre sí mismas a altas velocidades y poseen gigantescos campos magnéticos. Si el mapa te suena de algo, es porque es el mismo que se dibujó en la placa de las sondas Pioneer 10 y 11. Si suponemos que el centro es nuestro sistema solar, cada una de las catorce líneas radiales indica la posición de un pulsar. En la propia línea está indicado en binario el periodo de rotación del pulsar, algo que es característico de cada uno de ellos.

Ya en el lado derecho de la cubierta tenemos otro esquema que indica cómo obtener las imágenes del disco. El primer gráfico muestra la forma de la señal al comienzo de cada imagen, indicando cómo va cambiando para dibujar las tres primeras líneas verticales de la fotografía. Debajo de la primera línea, está indicada la duración de esa señal, que ronda los ocho milisegundos. Más abajo, el siguiente gráfico muestra que las líneas deben dibujarse verticalmente. Si seguimos bajando, encontraremos la trama completa de una imagen, para indicar que está formada por 512 líneas verticales. Y más abajo se muestra lo que debe aparecer tras decodificar correctamente la primera imagen: un círculo. Si obtienes el círculo ya sabes que estás planteando bien las proporciones en la imagen.

Y finalmente tenemos algo clave, representado por dos círculos unidos por una línea. Como hemos comentado, los periodos de tiempo no están representados en segundos, algo que solo tiene sentido para nosotros, ya que hemos adoptado este «estándar» de tiempo de forma muy arbitraria. Para usar una medida de tiempo que sea independiente en todo el universo, se pensó en usar el hidrógeno, el elemento más abundante del cosmos. Ambos círculos representan átomos de hidrógeno en sus dos estados más bajos, unidos por una línea marcada con el dígito 1. Con esto se quiere indicar que el intervalo de tiempo que necesita el hidrógeno para saltar de un estado a otro es lo que tomaremos como escala de tiempo en el resto de gráficos e imágenes del disco.

Para que una posible civilización pueda datar el disco, se hizo un proceso de galvanizado sobre una pequeña porción en forma de círculo de la cubierta, de dos centímetros de diámetro. En el galvanizado se usó uranio 238, con una radiactividad de 0,00026 µCi (microcurios), unos 9,62 Bq (becquerel). Como el uranio tiene un periodo de decaimiento conocido (4470 millones de años de vida media), el receptor podrá calcular con precisión los miles o millones de años que la sonda lleva en el espacio, usando este uranio como reloj.

John Casani sostiene una bandera de los EE. UU. que sería guardada en el interior de la sonda, junto a la aguja del disco. En el exterior iría acoplado el disco de oro y la cubierta. Imagen: JPL/NASA

LOS CONTENIDOS

¿Cómo resumirías a toda la humanidad y a todo un planeta en un solo disco? Hablo de buscar fotografías, música, sonidos y frases. La tarea es descomunal y, por supuesto, jamás gustará a todo el mundo. Y quién mejor que Carl Sagan para semejante trabajo. Si tienes curiosidad sobre este tema, es imprescindible que leas el libro *Murmullos de la Tierra* para saciarla, ya que relata la historia completa de la creación de estos discos. Todos los contenidos fueron seleccionados por un pequeño grupo de personas reunidas por Carl Sagan, que trabajaba en la Universidad de Cornell y en el «equipo de imagen» de las Voyager. Además de «Nuestro Señor de todos los Cosmos», el equipo estaba formado por Frank Drake, Ann Druyan, Timothy Ferris, Jon Lomberg y Linda Salzman Sagan. Podríamos llamarlos el Golden Team, que (modo cotilleo *on*) curiosamente contaba con su esposa Linda y su futura esposa Ann (modo cotilleo *off*).

Chuck Berry junto a Carl Sagan en la fiesta del JPL tras la conclusión del sobrevuelo de Neptuno. Imagen: JPL/NASA

Lo primero de todo era saber cuánta información se podría almacenar en el disco. El ritmo de reproducción normal para un disco de vinilo es de 33 revoluciones por minuto. Pero, para que se pudiera grabar una mayor cantidad de datos, se decidió hacerlo a 16,6 revoluciones por minuto, la mitad de la normal. Tanto los sonidos como los saludos fueron grabados de la manera habitual en el disco y las imágenes se grabaron en formato analógico. En el disco podemos encontrar un total de 122 fotografías de humanos, animales, del planeta y de nuestra civilización. Además, contiene decenas de sonidos de la naturaleza como el viento, los pájaros, las ballenas y los truenos. También contiene saludos en 55 idiomas y mensajes escritos del presidente Jimmy Carter y de Kurt Waldheim, secretario general de la ONU. Y, cómo no, 90 minutos de una selección musical de nuestro planeta, representando a numerosas culturas y épocas. Una de las canciones es *Johnny B. Goode* del mítico Chuck Berry. Tras el sobrevuelo de Neptuno, el JPL celebró una macrofiesta en sus instalaciones. Como maestro de ceremonias actuó Carl Sagan, que entre otros presentó la actuación de Chuck Berry como apoteosis final de la fiesta. Si quieres ver algunas curiosas imágenes de ese evento, te recomiendo el increíble documental *The Farthest* de 2017. Posiblemente, este sea el mejor documental de las Voyager y en el que podrás ver unas increíbles entrevistas, con una edición musical y visual impecables.

SUZANNE DODD, LA JEFA DE LA MISIÓN

Desde la creación del proyecto Voyager, el puesto más importante y de mayor responsabilidad (*project manager*) ha pasado por diez personas, tres de ellas durante la misión interestelar. Desde octubre de 2010 hasta la actualidad, el cargo lo ostenta la ingeniera y científica Suzanne Dodd, nacida en Gig Harbor, una ciudad a las afueras de Tacoma, en Washington. Obtuvo una licenciatura en Matemáticas en el Whitman College de Walla Walla y posteriormente se licenció en Ingeniería Mecánica en Caltech. También tiene un máster en Ingeniería Aeroespacial de la University of Southern California. En 1984 comenzó a trabajar en el JPL, como secuenciadora de comandos de ciencia e ingeniería para las sondas Voyager. En ese momento, la Voyager 2 ya iba camino de Urano y Suzanne permaneció en su puesto hasta que la sonda sobrevoló Neptuno en octubre de 1989, cuando se vio afectada por la gigantesca reducción de plantilla para la fase VIM. Tras ello trabajó en varios proyectos más en el JPL, incluyendo la sonda Cassini. En 1999 comenzó a trabajar en el observatorio Spitzer, primero en el Spitzer Science Center y posteriormente en el Infrared Processing and Analysis Center, llegando a dirigir ambos centros. En el año 2010 y mientras era la directora del Spitzer, recibió una llamada en la que le propusieron el puesto de gestora del proyecto Voyager. Y no lo dudó ni un instante. Como máxima responsable, debería afrontar un periodo en el cual las sondas van perdiendo la poca energía que les queda. Por tanto, tomará decisiones clave que influirán en el futuro de ambas naves, como apagar los instrumentos y sistemas para asegurar la supervivencia de la misión unos años más. Aún mantiene en su despacho una hoja de papel de calco con la última secuencia de comandos que envió a la Voyager 2, en su sobrevuelo de Neptuno en 1989.

Suzanne Dodd en su mesa de trabajo del JPL. Imagen: JPL/NASA

VOYAGER EN LA CULTURA POP

Ya sabemos que el mundo del entretenimiento actual no es muy dado a hablar de ciencia. Y menos de la misión de dos sondas espaciales que salen del sistema solar. Demasiado aburrido para tener audiencias. Sin embargo, a lo largo de estas décadas nuestras dos naves protagonistas han tenido algunas apariciones en películas, series, en la filatelia e incluso en la música. Las sondas Voyager están presentes en la cultura pop de nuestros tiempos.

Si eres fan del universo de *Star Trek*, inmediatamente recordarás *Star Trek: la película*, una producción del año 1979 que coincidió con los primeros sobrevuelos de estas sondas. En ella (¡ojo, *spoiler!*), una rara y gigantesca nube de energía enviada por una especie alienígena desconocida se dirige hacia la Tierra, destruyendo todo a su paso. Una vez que la nave Enterprise llega a la nube, descubre que es una enorme nave espacial. Allí encuentran algo llamado V'ger, que es una especie de nave con vida propia. Finalmente, se dan cuenta de que se trata de la antigua sonda terrestre Voyager 6 enviada por los humanos, que fue interceptada por otra civilización y que ahora busca sus orígenes. Y no sigo con los *spoilers*, mejor la ves si no la conoces. Aunque el diseño usado en la película difiere un poco del original, la NASA le prestó un modelo de la nave para que lo utilizaran en el rodaje. Y en la película *Starman* de 1984, una especie alienígena descubre el disco de oro y manda a un representante para conocer más de nuestro planeta. Menudos insensatos.

En televisión, en un episodio de la mítica serie *Expediente X* emitido en 1994 y llamado «Pequeños hombres verdes», el agente Fox Mulder habla sobre la misión y del contenido del disco de oro. Más tarde comenta que las sondas ya han superado la órbita de Neptuno y que desde entonces ya no se comunicaron más con la Tierra. A ver, Sr. Muldercito, deja de flipar como siempre, si todavía hoy se comunican con nosotros. Y, en 2004, la sonda Voyager 1 tuvo una pequeña presencia en el episodio n.º 13 de la quinta temporada de la serie *El ala oeste de la Casa Blanca* (*The West Wing*), titulado «La guerra de Genghis Khan». En ese episodio, uno de los protagonistas comenta que la sonda Voyager 1 ha sido el primer objeto humano en abandonar el sistema solar. Y más tarde otro personaje decía que también iba a atravesar su propio y personal «borde de terminación». Espero que le haya ido bien.

Y, por supuesto, en numerosas ocasiones algún miembro de la misión ha participado en alguno de los *late night shows* de la televisión de Estados Unidos. Entre los mejores momentos están los de Carl Sagan en *The Tonight Show with John Denver* o en *Tonight Show with Johnny Carlson* entre 1977 y 1981. De hecho, Sagan actuaba durante los sobrevuelos planetarios casi como el portavoz «extraoficial» de la misión, ya que toda la prensa lo reclamaba para entrevistas y reportajes. Y en unos de los programas (episodio 64) del conocido *Saturday Night Live*, el actor y cómico Steve Martin dijo que los extraterrestres habían encontrado el disco de oro y que habían mandado un mensaje: «Mandarnos más de Chuck Berry», en alusión a la canción *Johnny B. Goode* del disco. Más recientemente, el científico Ed Stone también participó en el *Colbert Report* en 2013.

En el ámbito de la música, tenemos un concierto para violín compuesto por Dario Marianelli. Se interpretó por primera vez en 2014 en Brisbane a cargo de la Queensland Symphony Orchestra y más tarde también por la Swedish Radio Orchestra. Y, en 2017, el artista James Stretton escribió una canción en conmemoración del 40.º aniversario de las Voyager, aunque muy buena no pudo ser, porque no la encuentro por ningún lado. Tal vez lo más destacable musicalmente es el álbum *Voyager - Grand Tour Suite* de Michael Lee Thomas, publicado en 1990, con diez canciones inspiradas en los encuentros con los planetas.

Sellos conmemorativos del sobrevuelo de Saturno y
Neptuno por la Voyager 2. Imagen: USPS

Y en el mundo de la filatelia las sondas sí que han estado muy presentes, en más de 40 países y, sobre todo, en África. Por supuesto, en Estados Unidos se publicaron sellos de 29 centavos en 1989, en conmemoración de los sobrevuelos de Júpiter, Saturno, Urano y

Neptuno por la Voyager 2. En Australia también se emitieron una serie de sellos de 50 centavos en 1977, en homenaje a las sondas Voyager. Si nos vamos a África, la República de Djibouti (Yibuti) no iba a ser menos, ya que puso en circulación en 1980 un bonito sello de 250 francos yibutianos titulado *Voyager et la planetè Saturne*. La República Centroafricana por su parte puso en circulación un sello con la Voyager, la bandera norteamericana y el logo de la misión, con un valor de 60 francos CFA. Y Tanzania en 1994 también puso en circulación un sello por valor de 120 chelines tanzanos, donde se observa a la Voyager 2 pasando por delante de un extraño planeta anaranjado. Seguro que me dejo muchos, pero la filatelia no es lo mío.

EL INFINITO VIAJE HACIA LAS ESTRELLAS

La sonda Voyager 1 se desplaza a una velocidad de 16,9 km/s, por lo que a ese ritmo cada año recorre más de 3,5 UA, unos 540 millones de kilómetros. Incluso a esa enorme velocidad, necesitará tres siglos de viaje para adentrarse en la conocida como Nube de Oort. Y para salir de ella necesitará otros 30.000 años más de paseo. Como es de esperar, su rumbo no la lleva a acercarse directamente a ninguna estrella. Lo más parecido será pasar a unos «cercanos» 1,6 años luz de la estrella Gliese 445, dentro de 40.000 años. Y, si esperamos un poco, unos 260.000 años más tarde pasará a algo menos de un año luz de la estrella TYC 3135-52-1, con una velocidad relativa de 46,5 km/s. Por su parte, la Voyager 2 se mueve a 15,3 km/s, recorriendo 3,23 UA al año. Y como la Voyager 1, tampoco se dirige a ninguna estrella en concreto, ya que todo está demasiado vacío ahí fuera. En unos 42.000 años pasará a 1,7 años luz de la estrella Ross 248, viajando a 72,3 km/s. Y, si logra superar las batallas que mantiene en esa región la Flota Estelar contra los romulanos, unos 295.000 años más tarde se «acercará» a tan solo 4,3 años luz de la estrella Sirio.

Todos estos enormes períodos de tiempo en realidad no son nada a escala estelar. Las sondas durarán muchos millones de años, ya que viajarán siempre por el vacío y solo tendrán contacto con algunas partículas y rayos cósmicos. Ambas naves podrían ser literalmente eternas y vagarán por el espacio sin que nada las altere. Se estima que su estructura podría durar sin dificultad más de 5000 millones de años y se irá disolviendo molécula a molécula. Pensemos un poco en ello. Las Voyager van a durar más tiempo que el que ha transcurrido desde la creación del sistema solar hasta la actualidad. Además, estas naves no solo van a durar más que la humanidad (lo cual se lo estamos poniendo fácil), sino que probablemente sigan intactas cuando la Tierra y el sistema solar ya no existan. Como nuestro Sol tarda unos 250 millones de años en dar una vuelta a nuestra galaxia, las sondas podrían dar fácilmente más de 20 vueltas completas a la galaxia.

Los humanos ya hemos comenzado a enviar nuestras primeras emisarias fuera del sistema solar. En un futuro y si hemos hecho nuestros deberes, podremos acompañarlas. Imagen: NASA

TRAS LOS PASOS DE LAS VOYAGER

La historia de la exploración planetaria es un deseo por saber dónde estamos, de conocernos a nosotros mismos, de entender por qué estamos aquí y por qué existimos. Y también de decirle al universo que estamos aquí. En un parpadeo de ojos a nivel galáctico, la humanidad ha pasado de hacer unos cálculos en papel, a imaginar una propuesta rechazada de carambolas planetarias. De diseñar una misión realista, a sobrevolar planetas inexplorados. Y de tener unos instrumentos sintiendo la brisa interestelar, a unos fríos circuitos vagando sin rumbo por la galaxia. Desde que la Voyager 1 abandonó la heliosfera, somos una especie interestelar. Y, por esa razón, estas naves serán recordadas durante miles de años. El futuro de los humanos pinta regular sobre la superficie de este planeta. Tanto que quizás estas sondas serán unas de las pocas evidencias de que los humanos llegamos a existir una vez. Al finalizar el encuentro con Neptuno en 1989, Carl Sagan dio otro inspirador discurso en el JPL. Seguramente, no haya mejor forma de terminar este libro:

> Todas las culturas humanas tienen ritos de paso, que marcan la transición de una etapa de la vida a otra. Estamos reunidos aquí para celebrar el rito de paso de una máquina, diseñada, construida y operada aquí en el JPL, que se ha liberado de la gravedad del Sol, que ha explorado la mayoría de los mundos del sistema solar y que ahora está en su propio camino al gran y oscuro océano del espacio interestelar. Los hombres y mujeres responsables están reunidos aquí y son los héroes de estos logros humanos. Sus obras serán recordadas en los libros de historia y nuestros descendientes remotos podrían vivir en alguno de los mundos que nos fueron revelados por las Voyager. Si es así, esos descendientes mirarán atrás y nos verán como nosotros vemos a Cristóbal Colón. Las Voyager nos recuerdan lo raro y valioso que es nuestro planeta, de nuestra responsabilidad de preservar la vida en la Tierra. Si somos capaces de realizar esfuerzos de alta tecnología, tan visionarios y con tantos beneficios a largo plazo como las Voyager, ¿cómo no vamos a poder usar nuestra tecnología y visión a largo plazo para arreglar nuestro planeta? Para cuidar los unos de los otros, para cuidar la Tierra y con valentía para aventurarnos en los pasos de las Voyager, a los planetas y las estrellas.

Yo personalmente lo veo complicado, pero creo que somos capaces. Tendremos que poner en marcha muchos proyectos Voyager en todos los campos del conocimiento. Necesitamos Voyager para desarrollar fuentes de energía limpia, para usar materiales menos contaminantes, para curar enfermedades devastadoras y para alimentar a cada ser humano del planeta. Si lo hacemos, todavía tendremos esperanzas. Es eso, o desaparecer. Las Voyager pueden ser una gran fuente de inspiración en un tiempo en el que ya casi nada importa. Y aún estamos a tiempo. Larga vida a las Voyager.

Epílogo

Bueno, ahora que ya estamos en el espacio interestelar, espero que hayas disfrutado el viaje hasta el distante y frío exterior del sistema solar. Nadie sabe cuánto tiempo les queda de funcionamiento a las dos sondas Voyager, pero estoy seguro de que todavía no han dicho su última palabra. A partir de ahora, cuando aparezcan nuevas noticias sobre estas dos míticas naves, las mirarás con otros ojos. Estaremos muy atentos cada vez que se anuncie una nueva desconexión, un nuevo descubrimiento o cuando llegue su momento final.

Por si quieres profundizar más y para seguir al día de todas las noticias y novedades de la misión, he preparado una página en mi web (www.pedroleon.info/voyager), donde encontrarás centralizada toda la información de estas sondas. Allí estarán las actualizaciones mensuales del estado de las sondas que publico en Sondas Espaciales (www.sondasespaciales.com), así como la colección de más de 2000 documentos sobre estas naves que almaceno en InfoSondas (www. infosondas.com), desde la época de Minovitch y las TOPS, hasta la actualidad. Como siempre, para cualquier duda, crítica o sugerencia, ando disponible en mi cuenta de Twitter (www.twitter.com/pedro_ leon) y Mastodon (www.astrodon.social/@pedroleon). Y recuerda, nunca dejes de mirar hacia allí arriba.

Apéndices

APÉNDICE 1. MISIONES PLANETARIAS Y DURACIÓN

Sonda	Lanzamiento	Destino	Encuentro	Tipo de encuentro	Duración
Pioneer 5	11/03/60	--	--	--	30/04/60 50 días
Mariner 2	26/08/62	Venus	14/12/62 4 meses	Sobrevuelo	03/01/63 4,3 meses
Mariner 4	28/11/64	Marte	14/07/65 7,5 meses	Sobrevuelo	21/12/67 3,1 años
Pioneer 6	16/12/65	--	--	--	08/12/00 35 años
Pioneer 7	17/08/66	--	--	--	31/03/95 28,6 años
Mariner 5	14/06/67	Venus	19/10/67 4 meses	Sobrevuelo	05/11/68 1,4 años
Pioneer 8	13/12/67	--	--	--	22/08/96 28,7 años
Pioneer 9	08/11/68	--	--	--	1983 15 años
Mariner 6	25/02/69	Marte	31/07/69 5 meses	Sobrevuelo	23/12/70 1,8 años

Mariner 7	27/03/69	Marte	05/08/69 4,2 meses	Sobrevuelo	28/12/70 1,7 años
Mariner 9	30/05/71	Marte	13/11/71 5,5 meses	Orbitador	27/10/72 1,4 años
Pioneer 10	03/03/72	Júpiter	04/12/73 1,7 años	Sobrevuelo	23/01/2003 30,89 años
Pioneer 11	06/04/73	Júpiter	03/12/74 1,6 años	Sobrevuelo	24/11/1995 22,63 años
		Saturno	01/09/79 6,4 años	Sobrevuelo	
Mariner 10	03/11/73	Venus	05/02/74 3 meses	Sobrevuelo	24/03/75 1,39 años
		Mercurio	29/03/74 5 meses	Sobrevuelo	
			21/09/74 11 meses	Sobrevuelo	
			16/03/75 1,4 años	Sobrevuelo	
Viking 1	20/08/75	Marte	19/06/76 10 meses	Orbitador	17/08/80 5 años
			20/07/76 11 meses	Aterrizador	11/11/82 7,2 años
Viking 2	09/09/75	Marte	07/07/76 10 meses	Orbitador	25/07/78 2,8 años
			03/09/76 1 año	Aterrizador	12/04/80 4,6 años
Voyager 1	20/08/77	Júpiter	05/03/79 1,6 años	Sobrevuelo	¿2032?
		Saturno	12/11/80 3,2 años	Sobrevuelo	
Voyager 2	05/09/77	Júpiter	09/07/79 1,8 años	Sobrevuelo	¿2032?
		Saturno	25/08/81 3,9 años	Sobrevuelo	
		Urano	24/01/86 8,3 años	Sobrevuelo	
		Neptuno	25/08/89 12 años	Sobrevuelo	

Pioneer Venus 1	20/05/78	Venus	04/12/78 6,5 meses	Orbitador	15/08/92 14,2 años
Pioneer Venus 2	08/08/78	Venus	09/12/78 4 meses	Descenso	09/12/78 4 meses

Tabla de las misiones planetarias con la duración
de sus vuelos. Tabla: elaboración propia

APÉNDICE 2. PERSONAS CLAVE PARA EL PROYECTO GRAND TOUR/VOYAGER

Presidentes de Estados Unidos durante el Grand Tour/Voyager

- Thomas Jefferson (D/R), marzo 1801-marzo 1809. El primer presidente que pudo hacer el Grand Tour y perdió la ocasión.
- Richard Nixon (R), enero 1969-agosto 1974.
- Gerald Ford (R), agosto 1974-enero 1977.
- Jimmy Carter (D), enero 1977-enero 1981.
- Ronald Reagan (R), enero 1981-enero 1989.
- X Æ A-21 (EM), enero 2140-enero 2234. El segundo presidente que pudo hacer otro Grand Tour y perdió la ocasión. Su mayor preocupación era fundar una colonia en Marte en menos de quince años.

Administradores de la NASA durante el Grand Tour/Voyager

- James C. Fletcher, abril 1971-mayo 1977.
- Alan M. Lovelace, mayo 1977-junio 1977.
- Robert A. Frosch, junio 1977-enero 1981.
- Alan M. Lovelace, enero 1981-julio 1981.
- James M. Beggs, julio 1981-diciembre 1985.
- William R. Graham, diciembre 1985-mayo 1986.
- James C. Fletcher, mayo 1986-abril 1989.

Directores del JPL durante el Grand Tour/Voyager

- William Hayward Pickering, octubre 1954-marzo 1976.
- Bruce C. Murray, abril 1976-junio 1982.
- Lew Allen, Jr., julio 1982-diciembre 1990.
- Edward C. Stone, enero 1991-abril 2001.
- Charles Elachi, mayo 2001-junio 2016.
- Michael M. Watkins, julio 2016-agosto 2021.
- Larry D. James, agosto 2021-mayo 2022.
- Laurie Leshin, mayo 2022-actualidad.

Gestores del proyecto Grand Tour/Voyager

- H. M. «Bud» Schurmeier, 1972-1975.
- John Casani, 1975-1977.
- Robert Parks, 1978-1979.
- Raymond Heacock, 1979-1981.
- Esker Davis, 1981-1982.
- Richard Laeser, 1982-1986.
- Norman Haynes, 1987-1989.
- George Textor, 1989-1997.
- Ed Massey, 1998-2010.
- Suzanne Dodd, 2010-actualidad.

Científicos jefe del proyecto Grand Tour/Voyager

- Edward C. Stone, julio 1972-octubre 2022.
- Linda Spilker, octubre 2022-actualidad.

APÉNDICE 3. LOCALIZACIÓN DE LOS SISTEMAS DE LAS VOYAGER

Lugar	Contenido
Bahía 1	Dentro: Radio Frequency Subsystem (RFS) Por fuera: radiador Debajo: toberas -Y1 y -Y2 para el eje Y (guiñada-*yaw*)
Bahía 2	Dentro: Data Storage System (DTS) Por fuera: medio radiador Entre bahías 2 y 3, en la parte superior: toberas +R1 y +R2 para el eje Z (giro-*roll*)
Bahía 3	Dentro: Computer Control System (CCS) Entre bahías 3 y 4, arriba: brazo de ciencia Entre bahías 3 y 4, abajo: radiador-calibrador óptico
Bahía 4	Dentro: Flight Data Subsystem (FDS) Entre bahías 4 y 5, en la parte superior: toberas -R1 y -R2 para el eje Z (giro-*roll*)
Bahía 5	Dentro: Hybrid Programmable Attitude Control Electronic (HYPACE) Por fuera: medio radiador
Bahía 6	Dentro: DRIRU (tres giroscopios) Por arriba: cable hacia el sensor solar Por fuera: disco de oro Debajo: toberas +Y1 y +Y2 para el eje Y (guiñada-*yaw*)
Bahía 7	Dentro: PWR Por fuera: radiador
Bahía 8	Dentro: Power Supply Unit (PSU) Entre bahías 8 y 9: brazo RTG y brazo magnético Entre bahías 8 y 9, en la parte superior: antenas PRA y PWS junto a la electrónica Entre bahías 8 y 9, en la parte inferior: tobera doble +P1 +P2 -P1 -P2 para el eje Y (cabeceo-*pitch*)
Bahía 9	Dentro: dos Radio Frequency Subsystem (RFS)
Bahía 10	Dentro: Modulation Demodulation Subsystem MDS-MAG Encima: dos sensores estelares CST
Parte inferior de la sonda	Cuatro toberas para TCM Bajo bahía 1, la +YT2 Entre bahías 3 y 4, la -PT1 Bajo bahía 6, la -YT2 Entre bahías 8 y 9, la +PT1

En esta tabla tienes el listado completo de la posición de todos los componentes y sistemas de las sondas Voyager: las bahías con su contenido, los brazos, las antenas, radiadores, toberas, calibrador, sensores y disco de oro. Tabla: elaboración propia

APÉNDICE 4. EVENTOS DURANTE EL LANZAMIENTO

Evento	Duración etapa	Tiempo total	Altura (km)
Ignición etapa 0-SRM	0 s	0 s	0
Apagado SRM	111 s	111 s (1 m 51 s)	41
Ignición etapa 1	0 s	111 s (1 m 51 s)	41
Separación SRM	--	122 s (2 m 02 s)	46
Apagado y separación etapa 1	144 s	255 s (4 m 15 s)	113
Encendido etapa 2	0 s	256 s (4 m 16 s)	114
Separación cofia	--	266 s (4 m 26 s)	119
Apagado etapa 2	208 s	464 s (7 m 44 s)	167
Separación etapa 2	--	470 s (7 m 50 s)	167
Primer encendido Centaur-MES 1	0 s	481 s (8 m 01 s)	169
Primer apagado Centaur-MECO 1	103 s	584 s (9 m 44 s)	169
Órbita de aparcamiento	2581 s (43 m 01 s)	3165 s (52 m 45 s)	169-157
Segundo encendido Centaur-MES 2	0 s	3165 s (52 m 45 s)	157
Segundo apagado Centaur-MECO 2	337 s (5 m 37 s)	3502 s (58 m 22 s)	335
Separación de la etapa Centaur	--	3672 s (01 h 01 m 12 s)	911
Ignición módulo de propulsión	0 s	3687 s (01 h 01 m 27 s)	980
Apagado módulo de propulsión	45 s	3732 s (01 h 02 m 12 s)	1219
Separación módulo de propulsión	--	4409 s (01 h 13 m 29 s)	7414

En esta tabla tienes el listado completo de todos los eventos, duraciones, tiempos y alturas durante el lanzamiento en el cohete Titan-IIIE/ Centaur de las sondas Voyager. Tabla: elaboración propia

APÉNDICE 5. CARRERA DE SONDAS HACIA EL ESPACIO INTERESTELAR

Hasta la fecha, tan solo se han lanzado cinco sondas espaciales con la velocidad suficiente como para escapar de la heliosfera. Tres de ellas ya lo han hecho: Voyager 1, Voyager 2 y Pioneer 10, aunque con esta última perdimos contacto en 2003, antes de que cruzara la heliopausa. Y van camino también de salir de la heliosfera las sondas Pioneer 11 (sin contacto con ella desde 1995) y New Horizons, que escapará en 2045.

La más alejada y rápida con diferencia es la Voyager 1, que a principios de 2023 estaba ya a más de 158 UA. Con una velocidad de casi 17 km/s, el 17 de febrero de 1998 adelantó a la Pioneer 10, convirtiéndose desde ese momento en el objeto más lejano fabricado por el ser humano. En segunda posición tenemos la Pioneer 10, que fue lanzada en 1972 y viaja a 11,9 km/s, estando ya a más de 132 UA del Sol. Y en tercer lugar del podio tenemos la Voyager 2, también a una distancia de 132 UA. Dado que viaja a una velocidad de 15,3 km/s, adelantó a la Pioneer 10 en agosto de 2023. Más rezagada tenemos a la Pioneer 11, a una distancia de 111 UA y alejándose a una velocidad de 11,1 km/s. Y la más reciente en incorporarse a la carrera es la New Horizons, que sobrevoló Plutón en julio de 2015. Esta sonda se encuentra ya a más de 55 UA del Sol viajando a 13,7 km/s, por lo que todavía le quedan más de 20 años para poder salir de la heliosfera.

Sonda	Distancia al Sol	Velocidad respecto al Sol	UA/año	Distancia luz (Tierra)
Voyager 1	158,68 UA 23.738 millones km	16,94 km/s 60.984 km/h	3,57	22,09 h
Pioneer 10	132,65 UA 19.844 millones km	11,90 km/s 42.840 km/h	2,51	18,27 h
Voyager 2	132,21 UA 19 778 millones km	15,29 km/s 55.044 km/h	3,23	18,43 h
Pioneer 11	110,67 UA 16.555 millones km	11,17 km/s 40.212 km/h	2,36	15,47 h
New Horizons	54,99 UA 8226 millones km	13,75 km/s 49.500 km/h	2,92	7,76 h

Tabla de objetos que han abandonado o abandonarán el sistema solar. Datos a comienzos de 2023. Tabla: elaboración propia

APÉNDICE 6. CRONOLOGÍA COMPLETA DEL PROYECTO GRAND TOUR-MJS 77-VOYAGER

Año	Fecha	Evento
1961	9 junio	Michael Minovitch entra en el JPL
	11 julio	Informe 312-118 de Minovitch: *An Alternative Method for the Determination of Elliptic and Hyperbolic Trajectories*
	22 agosto	Informe 312-130 de Minovitch: *A Method For Determining Interplanetary Free-Fall Reconnaissance Trajectories*
	Septiembre	Minovitch vuelve a UCLA
1963	Marzo	Informe 312-280 de Minovitch: *The Determination, Analysis and Potentialities of Advanced Free-Fall Interplanetary Trajectories*
1964	Junio	Minovitch vuelve al JPL
	Septiembre	Minovitch deja de nuevo el JPL
1965	Febrero	Informe 312-514 de Minovitch: *Utilizing Large Planetary Perturbations for the Design of Deep-Space, Solar-Probe and Out-Of-Ecliptic Trajectories*
	Junio	Gary Flandro entra en el JPL
	Julio	Minovitch rechaza entrar a trabajar en el Grupo de Espacio Exterior del JPL Gary Flandro descubre la alineación planetaria del Grand Tour
	15 julio	Mariner 4 sobrevuela Marte. Primer sobrevuelo en la historia tras 7,5 meses de misión
	Diciembre	Presentación del estudio de Flandro en la AAS: *Unmanned Exploration of the Solar System*
1966	Abril	Publicación del estudio de Flandro en la revista *Acta Astronautica: Fast Reconnaissance Missions to the Outer Solar System, Utilizing Energy Derived from the Gravitational Field of Jupiter*
	Diciembre	Publicación del estudio de Homer Stewart: *New Possibilities for Solar System Exploration*
1967	Enero	Los presupuestos de la NASA comienzan a caer en picado durante toda la siguiente década

1968	Julio	El SSB publica *Planetary Exploration 1968-1975*, apoyando el Grand Tour
	Diciembre	Acaba la fase de definición del proyecto TOPS
1969	Marzo	Se pone en marcha el estudio proyecto TOPS
	Junio	El SSB publica *The Outer Solar System. A Program for Exploration (1972-1980)*, donde el Grand Tour no es la primera prioridad
	Diciembre	Primeros recortes en el estudio del proyecto TOPS
1970	Marzo	Nixon habla de la gran oportunidad del Grand Tour
1971	Marzo	La NASA mantiene la idea de realizar cuatro misiones para TOPS, por valor de más de 1000 millones de dólares
	Marzo	El SSB publica *Priorities for Space Research 1971-1980*, donde rechaza el proyecto de Grand Tour
	1 junio	Ante las presiones, la NASA recorta TOPS, dejando el presupuesto en 810 millones
	Octubre	La NASA vuelve a recortar TOPS, a menos de 750 millones
	Noviembre	El SSB publica *Outer Planets Exploration 1972-1985*, donde solo apoya el Grand Tour si sube el presupuesto de NASA
	Diciembre	El presupuesto para TOPS en 1972 queda reducido a ocho millones y desaparece para los siguientes cinco años
	22 diciembre	Se cancela definitivamente el proyecto TOPS
	31 diciembre	El JPL presenta una propuesta alternativa y mucho más económica, llamada MJS-77
1972	8 febrero	EL SSB apoya el nuevo proyecto Grand Tour
	17 febrero	El Congreso apoya el nuevo proyecto MJS-77
	2 marzo	Lanzamiento de Pioneer 10, primera sonda a Júpiter y al exterior del sistema solar
	1 julio	Se aprueba oficialmente el Proyecto MJS 77. Comienza la carrera para construir las dos sondas
1973	5 abril	Lanzamiento de Pioneer 11, que sobrevolará Júpiter y Saturno
	3 noviembre	Lanzamiento de Mariner 10 a Venus y Mercurio (órbita de Minovitch)
	3 diciembre	Pioneer 10 sobrevuela Júpiter. Primera sonda en sobrevolar este planeta, tras un año y nueve meses de misión

1974	3 diciembre	Pioneer 11 sobrevuela Júpiter, tras un año y nueve meses de misión
1975	Septiembre	El JPL y la NASA aprueban el nombre de Voyager para la misión de las sondas MJS-77
1977	20 agosto	Lanzamiento de la Voyager 2
	5 septiembre	Lanzamiento de la Voyager 1
	15 diciembre	La Voyager 1 adelanta a la Voyager 2
1978	23 febrero	Se atasca la plataforma de escaneo de Voyager 1
	5 abril	Falla el receptor principal de la Voyager 2
1979	5 marzo	Voyager 1 sobrevuela Júpiter, tras 1,6 años de vuelo
	9 julio	Voyager 2 sobrevuela Júpiter, tras 1,8 años de vuelo
	1 septiembre	Pioneer 11 sobrevuela Saturno. Primera sonda en sobrevolar este planeta tras seis años y cinco meses de misión
1980	12 noviembre	Voyager 1 sobrevuela Saturno, tras 3,2 años de vuelo
1981	25 agosto	Voyager 2 sobrevuela Saturno, tras 3,9 años de vuelo. La plataforma de escaneo queda atascada
1986	24 enero	Voyager 2 sobrevuela Urano, a los 8,3 años de misión
1989	25 agosto	Voyager 2 sobrevuela Neptuno, a los doce años de misión
1990	1 enero	Comienza la misión interestelar de las Voyager (VIM)
	14 febrero	Retrato de familia del sistema solar *Pale Blue Dot*, tras 12,6 años de misión
1995	24 noviembre	Último contacto con Pioneer 11, a los 22,63 años de misión
1998	17 febrero	Voyager 1 sobrepasa a la Pioneer 10 como la sonda más lejana (a 69 UA)
2002	27 abril	Última telemetría recibida de Pioneer 10, tras 30 años y un mes de misión
2003	23 enero	Última señal Pioneer 10 a 12.000 millones de kilómetros y 30 años y diez meses de misión
2004	17 diciembre	Voyager 1 llega al borde de terminación y entra en la heliofunda (94 UA)
2007	30 agosto	Voyager 2 llega al borde de terminación
2012	25 agosto	La Voyager 1 se convierte en la primera sonda en salir de la heliopausa y llegar al espacio interestelar (121 UA)

2017	28 noviembre	Voyager 1 enciende sus toberas TCM tras 37 años apagadas
2018	5 noviembre	La Voyager 2 deja atrás la heliopausa y entra en el espacio interestelar (119 UA)
2019	8 julio	Voyager 2 enciende sus toberas TCM tras 30 años apagadas

Tabla de eventos destacables en el proyecto Grand Tour-
TOPS-MJS 77-Voyager. Tabla: elaboración propia

APÉNDICE 7. LISTADO DE DESCONEXIONES DE INSTRUMENTOS Y SISTEMAS

FECHA	INSTRUMENTO	SONDA
29/01/80	Photopolarimeter Subsystem (PPS)* (1,2 W)	Voyager 1
05/12/89	Imaging Science Subsystem (ISS) (16,8 + 18 W)	Voyager 2
14/02/90	Imaging Science Subsystem (ISS) (16,8 + 18 W)	Voyager 1
14/02/90	Calentador *flash-off* IRIS (31,8 W)	Voyager 1
03/04/91	Photopolarimeter Subsystem (PPS)* (1,2 W)	Voyager 2
1994	Calentador Óptica ISS-NA (2,6 W)	Voyager 2
1995	Calentador secundario PPS (2,8 W) Calentador óptica ISS-NA (2,6 W) Conexión *stand-by* IRIS (7,2 W)	Voyager 1
1996	Calentadores vidicón NA y WA (11 W)	Voyager 2
1998	Calentadores vidicón NA y WA (11 W)	Voyager 1
03/06/98	Infrared Interferometer Spectrometer and Radiometer (IRIS) (6,6 W)	Voyager 1
12/11/98	Ultraviolet Spectrometer (UVS) (2,4 W)	Voyager 2
14/11/98	Plataforma de escaneo (varios componentes) (43,9 W)	Voyager 2
2002	Calentador electrónica reserva ISS-WA (10,5 W)	Voyager 1
2003	Calentador secundario del solenoide de azimuth (3,5 W) Calentador de la bobina de azimuth (4,4 W) Conexión de giro de la plataforma de escaneo (2,4 W)	Voyager 1

2005	Calentador secundario de la electrónica de ISS-NA (10,5 W)	Voyager 1
2006	Energía de la instrumentación de pirotecnia (2,4 W) Transductores de la cámara de presión TCM (1,9 W)	Voyager 2
01/02/07	Plasma Science (PLS)* y calentador PLS (4,2 + 4,3 W) Energía de la instrumentación de pirotecnia (2,4 W)	Voyager 1
01/02/07	Infrared Interferometer Spectrometer and Radiometer (IRIS) (6,6 W) Fin operaciones DTR. Sigue encendido para evitar congelación hidracina (3,6 W)	Voyager 2
15/01/08	Planetary Radio Astronomy (PRA) (6,6 W)	Voyager 1
21/02/08	Planetary Radio Astronomy (PRA) (6,6 W)	Voyager 2
2009	Plataforma de escaneo (43,9 W)	Voyager 1
2011	Calentador secundario IRIS (7,8 W)	Voyager 1
2011	Calentador de reserva AP Branch 2 (11,8 W)	Voyager 2
2014	Calentador secundario plataforma escaneo (6 W)	Voyager 1
2015	Calentador secundario UVS (2,4 W)	Voyager 1
Sept. 16	Giroscopios (14,4 W)	Voyager 2
19/04/16	Ultraviolet Spectrometer (UVS) (2,4 W)	Voyager 1
Sept. 17	Giroscopios (14,4 W)	Voyager 1
Junio 19	Calentador CRS	Voyager 2
2021	Calentador principal LECP	Voyager 1
2021	Calentador principal y secundario LECP	Voyager 2
Abril 23	Regulador de voltaje	Voyager 2

*Desconectados por fallos y degradación. El resto de los instrumentos fueron desconectados para ahorrar energía. Tabla: elaboración propia

Para saber más

LANDING DE ESTE LIBRO

https://www.pedroleon.info/historia-de-las-sondas-voyager

PÁGINAS WEB

JPL. Voyager. https://voyager.jpl.nasa.gov/.

JPL. Technical Report Server. https://trs.jpl.nasa.gov/.

NASA. Technical Report Server. https://ntrs.nasa.gov/search.

León, Pedro. «Voyager», https://www.infosondas.com/?s=voyager.

León, Pedro. «Voyager 1 & 2», https://infosondas.box.com/s/oygby7bh0asmak2ucdas.

León, Pedro. «Voyager archivos», https://www.sondasespaciales.com/tag/voyager/.

REDES SOCIALES

NASA Voyager. Twitter, https://twitter.com/nasavoyager.

NASA JPL. Twitter, https://twitter.com/NASAJPL.

NSF Voyager. Twitter, https://twitter.com/NSFVoyager2.

DOCUMENTALES

JPL (Director). (1977). *Project Voyager: To The Giants Planets*. [Película; online; https://www.youtube.com/watch?v=NPEEQm7bzcI]. JPL.

Fisher Dilke (Director). (1980). *Voyager. Encounter with Jupiter*. [Película; online; https://www.youtube.com/watch?v=zzyf_FOsZnc]. BBC.

Les Novros (Director). (1982). *Voyager*. [Película; online]. JPL.

Les Novros (Director). (1982). *Voyagers*. [Película; online; https://www.youtube.com/watch?v=bmPcytl2pUo]. JPL.

Lionel Friedberg (Director). (1990). *Sail on, Voyager!* [Película; online; https://www.youtube.com/watch?v=Tp4t_5v_y_0]. PBS.

Christopher Riley (Director). (2012). *Voyager. To The Final Frontier* [Película; BluRay]. BBC.

Blaine Baggett (Director). (2014). *JPL and the Space Age. The Stuff of Dreams*. [Película; online; https://www.youtube.com/watch?v=Qj_62FWfH78]. JPL.

Blaine Baggett (Director). (2015). *JPL and the Space Age. The Footsteps of Voyager*. [Película; online; https://www.youtube.com/watch?v=4bim5EEwvVI]. JPL.

Emer Reynolds (Director). (2017). *The Farthest*. [Película; BluRay]. Crossing The Line Productions/ZDF/BBC.

Homemade Documentaries (Director). (2022). *NASA's Voyager Mission Remastered* [Película; online; https://www.youtube.com/watch?v=M62kajY-ln0]. Homemade Documentaries.

Libros y documentos

Astronautics and Aeronautics, 1963-1978. Chronology on Science, Technology and Policy. NASA SP-4004-SP-4023, 1964-1986.

Bell, Jim. *The Interstellar Age: inside the Forty-Year Voyager Mission*. Dutton, 2016.

Cooper, Henry S. F. *Imaging Saturn: The Voyager Flights to Saturn*. Henry Holt & Company, 1983.

Dethloff, Henry C., and Schorn, Ronald A. *Voyager's Grand Tour: to the Outer Planets and Beyond*. Konecky & Konecky, 2009.

Evans, Ben. *NASA's Voyager Missions: Exploring the Outer Solar System and Beyond*. Springer, 2022.

Flandro, Gary. «From Instrumented Comets to Grand Tours-On the History of Gravity Assist». 39th Aerospace Sciences Meeting and Exhibit, American Institute of Aeronautics and Astronautics, 2001, http://dx.doi.org/10.2514/6.2001-176.

Jet Propulsion Laboratory. *Annual Report*. JPL-NASA, 1967-1990.

Jet Propulsion Laboratory, Morrison, David y Samz, Jane. *Voyage to Jupiter*. SP-439. NASA, 1980.

Jet Propulsion Laboratory and David Morrison. *Voyages to Saturn*. SP-451.

NASA, 1982.

Jet Propulsion Laboratory. *Voyager to Jupiter and Saturn*. SP-420. NASA, 1977.

Jet Propulsion Laboratory. *The Voyager Neptune Travel Guide*. JPL 89-24. NASA, 1989.

Jet Propulsion Laboratory. *The Voyager Uranus Travel Guide*. PD 618-150. NASA, 1985.

Jet Propulsion Laboratory. *Voyager Backgrounder*. JPL, 1979-1981.

Jet Propulsion Laboratory. *Voyager, the Grandest Tour: The Mission to the Outer Planets*. JPL-400-445. NASA, 1991.

Jet Propulsion Laboratory. *Mission Status Bulletin*. N.º 1-100. JPL, 1977-1990. León, Pedro. *Eso no estaba en mi libro de la exploración espacial*. Guadalmazán, 2022. Ludwig, Roger y Taylor, Jim. *Voyager Telecommunications*. JPL Descanso, 2002.

Minovitch, Michael A. «The Invention That Opened the Solar System to Exploration». *Planetary and Space Science*, vol. 58, no. 6, May 2010, pp. 885-92, doi:10.1016/j.pss.2010.01.008.

Mudgway, Douglas J. *Uplink-Downlink: A History of the NASA Deep Space Network, 1957-1997*. SP-4227. NASA, 2001.

Pyne, Stephen J. *Voyager: Seeking Newer Worlds in the Third Great Age of Discovery*. Viking, 2010.

Riley, Christopher. *Nasa Voyager 1 & 2 Owners Workshop Manual-1977 Onwards*. Haynes Publishing Group, 2015.

Rubashkin, David (1997) «Who Killed the Grand Tour? A Case Study in the Politics of Funding Expensive Space Science». *Journal of The British Interplanetary Society*, Vol. 50, pp. 177-184.

Sagan, Carl. *Murmurs of Earth: The Voyager Interstellar Record*. 1979.

Sagan, Carl. *Un punto azul pálido: Una visión del futuro humano en el espacio*. Planeta SA Editorial, 2006.

Siddiqi, Asif A. *Deep Space Chronicle. A Chronology of Deep Space and Planetary Probes. 1958-2000*. NASA Monographs in Aerospace History. Number 24, 2002.

Siddiqi, Asif A. *Beyond Earth: A Chronicle of Deep Space Exploration, 1958-2016*. National Aeronautics & Space Administration, 2018.

Stofan, A. *Titan/Centaur-NASA's Newest Launch Vehicle*. Joint Space Mission Planning and Execution Meeting, American Institute of Aeronautics and Astronautics, 1973, http://dx.doi.org/10.2514/6.1973-617.

Swift, David W. *Voyager Tales: Personal Views of the Grand Tour*. AIAA, American Institute of Aeronautics and Astronautics, 1997.

Esta obra se terminó de imprimir, por encargo de Editorial Guadalmazán, el 29 de junio de 2023. Tal día, del año 1900, nace Antoine de Saint-Exupéry, escritor y aviador francés, autor de *El principito*.